防水涂料

FANGSHUI TULIAO

贺行洋　秦景燕　等编著

 化学工业出版社

·北京·

本书介绍了防水涂料的相关知识,具体内容包括沥青基防水涂料,高分子防水材料,水泥基防水涂料,其他防水涂料的原理、配方和工艺,防水涂料性能检测,涂膜防水施工。作者力求理论联系实际,深入浅出地对相关涂料的原理、性能、使用等加以说明,对相关行业从业人员有一定的指导性。

读者对象为涂料行业科研、管理人员,并可供大专院校相关专业师生参考。

图书在版编目(CIP)数据

防水涂料/贺行洋,秦景燕等编著. —北京:化学工业出版社,2012.8

ISBN 978-7-122-14702-8

Ⅰ.①防… Ⅱ.①贺…②秦… Ⅲ.①防水材料-建筑涂料
Ⅳ.①TU56

中国版本图书馆 CIP 数据核字(2012)第 142799 号

责任编辑:仇志刚 常 青 文字编辑:颜克俭
责任校对:边 涛 装帧设计:张 辉

出版发行:化学工业出版社(北京市东城区青年湖南街 13 号 邮政编码 100011)
印 装:涿州市般润文化传播有限公司
710mm×1000mm 1/16 印张 16½ 字数 329 千字 2012 年 11 月北京第 1 版第 1 次印刷

购书咨询:010-64518888 售后服务:010-64518899
网 址:http://www.cip.com.cn
凡购买本书,如有缺损质量问题,本社销售中心负责调换。

定 价:48.00 元 版权所有 违者必究

前　　言

　　建筑防水涂料又称涂膜防水材料，是无定形材料（液状、稠状物、粉剂加水现场拌合、液加粉现场拌合）经现场刷、刮、抹、喷等涂覆施工，可在结构物表面固化形成具有防水能力的膜层材料。防水涂料是以防水为主的功能性建筑涂料，主要用于建（构）筑物某些可能受到水侵蚀的结构部位或结构构件的防水、防潮和防渗等。防水涂料的主要功能是防水，有时还兼有装饰（彩色涂料）、保护结构或基层、反射光和热、保温隔热等作用。

　　建筑防水涂料能适用于各种复杂形状的结构基层，一般以玻璃纤维布或聚酯无纺布为胎基，涂覆后可形成致密无缝的涂膜，由于其操作简便，防水效果可靠，且易于对渗漏点作出判断及维修，涂膜防水材料已广泛应用于屋面、地下、厕浴间、厨房、建筑外墙和道桥等部位的防水，并取得了良好的效果。近几年有关调查表明，我国建筑防水涂料在各类防水工程中的应用量约占 30%，且比例连续三年不断上升。目前，我国建筑防水涂料主要有单（或双）组分聚氨酯防水涂料、丙烯酸防水涂料、聚合物水泥防水涂料（JS）、改性沥青防水涂料、有机硅防水涂料、喷涂聚脲、水泥基渗透结晶型防水涂料等，已形成反应固化型和溶剂（水）挥发干燥型等性能不同、形态不一的多类型、多品种的产品格局，现已形成年产各种防水涂料约 50 万吨（其中高档防水涂料约 20 万吨）的生产能力。

　　建筑防水涂料的发展趋势是：由溶剂型向水乳环保型，由薄质向厚质，由深色向浅色，由低档涂料向高性能（弹性、耐候、耐水等）、高耐久性、多功能性、施工方便等方向发展；由传统低固体含量（50% 以下）的普通型乳液涂料（乳液粒径为 1000～10000nm）向高固体含量（70% 以上）、高性能的核壳结构纳米级微乳液（乳液粒径为 10～100nm）型或无溶剂型并可在潮湿基层进行施工作业的防水涂料方向发展；由低性能的沥青基材料向各项技术性能较高和对环境无污染或污染性低的高聚物改性沥青与合成高分子材料的方向发展；刚性防水涂料将由普通的无机涂料向高渗透改性环氧防水涂料或水泥基渗透结晶型防水涂料的方向发展。

　　全书较为系统和全面地阐述了常用建筑防水涂料的原材料、配方、生产、特性、质量检测及施工等方面的内容，介绍了目前已研制的新型防水涂料的特性及应用情况，并结合编者研究成果及实际工程案例的分析，探讨了建筑防水涂料的发展趋势及应用中存在的问题。本书可供防水材料生产、科研、施工、监理、检测的相关工程技术人员使用，也可供大专院校土建类、材料类专业教学及科研参考使用。

本书由湖北工业大学土木工程与建筑学院防水技术研究团队贺行洋、秦景燕、苏英、王传辉、储劲松合作编写，湖北工业大学土木工程与建筑学院 2011 级研究生殷红、何威及黄佩佩参与了部分文字整理工作。

　　本书在撰写过程中，参考了国内外相关文献资料，在此向作者表示诚挚的谢意。

　　限于编者水平和工程实践经验，本书的疏漏和不妥之处，敬请读者予以批评指正。

编　者

2012 年 7 月

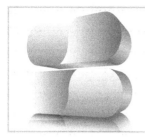

目 录

1 绪　论

1.1　引　言

1.1.1　建筑防水的重要性

水是无孔不入的，它借着风压、对流、冲击、附着、毛细等力量，逐渐渗入建筑内部，所以防水就成了既重要又相当难的过程。防水是采用人为排除或隔绝的方式，防御水对人类活动产生危害的方法。防水一是防止雨水、地下水、工业和民用给排水、腐蚀性液体以及空气中的湿气、蒸汽等侵入建（构）筑物的内部（如雨水从屋顶、外墙漏到室内）；二是防止水通过结构渗到不应到的部位（如蓄水池、水渠漏水）。防水工程是为了防止水对人类建造工程某些部位的渗透而从建筑材料和构造上所采取的措施。防水工程是土木建筑工程中的一个分部工程，是建筑工程的重要组成部分。

近年来，建筑防水为不断适应国家建设事业的需要，其应用领域已从以传统的房屋建筑防水为主，向高速铁路、高速公路、桥梁、城市轨道交通、城市高架道路、地下空间、水利设施、垃圾填埋场及矿井、码头、农田等工程防水领域延伸和拓展，形成了"大防水"的概念。建筑防水已成为一项涉及建筑安全、百姓民生、环境保护（或环境安全）和建筑节能的重要产品和技术。

首先，建筑防水是一项涉及建筑安全的产品和技术，将为建筑结构的安全提供重要保证。现代建筑及工程如高层建筑、公路与铁路桥梁、地下设施等，都以钢筋混凝土为结构主体材料，而环境水对钢筋的锈蚀及对混凝土的侵蚀是钢筋混凝土遭受破坏的重要因素。建筑防水可使钢筋混凝土结构得到保护，保证建筑及工程主体在设计年限内的强度，从而保障结构的安全。

第二，建筑防水也是一项涉及百姓民生的产品和技术。遮风避雨是人们对房屋建筑最原始的功能要求，而建筑防水是实现和保障这些功能的关键技术之一。在住宅进入商品化时代后，对住宅工程质量的投诉中防水已成为热点之一，正因如此，有关部门在推行工程质量责任保险时，首先将这一市场化的工程质量管理手段引入住宅建设工程中，并将渗漏险作为附加险，其目的就是明确责任，保证住宅工程包括防水工程的质量，满足建筑使用功能和百姓民生需求，创造社会和谐。

第三，建筑防水又是一项涉及环境保护（或环境安全）的产品和技术。随着工业和城市的发展，生活垃圾填埋场、污水处理池、工业废料（包括尾矿、核废料）集中处理等环保设施的建设量逐年增加。防水层可以阻止各种固废渗滤液和污水中的有毒有害物质侵入周边土体、污染地下水系，避免由此引发的环境危机。因此，防水也是环境工程建设中的重要环节。

最后，建筑防水还是一项涉及建筑节能的产品和技术。一方面，保温和隔热层是实现建筑节能的主要方式，而在保温层受潮或受水的情况下其保温性能明显下降，最终影响节能效率。在建筑屋面保温系统和外墙保温系统中，通过设置防水层，或对保温防水一体化材料的防水性能提出要求，就可以提高建筑能效。另一方面，在种植屋面、太阳能屋面、通风节能坡屋面等新型节能屋面系统中，防水是关键的技术之一。因此，在建筑节能体系中，建筑防水是节能效率保障和提高的重要手段。

"老虎都不怕，只怕漏"，道出了自古人们就被漏雨所困扰，"年年漏年年修，年年修还是年年漏"已成为建筑工程中的顽症、通病。渗漏不仅扰乱了人们的正常生活、工作和生产秩序，而且还会造成巨大的经济损失。首先，造成对建筑物结构的危害，直接影响到整栋建筑物的使用功能和寿命；其次，日复一日，住房因长期渗漏潮湿而发霉变味，直接影响住户的身体健康，降低人们的生活质量；再次，面对渗漏现象，每隔数年都要花费大量的资金和劳力来进行返修，造成对资源的浪费；再者，造成对产品物资的损害甚至引发严重事故，如机房、车间等工作场所长期的渗漏会严重损坏办公设施，导致精密仪器、机床设备的锈蚀或霉斑而失灵，甚至引起电器短路而发生火灾。随着社会的进步和发展，人性化要求越来越高，对房屋建筑的舒适性、美观性、节能等要求也越来越高，怎样保证防水工程质量、杜绝建筑物渗漏水问题已成为我国防水工作者义不容辞的责任。国内有关调查表明：在房屋建筑出现渗漏的主要因素中施工占48%、设计占26%、材料占20%、管理占6%。建筑防水是一个系统工程，若要全面提高防水工程质量，就应以政策为先导、以材料为基础、以设计为前提、以施工为关键、以加强管理维护为保障，对防水工程进行综合治理。只有全面实施材料标准化、设计规范化、施工专业化、管理维护制度化，才能使防水工程质量不断提高。

1.1.2 建筑防水材料的定义和分类

建（构）筑物的防水是采用防水材料在被防水的部位上设置防水层来达到防水目的。凡建筑物或构筑物为了满足防潮、防渗、防漏功能所采用的材料称为建筑防水材料。建筑防水材料在建筑中的用量不大，使用比例很小，但其作用和地位却不容忽视。传统建筑防水材料主要具有防水功能，随着科学技术的发展，现代新型建筑防水材料还兼具隔声、防尘、装饰、节能等诸多功能。

建筑防水材料分类的方法很多，从不同角度和要求，有不同的归类。为达到方便、实用的目的，可按防水材料的材性、组成成分、形态、类别、品名和组成原材料性能等划分。为便于工程的应用，目前常用根据材料形态和材性相结合的划分方法。

（1）按材性划分

建筑防水材料按材性可分为刚性防水材料、柔性防水材料和粉状防水材料（糊状）。刚性防水材料强度高，延伸率很低，性脆，抗裂性较差，耐高、低温性极佳，耐穿刺性、耐久性好，大部分由无机材料组成，如防水混凝土、防水砂浆、黏土瓦等；柔性系列防水材料弹塑性较好，延伸率大，有一定强度（弹性模量），抗裂性好，耐高、低温性能有一定限度，在自然条件下耐久性能下降较快，耐穿刺性差，需要做一定的保护层；粉状防水材料粉体具憎水性，遇水成糊状，实现防水目的。

（2）按形态划分

建筑防水材料按材料形态可分为防水卷材、防水涂膜、密封材料、防水混凝土、防水砂浆、金属板、瓦片、憎水剂、防水粉。不同形态的材料对防水主体的适应性是不同的。卷材、涂膜、密封材料柔软，应依附于坚硬的基面上；金属板既是结构层又是防水层，而防水混凝土、防水砂浆、瓦片刚性大，坚硬；憎水剂、渗透剂使混凝土或砂浆这些多孔（毛细孔）材料具有憎水性能，是附属于坚硬的刚性材料上；防水粉等粉状松散材料遇水溶胀止水或具有憎水止水性能。

（3）按材性和形态相结合划分

随着现代科学技术的发展，建筑防水材料的品种、数量越来越多，性能各异。为便于工程的应用，目前建筑防水材料分类主要按其材性和外观形态分为防水卷材、防水涂料、防水密封材料、刚性防水材料、板瓦防水材料和堵漏材料六大类，见表1.1所列。

表1.1　建筑防水材料分类

类别	品种	主要代表产品举例
防水卷材	沥青防水卷材	氧化沥青防水卷材
	聚合物改性沥青卷材	SBS改性沥青防水卷材、APP改性沥青防水卷材、自黏改性沥青防水卷材
	合成高分子卷材	聚氯乙烯防水卷材（PVC）、三元乙丙防水卷材（EPDM）、三元乙丙-聚乙烯防水卷材（TPO）
	其他卷材	金属卷材、膨润土毯
防水涂料	沥青基防水涂料	石灰乳化沥青防水涂料、膨润土乳化沥青防水涂料、石棉乳化沥青防水涂料
	聚合物改性沥青防水涂料	SBS改性沥青防水涂料、氯丁胶乳改性沥青防水涂料
	合成高分子防水涂料	聚氨酯防水涂料、丙烯酸防水涂料、硅橡胶防水涂料
	无机防水涂料	聚合物水泥防水涂料、水泥基渗透结晶型防水涂料

类别	品种		主要代表产品举例
防水密封材料	不定型	高聚物改性沥青类	丁基橡胶改性沥青密封胶、SBS改性沥青密封胶
		合成高分子类	硅酮(聚硅氧烷)密封胶、有机硅密封胶、聚硫密封胶、丁基密封胶
	定型		金属止水带、橡胶止水带、塑料止水带、止水板等
刚性防水材料	防水混凝土		聚合物水泥防水混凝土、减水剂防水混凝土、补偿收缩防水混凝土
	防水砂浆		聚合物水泥防水砂浆、微膨胀剂防水砂浆
板瓦防水材料	瓦类		水泥瓦、黏土瓦、沥青瓦
	金属板类		压型钢板复合板、铝镁合金板
堵漏材料	注浆类		水性聚氨酯注浆材料、环氧树脂注浆材料、水玻璃注浆材料、超细水泥注浆材料
	抹面类		堵漏粉状材料、快硬水泥等

1.1.3 建筑防水行业发展和我国防水材料的发展目标

1.1.3.1 建筑防水行业发展现状

目前国外发达国家更注重材料应用性和耐久性指标，新型、环保建筑防水材料已占市场总量的90%以上。国外防水材料生产企业，拥有足够的科技人员、优良的生产和测试设备、可靠的施工队伍、稳定的原材料供应商，从而使防水体系有了保证，产品质量、产品功能、施工配套和施工质量已达到一个较高的水平，施工机械化程度高，防水服务体系也基本建立，防水材料市场主要体现在规模、特色方面。美国主要为坡屋面，油毡、瓦类材料应用普遍，另外三元乙丙橡胶也是主要防水材料之一。美国的防水材料企业40多家，100多个生产工厂，生产已从单一的生产工厂发展为大型跨国公司，在规模化、特色和服务上已在世界上占优势。欧洲如德国、法国、意大利以改性沥青防水材料为主。日本以高分子涂料为主。

我国现代防水事业从无到有、从小到大，尤其自20世纪80年代改革开放以来得到迅猛发展。目前我国建筑防水材料已形成包括SBS、APP改性沥青防水卷材、高分子防水卷材、建筑防水涂料、建筑密封材料、刚性防水和堵漏材料、瓦类材料等新型材料为主的高、中、低档不同品种，功能比较齐全的完整防水系列。2010年主要建筑防水材料的总产量达103130万平方米，同比增长13.6%；其中新型防水材料产量达89710万平方米，占建筑防水材料总产量的86.99%，沥青油毡类防水卷材的产量为13420万平方米，占13.01%。2010年应用量位居前三位的是SBS/APP改性沥青卷材为27100万平方米，占26.28%，防水涂料23840万平方米，占23.12%，高分子防水卷材15600万平方米，占15.13%。

"十一五"第十一个五年规划期间，政府先后出台多项政策法规，整顿市场秩序，推动行业发展、企业进步和产业升级，这一系列产业政策的贯彻实施，对我国防水行业调整产业结构、规范防水市场、推动技术进步、引导行业健康发展起到了促进作用。通过产业结构调整，淘汰落后产能1.51亿平方米，形成了一批行业骨干企业，规模以上企业数量达到440家；目前卷材生产线设计产量达到500万平方米/年，约有20条生产线出口海外；编制行业推荐施工工法，标准化工作显见成效；节能减排，开拓污水处理、垃圾填埋、公路、地铁、高铁、桥梁等基础设施建设工程防水新领域；发展工程建设防水材料和应用技术，研发专用新型防水材料，积极拓展种植屋面、节能坡屋面、单层屋面、热反射屋面、太阳能光伏屋面等新型节能屋面系统，为低碳建筑提供技术保障；加强行业自律，完善行业职业教育和培训制度；扶持优秀企业的品牌建设，防水行业中"东方雨虹"、"禹王"等6个品牌取得了"中国驰名商标"称号，24个产品入选"中国建筑防水行业知名品牌产品"，2009年东方雨虹的技术中心被列为国家级企业技术中心。

与先进国家比，我国在产品质量、应用技术、人员素质、市场培育和标准化等方面还存在许多问题，尤其高品质的产品所占比例较小、整体水平不高更为突出。

存在的主要问题如下。

（1）企业规模普遍偏小，影响和制约行业发展

据全国工业产品生产许可证审查中心统计，到2010年7月底为止，取得建筑防水卷材生产许可证的企业有800多家。但是，还存在诸多无证企业。行业集中度低，企业规模小，工艺设备普遍落后，环保装置不配套或不到位，生产效率低，抗风险能力弱。企业无力进行科技和人才开发投入，难以形成可持续发展的良性循环状态，出现大量的低水平重复建设和产品的无差异化竞争。

目前的建筑防水行业仍处于一个规模小、产业集中度低、市场竞争不规范的不成熟阶段。全行业产值不到千亿元，上市企业只有两家，市场主体以中小企业为主，企业创新能力不足，行业总体技术水平不高，市场以内需为主，企业在国际上几乎没有竞争力。因此，建筑防水行业要改变小、散、弱格局，实现做大做强的目标，还需要不断努力。

（2）国家产业政策落实不到位，市场监管不足

国家发改委、工业和信息化部根据经济技术的发展，制定了有利于建筑防水行业发展的相关产业政策，但由于种种因素，产业政策落实不到位，市场监管存在不足，致使行业中仍然有大量低水平企业存在。此外，无证生产、假冒伪劣产品流入建筑市场，导致市场秩序混乱，制约行业整体发展，直接影响用户利益。

（3）防水工程管理混乱，施工技术落后

防水工程承包无序竞争、层层压价等弊端仍无明显扭转。防水工程施工缺乏工法指导，施工技术与施工设备发展迟缓，施工技术水平低，难以保证防水工程质量，建筑工程渗漏率居高不下。

1.1.3.2 我国防水行业的发展规划

我国防水行业"十二五"（第十二个五年规划）发展规划纲要的指导思想是：以科学发展观为统领，以国家产业政策为导向，以科技进步和自主创新为动力，以节能减排为手段，以满足建设工程发展需求为重点，以提升企业竞争力为根本，以提高防水材料和防水工程质量为前提，推动产业增长方式转变，实现行业持续健康发展。

依据我国"十二五"规划建议，综合考虑我国"十二五"期间的经济形势以及防水行业未来发展条件，今后五年防水行业的主要发展目标如下。

(1) 行业保持持续健康发展

"十二五"期间，基本淘汰沥青油毡类防水卷材，新型防水材料产量的平均年增长率保持在10%以上，2015年主要防水材料总产量达到16亿平方米，满足国内日益增长的房屋建筑和工程建设防水市场的需求。

(2) 行业集中度显著提高

全面落实产业政策，坚持扶优扶强，鼓励和引导企业积极开展兼并重组，利用资本联合和资本市场融资等方式组建大型企业集团；鼓励中小企业走精、走专的发展模式，在细分市场中体现竞争力；促进信息化和产业化融合，提高行业运营和管理水平。"十二五"末期，行业中涌现出销售收入超过50亿元的企业，年销售收入10亿元以上的企业达到10家以上；行业前50位的企业，主要产品的市场占有率达到50%；组建4~5个大型企业集团；建立2~3个产业基地，发挥产业集群优势。

(3) 品牌效应明显增强

进一步开展品牌建设和信用体系建设，扶优扶强，加大对优质产品的宣传和推荐力度。力争形成3~50个在全国范围内和在专业领域内有影响、有市场竞争力的行业知名品牌。

(4) 科技创新能力显著增强

淘汰落后工艺装备，用高新技术改造传统工艺装备，提高成套装备的研发和生产能力，开发自动化、信息化水平高、节能环保的工艺装备；鼓励企业加大研发投入，提高自主创新能力，推动企业、科研机构新建国家级或省级"技术中心"3~5家，重点企业研发投入超过主营业务收入的2%。

(5) 产品和工程质量大幅提高

通过产业政策和技术引导，努力提高产品质量；大力推进新材料、新技术在防水工程中的应用；增强防水材料使用寿命，促进提高防水工程质量；研制、推广耐久性能好的防水材料，推动防水工程质量保修期由5年延长至10年，最终建立防水工程质量保证期制度；主要防水材料标准与国际标准和国外先进标准接轨；加强产品标准和工程技术规范的实施力度。

（6）人才培养和职业教育进一步深化

加强学历教育、职业技能教育和专家队伍建设，夯实行业发展的人力资源基础；建立企业和行业职业技能培训基地，大力推进职业教育和职业技能鉴定工作。

（7）企业国际竞争力不断提升

提高产品质量及知名度，使中国防水品牌受到国外认可，参与国际竞争，拓展国际市场；积极扩大防水材料和成套装备的出口。

1.1.3.3 我国防水材料的发展目标

淘汰高耗能、高排放、高污染、低质量的落后产品，大力推广性能优良、耐久性好、系统配套的产品，拓展新产品应用领域；优先发展高性能的弹性体改性沥青防水卷材、宽幅可焊接的高分子防水卷材，有序发展环保型的自黏聚合物改性沥青防水卷材、高分子自黏胶膜防水卷材；提高产品核心技术水平，夯实改性沥青生产技术、高分子卷材生产技术、聚氨酯涂料生产技术、混凝土砂浆防水技术基础；加快发展屋面外露用阻燃型防水卷材和防水涂料；重视发展高性能、多功能聚氨酯防水涂料和自愈性聚合物水泥防水涂料；积极发展高性能的聚硅氧烷建筑密封胶、聚氨酯建筑密封胶，黏结性优良的丁基橡胶防水密封胶黏带；鼓励开发具有防水、保温、隔热、阻燃、降噪、阻根等功能复合型防水材料；混凝土防水将由普通混凝土向级配混凝土、补偿收缩混凝土或聚合物混凝土的方向发展；防水砂浆将由现场掺入防水剂进行拌制的砂浆向由工厂掺入多种可分散聚合物粉末与水泥、砂子等经过严格工艺配制并具有优异的抗渗与抗裂性能的干拌聚合物水泥砂浆的方向发展；改善与提高聚合物水泥防水砂浆、掺外加剂的防水混凝土和无机防水堵漏材料的基本性能；开发防水卷材专用沥青和低温加热低烟气改性沥青等新产品。

1.2 建筑防水涂料概述

1.2.1 建筑防水涂料的定义与作用

建筑防水涂料又称涂膜防水材料，是无定形材料（液状、稠状物、粉剂加水现场拌和、液加粉现场拌和）经现场刷、刮、抹、喷等涂覆施工，可在结构物表面固化形成具有防水能力的膜层材料。

防水涂料是以防水为主的功能性建筑涂料，主要用于建（构）筑物某些可能受到水侵蚀的结构部位或结构构件的防水、防潮和防渗等。防水是防水涂料的主要功能和目的，有时还具有装饰（彩色涂料）、保护结构或基层、反射光和热、保温隔热等作用。

1.2.2 建筑防水涂料的组成及配方设计原则

1.2.2.1 建筑防水涂料的组成

建筑防水涂料是由合成高分子材料、沥青、聚合物改性沥青、无机材料等为主体，掺入适量的助剂、改性材料、填充材料等加工制成的溶剂型、水溶型、水乳型或粉末型的防水材料。

涂料施于基层表面后，其可挥发部分逐渐散去，剩下的不挥发部分则留在基层表面干结成膜，这些不挥发的固体部分叫做涂料的成膜物质。成膜物质是涂料组成中的最重要的成分，主要决定液体涂料以及随后转变成固体漆膜的许多性能。成膜物质可分为主要成膜物质、次要成膜物质和辅助成膜物质。建筑防水涂料的组成大致可分为成膜物质、颜料、填料、溶剂（包括水）以及助剂等，如图1.1所示。

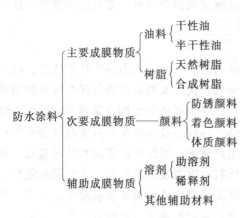

图1.1　防水涂料的组成

（1）主要成膜物质

主要成膜物质（又称基料）是组成涂料的基础，其作用是将涂料中的其他组分黏结或附着在被涂基层的表面，形成均匀连续而坚韧的保护膜。主要成膜物质有天然的（如动物油、植物油、树油等）、人工合成的（如丙烯酸酯树脂、有机硅、聚氨酯、合成橡胶等）及无机胶凝材料等。主要成膜物质是涂料必不可少的基本组分，其化学性质决定了涂料的主要性能（涂膜的硬度、柔性、耐磨性、耐冲击性、耐水性、耐热性、耐候性等）和应用方式。建筑防水涂料的主要成膜物质主要有沥青、聚合物改性沥青、合成高分子材料及无机胶结材料等。

（2）次要成膜物质

次要成膜物质主要是颜料，颜料的作用是使涂膜呈现颜色和遮盖力，增加涂膜硬度，减缓紫外线破坏，提高涂料的耐久性等。在涂料制造工业中，颜料包括着色颜料、防锈颜料、体质颜料（填料）三大类。

着色颜料具有美丽的颜色，良好的着色力和遮盖力，分散度高，颜色分明，在涂料中主要起着色和遮盖物面的作用。常用着色原料有红色、蓝色、绿色和金属原料等。

在配制涂料时应注意根据所要求的不同性能和用途仔细选用颜料，如外墙涂料直接暴露于大气中，还直接涂刷在呈碱性的水泥砂浆表面，因而宜选用耐候性、耐碱性较好的颜料。白色颜料主要是钛白粉，钛白粉分为金红石型和锐钛型两种，锐钛型的耐候性差，只能用在内墙涂料中。彩色颜料主要包括炭黑、氧化铁红、氧化铁黄、酞菁蓝、酞菁绿，以及常见的鲜艳有机颜料如大红、耐晒黄、永固紫等。其中前五种颜料成本低、保色性强，是涂料配色的首选，后三种颜料色泽鲜艳、保色性较好，但遮盖力差、成本高，目前主要靠进口。

体质颜料又称填料，特点是基本不具有遮盖力，在涂料中主要起填充作用，能

防水涂料

有效改善涂料的贮存稳定性，降低涂料成本，增加涂膜的厚度，增强涂膜的耐久性、耐热性和表面硬度，降低涂膜的收缩等。常用填料品种有滑石粉、碳酸钙、煅烧高岭土、硫酸钡、石英粉等。

（3）辅助成膜物质

辅助成膜物质是溶剂和助剂。

溶剂的主要作用是溶解和稀释成膜物，使涂料在施工时易于形成比较完美的膜层。除了少数无溶剂涂料和粉末涂料外，溶剂是涂料不可缺少的组成部分，在涂料中所占比重可达50%以上。一般常用溶剂主要有脂肪烃、芳香烃、醇、酯、酮、卤代烃、萜烯、水等。溶剂在涂料施工结束后，一般都挥发至大气中，很少残留在膜层里。从这个意义上来说，涂料中的溶剂既是对环境的极大污染，也是对资源的很大浪费。所以，现代涂料行业正在努力减少溶剂的使用量，开发出了高固体涂料、水性涂料、乳胶涂料、无溶剂涂料等环保型涂料。

助剂可改进涂料生产工艺，提高涂料产品质量，改善涂料施工条件。打个形象的比喻，助剂在防水涂料中的作用，就相当于维生素和微量元素对人体的作用一样，用量很少，作用很大，不可或缺。对涂料生产过程发生作用的助剂，如消泡剂、润湿剂、分散剂、乳化剂等；对涂料储存过程发生作用的助剂，如防沉剂、稳定剂、防结皮剂等；对涂料施工过程起作用的助剂，如流平剂、消泡剂、催干剂、防流挂剂等；对涂膜性能产生作用的助剂，如增塑剂、消光剂、阻燃剂、防霉剂等。

一般成膜物质都有自己的最低成膜温度，品种不同，其最低成膜温度不等。当外界环境温度低于涂料的最低成膜温度时，涂料即会出现开裂、粉化等现象，不能成膜。为了使涂料能适应一定的施工环境，在较宽的温度范围内都能形成连续的、完整的涂膜，生产时需加入一定量的成膜助剂以改善涂料的成膜性。常用成膜助剂有苯甲醇、松节油、双丙酮醇，添加量为1.5%～2%，乙二醇、丙二醇、乙二醇丁醚、乙二醇乙醚等，添加量为4%。如添加3.56%的丙二醇成膜温度可由20℃降低到5℃以下。

润湿、分散剂的作用是降低被润湿物质的表面张力，使颜料和填料颗粒充分地被润湿而保持分散稳定。分散剂的作用是能使附聚在一起的颜、填料颗粒通过剪切力分散成原级粒子，并且通过静电斥力和空间位阻效应而使颜填料颗粒长期稳定地分散在体系中而不附聚。常用润湿分散剂有溶剂型涂料用阴离子型不饱和聚羧酸盐、脂肪酰二乙醇胺、膦酸酯盐等；水性涂料用润湿分散剂有DA系聚羧酸盐、PD萘磺酸钠的聚合物SMB、六偏磷酸钠等。添加量为0.2%～2.5%。

消泡剂的作用是降低乳化液的表面张力，在生产涂料时能使因搅拌和使用分散剂等表面活性物质而产生的大量气泡迅速消失，减少涂料制造与施工障碍。常用消泡剂有松油醇、磷酸三丁酯添加量为0.5%～1.5%；辛醇、丁醇，添加量为0.2%～0.5%；水性涂料用十二醇、聚丙二醇、环烷醇等，添加量为0.1%～0.2%。

防霉剂的作用是防止涂料涂刷后涂膜在潮湿状态下发生霉变。防腐剂的作用是防止涂料在贮存过程中因微生物和酶的作用而变质。常用防霉防腐剂有五氯酚钠、醋酸苯汞、多菌灵百菌清等。

防冻剂的作用是降低水的冰点以提高涂料的抗冻性。如乙二醇凝固点为−12.6℃，可降低水乳型涂料的冰点，提高低温储存性能。

没经过增稠调整的涂料是呈稀溶液状态，在贮存过程中易发生分水和颜料沉降现象，而且施工过程中会产生流挂，无法形成厚度均匀的涂膜，因此必须加入一定量的增稠剂来提高涂料的黏度，以便于贮存和施工。涂料的黏度与浓度没有直接关系，黏度是通过加入增稠剂来调节的，浓度是涂料中的有效成分，是恒定的。常用有机增稠剂有甲基纤维素、羧甲基纤维素、聚丙烯酸盐、聚丙烯酰胺等；无机增稠剂有石棉纤维、膨润土等。

1.2.2.2　建筑防水涂料的配方设计原则

涂料的配方设计就是在涂料主体成分中加入一定种类和数量的辅助成分，改善基料的缺陷或不足，使涂料获得所需要的性能。

涂料配方设计涉及配方组合原料的品种、类型、用量和制备工艺，这些对涂料的性能和应用都具有决定性的影响。合理的配方设计能保证防水涂料性能优良、工艺性能良好、生产成本低并满足使用要求，获得最佳经济效果。

建筑防水涂料配方设计时应坚持如下原则。

(1) 满足产品实用性和耐久性

涂料制备过程中的选材、配方设计、配制和施工，最终目的是满足应用要求。配方设计的主要任务是在弄清使用环境条件、使用性能的基础上，选择合适的基料。

(2) 充分发挥助剂功能

选定基料后，对添加组分的选择力求准确，用量适当，并尽量减少组分种类及用量。

(3) 经济性和环保性

在同等性能条件下，要选择原材料来源广泛、产地近、价格低廉、环保安全性好的原料品种。

1.2.3　防水涂料的防水机理

1.2.3.1　涂膜型防水涂料

涂膜型防水涂料是通过形成完整的涂膜来阻挡水的透过或水分子的渗透来进行防水。高分子材料干燥可形成完整连续的膜层，许多高分子涂膜的分子之间总有一些间隙，其宽度约为几个纳米，单个水分子是完全能够通过的，但自然界中的水通常处于缔和状态，几十个水分子之间由于氢键的作用而形成一个很大的分子团，因此很难通过高分子的间隙，从而使防水涂膜具有防水功能。

1.2.3.2 憎水型防水涂料

有些聚合物分子含有亲水基团，故聚合物形成的完整连续的涂膜并不能保证所有的聚合物涂膜均具有良好的防水性能。若聚合物本身具有憎水性，使水分子和涂膜之间互不相容，就可从根本上解决水分子的透过问题。如聚硅氧烷防水涂料就是根据这一原理设计的。

1.2.4 防水涂料的分类及特点

1.2.4.1 防水涂料按涂料状态和成型类别分类

防水涂料按涂料状态和成型类别分类见表1.2所列。

表1.2 防水涂料按涂料状态和成型类别分类

防水涂料类别	成型机理	代表产品
挥发型	溶剂挥发型	氯丁橡胶沥青防水涂料
	水分挥发型	硅橡胶防水涂料
反应型	固化剂固化型	双组分聚氨酯防水涂料
	湿气固化型	单组分聚氨酯防水涂料
反应挥发型	水分挥发为主,无机物水化反应为辅	聚合物水泥防水涂料
水化结晶渗透型	水化成膜为主型	防水宝
	渗透结晶为主型	XYPEX

(1) 溶剂挥发型

溶剂挥发型防水涂料其作为主要成膜物质的高分子材料是以溶解于（以分子状态存在于）有机溶剂中所形成的溶液为基料，加入颜填料、助剂制备而成。通过溶剂的挥发，高分子聚合物分子链间的距离不断缩小及相互缠绕而结膜。

该涂料涂层干燥速度快，施工基本上不受气温影响，可在较低温度下施工；结膜薄而致密、强度高、弹性好、耐低温，防水性能优于水乳型，涂料贮存稳定性好。但在施工和使用中，有大量的易燃、易爆、有毒的有机溶剂逸出，对人体和环境有较大的危害，因此近年来应用逐步受到限制。溶剂型防水涂料的主要品种有溶剂型氯丁橡胶沥青防水涂料、溶剂型氯丁橡胶防水涂料、溶剂型氯磺化聚乙烯防水涂料等。

(2) 水分挥发型

水分挥发型防水涂料为单组分水乳型防水涂料，其主要成膜物质高分子材料或具有一定分子量的聚合物材料通过表面活性剂的作用以极微小的颗粒（而不是呈分子状态）稳定悬浮（而不是溶解）在水中，而成为乳液状涂料的。涂料涂刷到基层后，随着水分的挥发和乳液固体微粒的接触、变形而结膜。

该涂料无有机溶剂逸出，无毒、不燃，生产贮存施工安全、不污染环境；价格低廉，施工工艺简单，可在潮湿基面施工；防水性能基本上能满足建筑工程的需要，是防水涂料发展的方向。但涂层干燥较慢，结膜致密性低于同类材料溶剂型涂料，且各类涂料的成膜温度有区别，5℃以下不能施工，贮存期不宜超过半年。

乳液型防水涂料的品种繁多，主要有：水乳型阳离子氯丁橡胶沥青防水涂料、水乳型再生橡胶沥青防水涂料、聚丙烯酸酯乳液防水涂料、VAE（乙烯-醋酸乙烯酯共聚物）乳液防水涂料、水乳型聚氨酯防水涂料、有机硅改性聚丙烯酸酯乳液防水涂料等。

（3）反应型

反应型防水涂料主要成膜物质的高分子材料，以液态低分子量预聚物形式存在，现场通过加入固化组分或在空气中进行化学反应，形成分子量较高的聚合物而结膜。

反应型防水涂料通常为双组分包装，其中一个组分为主要成膜物质，另一组分一般为交联剂，施工时将两种组分混合后即可涂刷。在成膜过程中，成膜物质与固化剂发生反应而交联成膜。反应型防水涂料几乎不含溶剂，该涂料可一次形成较厚的致密膜层，涂层具有优良的防水抗渗性、弹性、耐老化及低温柔性。但成型温度影响涂膜固化速度，价格较贵，涂料需现场搅拌，必须拌匀，才能保证膜层质量。

反应型防水涂料的主要品种有聚氨酯防水涂料与环氧树脂防水涂料两大类。其中环氧树脂防水涂料的防水性能良好，但涂膜较脆，用羧基丁腈橡胶改性后韧性增加，但价格较贵且耐老化性能不如聚氨酯防水涂料。反应型聚氨酯防水涂料的综合性能良好，是目前我国防水涂料诸品种中最佳的品种之一。

（4）反应挥发型

反应挥发型防水涂料主要成膜物质的高分子材料为水乳液，以水泥及活性物质为填料，涂膜通过水分挥发及无机水硬性材料的水化反应而结膜。

反应挥发型防水涂料现场拌和成膏状体，固含量较高；潮湿基面可施工，固化结膜速度快；厚涂层无起泡、起鼓问题。反应挥发型防水涂料主要品种是聚合物水泥涂料，应注意某些水性胶乳制成的聚合物水泥复合涂料，浸水后涂层的强度有所下降，用于地下工程时应进行长期浸水试验。

（5）水化结晶渗透型

水化结晶渗透型防水涂料主要成膜物为无机水硬性材料，在水硬性材料水化反应时，其中一类是涂层自身形成具有一定抗渗能力的膜层；另一类是涂层材料中的活性物质可向混凝土内部渗透，在混凝土中形成不溶于水的结晶体，填塞毛细孔道，从而使混凝土致密、防水。

水化结晶渗透型涂料的主要品种是水泥渗透结晶型涂料，该类涂料现场拌和成稠状物，施工简便易行；潮湿基面可施工；厚刮涂无起泡、起鼓问题；终凝后的涂层，应保持水养护环境；可渗入基层裂纹及毛细孔道内形成不溶于水的结晶物；涂层具有防水、抗渗功能。

1.2.4.2 按成膜物的主要类别分类

防水涂料按成膜物的主要成分分类见表 1.3 所列。

表 1.3 防水涂料按成膜物的主要成分分类

成膜物质类别	涂料类别		代表产品
合成树脂类	单组分	溶剂型	聚氯乙烯
		水乳型	丙烯酸酯
	双组分		氯丁橡胶沥青
橡胶类	单组分	溶剂型	氯磺化聚乙烯橡胶、乙丙橡胶
		反应型	聚氨酯
		水乳型	硅橡胶、氯丁橡胶
	双组分		聚氨酯、沥青聚氨酯、聚硫橡胶
橡胶改性沥青类	溶剂型		氯丁橡胶类、再生橡胶沥青、SBS 改性沥青、丁基橡胶沥青
	水乳型		氯丁橡胶沥青、羰基氯丁橡胶沥青、再生橡胶沥青
沥青类	水乳型		膨润土沥青、石棉沥青
	溶剂型		沥青涂料
聚合物水泥复合类	双组分		聚合物水泥
结晶渗透型	单组分		水泥渗透结晶型
水化反应涂层	单组分		防水宝、确保时、水不漏等

(1) 合成树脂类材料

主要成膜物为高分子材料,其玻璃化温度(T_g)高于室温,它的力学性能以塑性材料特性为主,此类材料在室温下具有较高的抗张强度和较大的延伸率,但低温时材料的脆性增加,抗拉强度大幅度地提高,延伸率大幅度地降低。

(2) 橡胶类材料

主要成膜物为高分子材料,其玻璃化温度(T_g)低于室温,它的力学性能呈现出橡胶材料特性,此类材料一般要经过硫化,经过硫化的材料其力学性能在很宽的温度范围内具有较高的伸长率和抗拉强度。

(3) 橡胶改性沥青类材料

主要成膜物为沥青,通过聚合物对其进行改性,可不同程度地提高沥青质材料的耐温性、低温柔性和弹性。

(4) 沥青类材料

主要成膜物为沥青,通过不同类别的填料对其进行改性,可不同程度地改善沥青质材料的高温流淌性与低温脆性。

(5) 聚合物水泥复合涂料

主要成膜物为高分子材料,通过聚合物与无机水硬性材料的复合,可提高与无机质材料的黏合性能、增加透气性、大大缩短水性高分子材料的固化成膜时间。该类材料的力学性能因复合比例的异同而有所区别，常温下其抗拉强度为 $1.2\sim2.0$ MPa，断裂伸长率为 $60\%\sim150\%$，低温柔性为 $-20\sim-10$℃。

（6）渗透结晶型涂层材料

主要成膜物为无机水硬性材料，在水硬性材料水化反应时，自身形成膜层，并可渗透到基层的毛细孔道及裂缝中形成不溶于水的结晶体。

（7）水化反应涂层材料

以无机材料水化成膜为主。

1.2.4.3　按工程应用部位分类

（1）屋面防水涂料：聚氨酯、VAE、丙烯酸酯等。

（2）墙面防水涂料：VAE、丙烯酸酯、JS、有机硅等。

（3）厕浴间防水涂料：同屋面。

（4）地下防水涂料：JS、有机硅、聚醚类聚氨酯。

（5）道桥用防水涂料：水性沥青类。

（6）其他。

① 砖石结构用防水涂料：VAE、环氧树脂、硅树脂等。

② 金属结构（如防护栏）用防水涂料：沥青类隔热反光防水涂料。

1.2.4.4　按涂料的组分不同分类

根据防水涂料的组分不同，一般可分为单组分防水涂料和双组分防水涂料两类。单组分防水涂料按液态不同，一般有溶剂型、水乳型两种；双组分防水涂料，则以反应型为主。

1.2.4.5　按涂料的组成不同分类

目前常按防水涂料的组成分类，见表1.4所列。

表 1.4　按防水涂料组成分类

类别	品种	材料类型		产品举例
防水涂料	合成高分子涂料	橡胶类	挥发型	氯磺化聚乙烯涂料
				硅橡胶涂料
				三元乙丙涂料
			反应型	水固化聚氨酯涂料
				聚氨酯涂料(湿固化)单组分
				彩色聚氨酯涂料
				石油沥青聚氨酯涂料
				焦油沥青聚氨酯涂料(851)
		树脂类	挥发型	丙烯酸涂料
				EVA涂料

类别	品种	材料类型		产品举例
防水涂料	合成高分子涂料	复合型	挥发型	聚合物水泥基涂料 CJS
			反应型	反应型水泥基涂料 FJS
	聚合物改性沥青涂料	挥发型	溶剂型	SBS 改性沥青涂料
				丁基橡胶改性沥青涂料
				再生橡胶改性沥青涂料
				PVC 改性焦油沥青涂料
			水乳型	水乳型 SBS 改性沥青涂料
				水乳型氯丁胶改性沥青涂料
				水乳型再生橡胶改性沥青涂料
		热熔型		SBS 改性沥青涂料
	沥青基涂料	水乳型		石灰乳化沥青防水涂料
				膨润土乳化沥青防水涂料
				石棉乳化沥青防水涂料
	无机类防水涂料	聚合物水泥复合涂料		JS涂料(分Ⅰ、Ⅱ、Ⅲ型)
		水泥渗透结晶型防水涂料		XYPEX 等
		水化反应涂层		防水宝、确保时、水不漏等

1.2.5 建筑防水涂料的特性

涂膜防水材料一般以玻璃纤维布或聚酯无纺布为胎基,涂覆后形成无缝防水涂膜,涂膜防水层已广泛应用于屋面、地下、厕浴厨房间和建筑外墙等部位的防水,并取得了迅速的发展。目前美国、英国、日本、法国、德国等工业发达国家的防水涂料在建筑防水材料中都占有相当的份额。发达国家在积极发展合成高分子防水涂料和高聚物改性沥青防水涂料的同时,正积极开发水性和无机防水涂料等品种,向着"环保型"防水涂料的方向发展。

与防水卷材相比,防水涂料具有以下优点。

(1)涂膜防水可形成致密无缝的涂膜,防水层不存在搭接和断桥现象,防水效果可靠。

(2)良好的耐水、耐候、耐酸碱性及优异的延伸性。

(3)使用时无需加热(热熔型涂料除外),污染小,操作简单方便,且易于对渗漏点做出判断及维修。

(4)不受基材形状的限制,能适用于各种复杂形状的结构基层,特别有利于阴阳角、无沟雨水口及端部头的封闭。

但防水涂料施工主要靠人工现场操作,需重复多遍涂刷,受基面平整度的影响，涂膜的厚度和均匀性很难得到保证；膜层的力学性能受成型环境温度和湿度影响较大，操作不当，防水质量很难达到原设计要求。成型受环境温度制约较大，尤其是水乳型涂料，其运输、贮存、堆放和施工作业都对环境温度有较高要求；反应固化型的产品的反应速度受环境温度和湿度的影响较大，温度高、湿度小，反应速率快，成膜质量好。水乳型或溶剂型涂料温度高、湿度小，水分或溶剂挥发快，成膜快，温度低时成膜速度慢，水乳型材料甚至不能成膜，但如果夏季温度太高，刚涂刷完毕的膜层表面失水太快，会产生起皱现象，影响成膜质量。

防水卷材与防水涂料的对比见表 1.5 所列。

表 1.5　防水卷材与防水涂料的对比

比较项目	防水卷材(EPDM、PVC 卷材)	防水涂料(PU、丙烯涂料)
厚度和均匀性	极易保证、施工现场容易检查	很难保证厚度和厚薄均匀性
耐穿刺能力	较强、强度高、弹性好	较差
搭接缝可靠性	有接缝、需搭接、易出现误差	无接缝，防水保证率高
施工技术难度	施工技术复杂、难度大	施工技术简单
规范规定厚度	薄	薄
缺陷可采取的措施	① 与涂膜配合使用； ② 采用既可作涂膜防水又可作卷材黏结剂的涂料配套使用； ③ 搭接缝处加作涂膜增强层； ④ 采用丁基橡胶密封胶带作搭接用	① 板端或基层已开裂处采取空铺或涂压敏胶； ② 厚质涂层采用保证涂层厚度的带齿刮板； ③ 双组分涂料严格计量和搅拌； ④ 与卷材配套使用

1.3　我国建筑防水涂料的发展及研究现状

1.3.1　防水涂料发展历程

采用防水涂料来防止建筑物的渗水和漏水是 20 世纪 50 年代末就已开始使用的一种防水方法。我国建筑防水涂料的发展大致可分为三个阶段。

第一阶段是开发各种乳化沥青涂料。从 20 世纪 50 年代中期开始，以石灰为乳化剂研制石油沥青的乳化，这种涂料多是现场配制，性能不稳定，应用效果不好。20 世纪 60 年代开发出石灰膏乳化沥青，当时多以石油沥青、各种废旧材料（如废胶粉等）或化工厂的下脚料（如苯乙烯焦油等）为主要原料，加工制成乳化沥青防水涂料、塑料油膏、再生胶改性沥青防水涂料和苯乙烯焦油防水涂料等。这些涂料曾在防水工程中得到大面积推广使用，但这些涂料或因为质量差、防水层使用年限短，或因为对环境污染大，对施工人员身体健康有严重影响，大多已被列入淘汰产品，用量正越来越少。20 世纪 70 年代又研制成功膨润土乳化沥青防水涂料和水性石棉沥青防水涂料，这类涂料稠厚，易于涂成厚层涂膜，能满足一般屋面的维修，得到一定程度的推广。

第二阶段是开发聚合物改性沥青防水涂料。在20世纪60年代中期出现了溶剂型氯丁橡胶沥青防水涂料，70年代末出现水乳型再生胶沥青防水涂料，80年代初出现水乳型（即阳离子型）氯丁橡胶沥青防水涂料、水乳型丁苯橡胶改性沥青防水涂料、SBS橡胶沥青溶剂型防水涂料、丁基橡胶沥青溶剂型防水涂料、丁腈胶乳沥青防水涂料等。

第三阶段是合成高分子防水涂料问世，如丙烯酸系列防水涂料、丙烯酸-丙烯腈-苯乙烯多元共聚水乳型涂料，其中最重要的是聚氨酯防水涂料。

20世纪70年代后期研制出了聚醚型聚氨酯防水涂料，80年代中期又研制成功了焦油聚氨酯防水涂料，并大量推广用于防水工程。80年代后期开始引进与研发单组分聚氨酯防水涂料。由于纯聚氨酯涂料成本高，单组分纯聚氨酯防水涂料生产量很小，而双组分煤焦油改性聚氨酯防水涂料，价格适中，性能又远优于改性沥青涂料，因而很受欢迎。20世纪非焦油聚氨酯双组分防水涂料用环氧树脂取代焦油，降低了气味，提高了防水寿命，但其中的苯类有机溶剂对人体还是有致癌危险。1989年建设部对全国防水材料市场进行了整顿和调查，确认聚氨酯防水涂料为可信任的防水材料。1990年建设部将聚氨酯防水涂料列为"八五"计划重点推广项目之一，制定了聚氨酯防水涂料建材行业标准（JC/T 500—92）并于1993年开始实施。1998年建设部将非焦油型聚氨酯防水涂料列为全国住宅推荐产品十三种防水材料之一，从而极大地推动了聚氨酯防水涂料在全国的推广应用和健康发展。针对焦油聚氨酯污染性大，1998年北京市建筑工程研究院等单位开发了一种以石油沥青为填料的聚氨酯防水涂料。北京金之鼎化学建材公司等单位研制了单组分聚氨酯防水涂料，随后一些单位又开发出无溶剂喷涂聚氨酯防水涂料。与此同时，其他高分子防水涂料如丙烯酸酯弹性防水涂料、硅橡胶防水涂料、水性三元乙丙橡胶防水涂料等也得到发展。

90年代初北京金汤建筑技术开发有限责任公司开始研制聚合物水泥防水涂料，1995年通过建设部技术鉴定。产品开发初期，仅有北京为数不多的企业生产，年产量仅有几百吨，但随着国家对绿色环保型建材产品的推广和经工程应用证明该种涂料防水效果良好，特别是该涂料固含量高，潮湿基面可施工，与砂浆和混凝土等粘接性能优良，固化速率快，价格比较便宜，环保，在用于地下、外墙、厨卫间防水及南方环境温度变化较小的屋面防水工程中显现了它的突出优越性。目前，该种防水涂料几乎在全国范围内使用，其应用场合包括地下室、屋面、厕浴间和其他结构部位（如外墙），全国有百余家企业生产这种涂料，2000年用量已达12000t。

近十几年来，各种无机防水涂料也在我国得到开发与应用，引进了确保时、M1500等国外先进的产品，同时研制出了防水宝、HM1500、TM1500等一系列无机防水涂料。

为了更好地适应建筑物造型复杂和变截面工程防水层施工的需要，我国先后研制开发了水泥基渗透结晶型防水涂料、聚脲防水涂料以及高渗透改性环氧防水涂料等产品。

聚脲防水涂料被誉为"20世纪末涂料涂装技术领域最伟大的发现",作为防水涂料中新崛起的品种,近几年在国内逐步推广,并在高速铁路防水工程中大展身手。高铁采用无砟轨道,要求防水层不仅具有防渗、抗裂的基本性能,还要能经受高速、重载及火车高速行驶时带来的交变冲击。与一般涂料相比,喷涂聚脲具有优异的防水、防腐、耐磨、抗冲击、抗开裂、耐紫外线及耐高低温性能,使用期更久,而且没有毒性。喷涂聚脲材料施工时不受环境温湿度影响,可在任意曲面、斜面及垂直面上快速喷涂成型,不产生流挂现象,且施工方便,效率极高,一次施工即可达到设计厚度,是不规则断面较多的高铁无砟轨道防水处理的良好选择。

水泥基渗透结晶型防水涂料无毒、无味、无公害,经现场加水调成黏稠状,涂覆后可形成刚性防水涂层,该类材料最大的优点是潮湿基面可施工,涂层对基面具有渗透性,在混凝土中形成不溶于水的结晶体,填塞毛细孔道,从而使混凝土致密、防水,此类材料在地下防水工程及治理渗漏工程中发挥了作用,已开始大量使用在工业与民用建筑的地下结构、地下铁道、桥梁路面、水利工程等方面。

随着建筑技术的进步,防水领域中对聚合物改性沥青防水涂料及高分子防水涂料的需求量逐年上升。在1994年4月我国公布了GB 50207—94《屋面工程技术规范》,对不同类别的防水涂料的质量要求及施工方法、工程验收都做出了明确的规定,这对建筑防水涂料的发展起到了积极作用。虽然大面积的防水一般提倡使用防水卷材,但由于防水涂料在某些方面的作用是其他防水材料不可代替的,如屋面渗漏的修补、不规则屋面基底下建筑的防水,管道较多、面积较小的厕浴间防水,屋面节点部位的处理以及具有装饰功能的外墙防水等,使得防水涂料作为一种功能材料的应用与发展得到重视和较快的发展。目前我国防水涂料已从最初主要是沥青基防水涂料向聚合物改性沥青防水涂料、合成高分子防水涂料、无机防水涂料等方面发展。在《国家化学建材推广应用"九五"计划和2010年发展规划纲要》中已明确列为"适当发展防水涂料"的目标要求。

1.3.2 防水涂料研究现状

20世纪60年代,欧美、日本等国家发展起来一种新型高分子防水涂料——聚氨酯防水涂料。其中美国最早使用聚氨酯涂膜防水,后来又推广到加拿大、中东以及东南亚各国。日本1964年从美国杜邦公司引进聚氨酯防水涂料专利技术,发展迅速,平均年增长率为13.5%,日本在1969年颁布了聚氨酯防水涂料的工业标准,目前日本每年用量高达3万吨左右。

目前,美国、德国、法国、日本等工业发达国家的防水涂料在整个建筑防水材料中都占有相当的份额。他们在积极发展高聚物改性沥青防水涂料和合成高分子防水涂料的同时,又开发了无机渗透结晶型的粉状防水涂料等品种,而且正向着环保型防水涂料发展。Jasperson等开发出了丙烯聚合物与乙烯基聚合物水乳型防水涂料，其中该乳液至少含有 40％的丙烯酸和乙烯基聚合物，颜料二氧化钛的体积浓度不超过 10％，该防水涂料主要用于屋面和外墙的防水，涂膜具有很高的弹性，该防水涂料是一种耐久性防水涂料，一般至少可以使用 10 年。Meddaugh 等研制出了水乳型有机硅防水涂料，其中有机硅乳液主要是由阴离子表面活性剂稳定的羟基封端的聚二有机硅氧烷（100 份）、无定型二氧化硅（1 份）、有机锡盐等组成，乳液的 pH 值大于 9，固含量大于 35％。该有机硅防水涂料在涂膜干燥后，能够提供弹性涂膜，该弹性涂膜黏附在砌筑墙的表面，能够提供很大的力以抵抗来自外表面任何水的压力，防水效果良好。Rodgers 等开发的聚合物水泥防水涂料，主要用于混凝土的防水。其中水泥占 5.0％～18.0％、200 目的碳酸钙占 20％～50％、聚醋酸乙烯占 0.5％～6％，50 目的碳酸钙与 30％～60％醋酸乙烯酯-乙烯共聚物乳液相混合，剩余部分为水。该防水涂料具有很好的阻燃性、隔热性以及抗化学腐蚀性。Kyminas 等制造出了坚固耐用的屋面防水涂料，主要用于长期受风雨侵蚀屋面的防水。近年来，美国亨瑞公司在过去开发和应用乳液沥青防水涂料的基础上，又成功开发了一种以改性的优质氧化沥青为主要原料，掺入适量的化学助剂、填充剂、石油溶剂和乳化剂等，经过特殊的加工工艺，制成了一种高固含量（73％以上）、能在潮湿基层或雨中进行施工、并容易涂抹的厚质防水涂料。美国创高公司生产的一种不含挥发性有机溶剂的单组分聚氨酯防水涂料——创高 60，该涂料可根据设计要求，采用能够控制涂膜厚度的锯齿形特制刮板直接涂刷在基层表面上，经吸收空气中的水分固化形成足够厚度的涂膜防水层。美国最新专利产品阻热防水涂料当它在金属物体上使用时，极具柔性和封闭性，能堵漏、隔热、防锈，用于沥青屋面作防水涂料时，可反射 90％的太阳能量，能够防止沥青降解，延长防水寿命；用于刚性防水屋面时，能够阻止混凝土膨胀、封闭细裂纹和缝隙，防止水分渗透，有极佳的黏附性和延伸性。

随着改革开放步伐的加快，国外的产品也不断进入国内市场，合成高分子基料的引入促进了国内丙烯酸酯防水涂料的发展，使我国的丙烯酸酯类产品的耐水性能得到了改善。防水领域的不断扩展，使防水市场竞争日趋激烈，也促使国内防水企业加大了研发力度。上海汇丽化学建材厂、天津大学化工实验厂、苏州非矿院防水材料研究所等单位生产出双组分聚醚型聚氨酯防水涂料，山西省建筑科学研究院成功研制出环保型水性沥青聚氨酯防水涂料，北京三原建筑黏合材料厂成功研制出无溶剂聚氨酯防水涂料，该产品固含量高，摒弃了煤焦油成分，是焦油型聚氨酯防水涂料理想替代产品之一。冶金部建筑研究总院首次研制成功硅橡胶防水涂料。

武汉现代工业技术研究院成功研制出一种新型水泥基防水涂料——WGB 长效复合彩色防水涂料，并通过了武汉市科委组织的专家会议鉴定。WGB 长效复合彩色防水涂料是由一种硅丙树脂与 VAE 乳液经特殊工艺复合而成的新型防水涂料，兼有 VAE 防水涂料的高抗渗性和丙烯酸乳液的耐候性、耐久性和有机硅防水剂的强基体渗透性等各种防水材料的优点。具有高弹性、高抗拉强度，与基体结合牢固,并能克服基体开裂、变形所产生的渗漏问题,可达到长期防水效果,试验表明,有效防水期可长达 30 年。

2003 年 2 月成都健生化工有限公司研制生产出高性能的新型绿色环保丙烯酸酯防水涂料,此举填补了国内防水领域无该项技术的空白。据悉,该产品已获得国家建设部(现住房和城乡建设部)和四川省建设厅的首肯,该产品无毒、无味,具有优异的耐老化性、黏附性、耐冷热、耐碱性、耐低温性等特点,各项技术指标均达到了国家的相关标准,是目前市场上销售的防水涂料的一种替代产品,它能够广泛应用于新旧建筑地下室、屋面及墙体、厨卫间、仓库、游泳池等场所的防水和防潮。

防水涂料是在数量上应用最大的功能性建筑涂料。因具有较好的技术经济综合性能的竞争因素,仍能够占据很大的市场份额,特别是在地下、道桥等工程应用量的大幅增加会提高防水涂料的应用比例。建筑防水涂料主要由防水卷材企业生产,同时生产涂料的卷材企业在 500 家以上,其中有一定规模的企业约 200 家,只生产防水涂料的企业很少。防水涂料品种已达数十个,主要应用于工业与民用建筑的厕浴间防水,部分用于屋面、地下室和外墙等工程防水,均获得了较理想的防水效果。调查表明,防水涂料在各类防水工程中的应用量约占 30%,且连续三年不断上升。2008 年聚氨酯涂料(单、双组分)应用量上升较快,占有 11.7% 的市场,另外聚合物水泥基涂料(JS)应用广泛,也占有较大市场,且连续三年呈上升态势。目前,我国建筑防水涂料主要有单(或双)组分聚氨酯防水涂料、丙烯酸防水涂料、聚合物水泥防水涂料(JS)、改性沥青防水涂料、有机硅防水涂料、喷涂聚脲、水泥基渗透结晶型防水涂料等,已形成反应固化型和溶剂(水)挥发干燥型等性能不同、形态不一的多类型、多品种的产品格局,现已形成年产各种防水涂料约 50 万吨(其中高档防水涂料约 20 万吨)的生产能力。预计 2015 年中国主要防水涂料总销量约 35 万吨以上。

1.4　国内建筑防水涂料应用情况调查

2010 年中国建筑防水涂料的总销售量约为 24 万吨以上,占防水材料应用总量的 23.12%。其中高档防水涂料占 25%:聚氨酯防水涂料 3.5 万吨;JS 复合防水涂料 3.2 万吨;丙烯酸酯防水涂料 0.5 万吨;乙烯-醋酸乙烯防水涂料 0.6 万吨,橡胶和树脂基 0.5 万吨;中档涂料占 10%;氯丁胶乳改性沥青涂料 2.2 万吨;其他橡胶改性沥青涂料 0.5 万吨;低档涂料占 65%;再生胶防水涂料 1.0 万吨;再生胶改性沥青防水涂料 1.5 万吨;石油沥青基防水涂料 3.0 万吨;水性 PVC 防水涂料 2.5 万吨;聚氯乙烯弹性防水涂料 5.0 万吨。具体品种销售比例大致是:聚氨酯防水涂料约占 43%;聚合物水泥防水涂料约占 37%;丙烯酸防水涂料约占 8.5%;改性沥青防水涂料约占 5.5%;水泥基渗透结晶型防水涂料约占 2%;喷涂聚脲和有机硅防水涂料各约占 1%;其他类涂料约占 2%。

1.4.1 防水涂料应用领域

目前，单（双）组分聚氨酯防水涂料的使用集中在厨厕卫和地下，其中单组分聚氨酯防水涂料在厨厕卫使用得更多一些，占到总使用量的90％以上。由于耐紫外线的问题，聚氨酯防水涂料在屋面应用较少。

丙烯酸涂料在厨厕卫、屋面、外墙都有应用，最常用的部位是厨厕卫，占到总用量的51％。

聚合物水泥防水涂料应用较为广泛，屋面、地下、外墙、厨厕卫都有应用，其中在各应用领域中所占比例为：厨厕卫44％、屋面19％、外墙11％、地下26％。特别是以丙烯酸乳液改性硅酸盐水泥的聚合物水泥防水涂料，在某些地区的屋面或其他结构部位的防水工程中得到大量应用。

改性沥青防水涂料在建筑防水中绝大多数用于屋面及道桥防水，也有用于厨卫间和外墙，但应用比例较少。

有机硅等防水涂料主要作为屋顶涂料，应用量占总销量的80％以上。硅橡胶乳胶防水涂料虽然性能（包括涂膜性能和环保性能）非常优异，但因为价格偏高等原因较少应用。

焦油型聚氨酯防水涂料因为焦油的成分复杂，产品性能得不到保证，再加上政府部门在政策上予以限制，因此近年来用量急剧减少。

1.4.2 防水涂料市场价格水平

根据最新抽样调查，中国目前主要防水材料市场价格情况大致是：聚合物水泥防水涂料和改性沥青防水涂料价位相对较低，大多数样本企业的报价在10元/kg以下。对单（双）组分聚氨酯防水涂料，绝大部分样本企业的报价在10～20元/kg，有少数企业的报价在40元/kg以上，这应是较高档的品种。中国目前主要防水涂料市场价格水平见表1.6所列。

表 1.6 中国目前主要防水涂料市场价格水平　　　　　单位:％

防水涂料类别	市场价格				
	<10(元/kg)	10～20(元/kg)	21～30(元/kg)	31～40(元/kg)	>40(元/kg)
聚合物水泥防水涂料	71.4	19.0	4.8	4.8	
丙烯酸涂料	16.7	83.8			
单组分聚氨酯防水涂料		86.7			13.3
双组分聚氨酯防水涂料	5.0	85.0	5.0		5.0
改性沥青防水涂料	100.0				
喷涂聚脲					100.0
水泥基渗透结晶型防水涂料	50.0	50.0			
现喷硬泡聚氨酯涂料			100.0		
有机硅涂料			100.0		

1.4.3 防水涂料原料供应商情况

最新抽样调查表明，中国建筑防水涂料主要原料的供应商集中度较高，调查结果如下。

(1) 聚合物水泥防水涂料和丙烯酸涂料

聚合物水泥防水涂料和丙烯酸涂料的原料主要是丙烯酸乳液和 VAE 乳液。2006 年中国用于防水领域作为原料的丙烯酸乳液市场总量约 5 万吨。

乳液的选择直接影响产品的质量和价格。聚合物水泥防水涂料或丙烯酸涂料生产企业使用频次最高的丙烯酸乳液主要来自巴斯夫中国公司、东方化工厂、国民淀粉、北京有机化工厂和东联化工。此外还有北京三元、日照广大等。调查还表明，生产企业与乳液供应商的交易关系基本上是稳定的，具体比例见表 1.7 所列，原料价格见表 1.8 所列。

表 1.7　被调查企业 2006 年丙烯酸乳液主要供应商　　　单位：%

主要供应商	市场份额占比	主要供应商	市场份额占比
巴斯夫	20	北京有机化工厂	12
东方化工厂	20	东联化工	8
国民淀粉	16	其他	24

表 1.8　2006 年供应商提供的丙烯酸原料市场价格　　　单位：元

企业类型	市场价格	企业类型	市场价格
外资企业	9800~14000	内资企业	5000~8000
合资企业	11500~12500		

据受访企业介绍他们对"巴斯夫"、"国民淀粉"、"罗门哈斯"等外资企业供应的乳液的性能及提供的技术服务和供货及时性、支持新产品开发的态度等均表示非常满意；对付款条件，多数认为比较苛刻；对乳液价格，认为较高的与认为合理的各占 50%。

(2) 聚氨酯防水涂料（包括单组分、双组分和发泡材料）

聚氨酯防水涂料的主要原料有聚醚、TDI、MDI 等。50% 的被调查生产聚氨酯涂料的企业使用山东东大化工有限公司的聚醚，其次是天津三化、上海高桥、钟山化工等。TDI、MDI 主要来源于日本三井（占总频次的 46%），其次是德国拜耳（29%）和沧州化工（17%）等，见表 1.9 所列。

表 1.9　被调查企业聚醚、TDI、MDI 的主要供应商

主要原料	按供应量从大到小排序	主要原料	按供应量从大到小排序
聚　醚	1. 山东东大	TDI、MDI	1. 日本三井
	2. 天津三化		2. 德国拜耳
	3. 上海高桥		3. 沧州化工
	4. 钟山化工		

1.4.4　对主要防水涂料的评价

绝大多数生产商都认为聚氨酯防水涂料、丙烯酸涂料、聚合物水泥防水涂料等产品处于"成熟期，且用量很大"，是市场主流产品。其中，认为双组分聚氨酯防水涂料发展已处于成熟期的比例最高，为80%。100%的样本企业认为喷涂聚脲处于"成长期，需求将不断增长"；50%的企业认为水泥基渗透结晶型防水涂料处于成长期；40%的企业认为单组分聚氨酯防水涂料处于成长期；33%的企业认为丙烯酸涂料处于成长期。少部分企业认为改性沥青防水涂料和聚合物水泥防水涂料为非主流产品，未来增长不大，这部分企业分别占参与评价企业的29%和14%。

建筑师对中国建筑防水涂料存在的缺陷提出如下看法：
(1) 防水涂料产品的使用局限性大（如只能用于室内和非暴露屋面）；
(2) 对基层面的要求较高，施工工艺要求高，厚薄难以控制，易被破坏；
(3) 材料延伸率、抗拉性、耐老化性等性能不高，许多材料不符合环保要求；
(4) 生产厂家过多、品牌杂乱、质量参差不齐，较难选择。

1.4.5　制约防水涂料发展的主要因素

防水涂料近几年来发展迅速，无论从产品性能还是新材料的发展来看都得到了较大的提高。但从调查中也发现目前防水涂料市场也存在着很大的问题，如质量参差不齐、假冒伪劣产品充斥市场、标准贯彻不到位。生产企业对目前制约防水涂料发展主要因素的认定不尽相同。假冒伪劣产品对聚合物水泥防水涂料、丙烯酸涂料和双组分聚氨酯防水涂料的影响最大，而喷涂聚脲单组分聚氨酯防水涂料和丙烯酸涂料等受原料价格影响较大，市场恶意竞争对大多数产品都有较大的影响，制约防水涂料发展的因素见表1.10所列。

表 1.10　制约防水涂料发展的因素　　　　　单位:%

材料名称	原料价格高	恶意市场竞争	假冒伪劣商品多	产品需求不多	需求量变化大
聚合物水泥防水涂料	36	64	73	9	14
丙烯酸涂料	50	50	100		
单组分聚氨酯防水涂料	26	20	26		3
改性沥青涂料	29	57	27	14	43
双组分聚氨酯防水涂料	85	60	70	5	
喷涂聚脲	100				

随着城市基础设施改造和住宅工程建设的迅猛发展，为防水涂料的应用和发展提供了广阔的前景。目前我国在防水涂料的研发方面已经有了很大的进步。但与先进国家相比，无论在产品产量、质量、品种数量上，还是在配套施工技术上都存在较大的差距，远不能满足我国经济建设的需要。目前我国在防水涂料的研发上主要

存在以下一些问题：产品的综合性能差，高、低温性能往往不能兼顾，耐候性能普遍不佳；溶剂型涂料仍然使用较多，对施工人员的身体健康危害大，环境污染严重；环保型防水涂料种类较少，质量有待进一步提高；可供选择的产品品种少，应用范围受到局限；施工工艺落后、工人劳动强度大。

建议如下。

(1) 结合建设领域"四节一环保"的要求，通过新政策的实施来引导促进建筑防水涂料行业的健康发展。

(2) 在现有产品基础上继续开发高性能、低耗材、保温隔热、绿色环保的防水涂料产品。

(3) 通过整顿防水涂料类标准，提高标准水平，打击并最终清除假冒伪劣产品。

(4) 加强技术创新，发展高新技术防水涂料产品，如喷涂聚脲等，实现防水涂料的高新技术产业化，推动防水行业发展。

1.5 建筑防水涂料的发展趋势

(1) 大力开发高性能、高耐候防水涂料

目前我国防水涂料低性能产品比例过大，防水涂料产品拉伸强度较低，延伸率较小，耐候性较差，使用寿命较短。未来的防水涂料将向着各项性能较高、对基层伸缩或开裂变形适应性较强的方向发展。因此，我国防水涂料宜重点发展聚氨酯、丙烯酸防水涂料、高性能橡胶改性沥青防水涂料和水泥基渗透结晶型防水材料等高性能防水涂料。

随着城市地下铁路的快速发展，对防水涂料的动态抗疲劳性、抗生物降解性能等也提出了更高的要求。随着科技的发展，在今后的桥梁建设中，涂膜覆盖型和结晶渗透型的无机防水涂料将会得到更多的应用，结构自防水混凝土和柔性防水涂料（例如聚氨酯防水涂料）相结合的防水技术已在工程中应用。对于长期处于潮湿部位的结构，弹性涂料的应用将会增多，其品种将以水性丙烯酸类涂料或水性丙烯酸-水泥复合涂料为底涂、低 PVC 的弹性乳胶漆作为面涂的复合涂层相结合为主。

(2) 发展环保型防水涂料

随着工业的高速发展和城市化进程的不断加快，带来了经济发展和社会繁荣，同时也使人们对自己周边环境和生活质量提出了更高的要求。"以人为本"、"绿色环保"已成为时尚，环保已成为人类发展现代工业需要共同遵守的基本原则。

溶剂型防水涂料中含有大量的有机挥发物（Volatile Organic Compounds），在配料和施工过程中，大量 VOC 排向大气，造成大气污染。同时施工人员在施工过程中不可避免地会吸入部分 VOC。VOC 对人体的健康危害很大，它们不但对皮肤具有侵蚀作用，而且对人体中枢神经系统、造血器官、呼吸系统有刺激和破坏作用，可引起头疼、恶心、胸闷、乏力、呕吐等症状，严重时会抽搐、昏迷甚至死亡。全球每年使用有毒化学溶剂型涂料造成的环境破坏和人体伤害而带来的经济损失高达数百亿美元。因此，世界上主要的涂料生产国纷纷出台了限制 VOC 的排放污染法规。生产低 VOC、对环境友好的防水涂料，已是大势所趋。通常实现低 VOC 的途径有三种：用水代替挥发性有机溶剂；提高固含量；发展粉末涂料。溶剂型防水涂料，不仅污染环境，对人体健康有害，而且浪费大量资源，因此必须大力开发和应用环保型防水涂料。

绿色环保型防水涂料是对环境有利、对人体无害、有利于节能、可节约资源（或）可再生利用并持久耐用的产品。目前，国外的防水涂料正朝着水乳型和环保型方面发展，如发展高性能水乳型聚合物改性沥青防水涂料、水乳型聚氨酯防水涂料等。而我国的水乳型聚合物改性沥青防水涂料的市场占有率还很低，水乳型聚氨酯防水涂料生产技术还不成熟，尚处于实验室的研制阶段。我国技术比较成熟的防水涂料是聚合物乳液防水涂料和聚合物水泥防水涂料。随着国外商品的引入和我国防水涂料市场的需求，水泥聚合物改性沥青防水涂料、水乳性聚氨酯防水涂料将得到进一步的重视和发展。

有机防水涂料一般均存在易老化、使用寿命短、不易分解、对环境污染大的缺点。近年来，国外致力于开发以水泥为载体，掺入活性化学催化物质等进行改性处理而制成高性能的防水涂料，这类涂料最突出的优点是在生产、施工和应用过程中均不会排放污染环境的物质，符合环保要求。因此，水泥基高性能防水涂料也应是我国防水涂料的发展方向。

（3）发展多功能防水涂料

目前使用的绝大多数防水涂料以防水抗渗为主，功能单一，而且施工必须在无明水的基材表面和非下雨天进行。未来的防水涂料将集防水、装饰、保温、隔热等多种功能于一体，且能在潮湿的基材上进行施工，如开发阻燃型、隔热型建筑防水涂料。工业发达国家已经开始向多功能防水涂料的方向发展，例如美国和法国的铝粉乳液反射涂料和白色聚丙烯酸酯反射涂料，涂膜既具有防水功能，又能对原有的防水层起到保护作用，还能够反射太阳光和紫外线，降低建筑结构的温度及延长涂料的使用年限等。将来防腐型、隔热型、反射型防水涂料将会受到重视和欢迎。

（4）积极开发应用纳米防水涂料

纳米材料是 21 世纪开发出的一类新兴材料，这一类材料具有许多一般材料所不具备的特殊性能，因而在科技界引起广泛的重视。现已发现某些纳米材料的特性将使之在高分子基建筑涂料这一领域得到崭新而广泛的应用，使这一类涂料的品种和质量得到提高。

对防水涂料这样的外用涂料，对涂料的耐老化、耐洗刷、抗紫外线等性能要求很高。在涂料中加入纳米材料，所得的纳米涂料其耐老化、防渗漏、耐洗刷等性能均得到很大提高，从而提高了涂料的档次，延长了涂膜的使用寿命。经纳米材料改性后的防水涂料产品外观显得更加饱满、匀和，涂膜光洁细腻，触感优良，防水性好，与基底材料的粘接力大大提高，尤其是改性后的涂料抗紫外线、耐洗刷性能非常优越，大大提高建筑材料的施工和使用性能，减少涂料用量，缩短成膜时间，减少溶剂用量和挥发量。

我国纳米材料同国外处于同一起跑线上，为我国发展高档建筑涂料和国外竞争提供了良好的条件。

（5）研制与推广新型施工机具，促使涂料施工机械化

目前涂料施工主要是手工刷涂、辊涂，对于大型防水工程来说，耗时、劳动强度大。大多数防水涂料是双组分的，如双组分聚氨酯防水涂料、JS 防水涂料等，施工时还得现场混合配制，不仅费工费时，如果搅拌设备不好或搅拌不均匀，将影响产品的防水效果，因此必须对施工机具和施工方法作一定的改善。

采用双喷头或多喷头喷枪，并能使涂料与胎体增强材料或固化剂等进行混合喷涂，不但可以加快涂膜固化速度、增加涂膜强度和便于控制涂膜厚度，而且可以加快施工进度，提高施工质量，降低工人劳动强度。聚氨酯涂料喷涂成型技术是近年来发展起来的新技术，它将快速固化聚氨酯与喷涂技术相结合，实现了快速方便地获得不同厚度弹性涂层的目的。这种新的喷涂工艺，主要基于双组分聚氨酯涂料体系配方的灵活性。由于反应速度可调节，短时间内可反复喷涂，在立面厚涂不流挂，可适应各种结构的基层，因此用途广泛，可用作防水材料、无缝铺面材料等。

（6）研究开发防水涂料系列产品

不同工程部位、不同施工环境条件和使用要求的建筑工程应选用不同的防水涂料，但目前在我国由于涂料品种少，基本上是同一种涂料往往应用于防水工程的任何部位，这对防水效果有较大影响。因此，应开发系列防水涂料产品如底层涂料（基层处理剂或底漆）、中层涂料（主防水层涂料）和面层涂料（浅色罩面反射涂料）以分别适用于不同工程部位、不同施工环境条件和使用要求的新建或翻修的屋面工程，保证防水工程的质量。

为加快我国建筑防水涂料的发展，尽快提高防水涂料的质量，增加品种、大力开发综合性能优良、耐候性好、对环境污染小的防水涂料，已成为当务之急。建筑防水涂料应巩固应用聚氨酯防水涂料、聚合物水泥防水涂料、水泥基防水涂料，提倡水泥基渗透结晶型防水材料和有机硅防水涂料，开发应用喷涂聚脲聚氨酯防水涂料，研究应用高固含量水性沥青基防水涂料，推广应用路桥防水涂料等特种用途的防水涂料，禁止使用有污染的煤焦油类防水涂料。

建筑防水涂料总的发展趋势应是由溶剂型向水乳环保型，由薄质向厚质，由深色向浅色，由低档涂料向高（弹、耐候、耐水等）性能、高耐久性、多功能性、施工方便等方面发展；由传统低固体含量（50％以下）的普通型乳液涂料（乳液粒径为 1000～10000nm）向高固体含量（70％以上）、高性能的核壳结构纳米级微乳液（乳液粒径为 10～100nm）型或无溶剂型并可在潮湿基层进行施工作业的防水涂料方向发展；由低性能的沥青基材料向各项技术性能较高和对环境无污染或污染性低的高聚物改性沥青与合成高分子材料的方向发展；刚性防水涂料将由普通的无机涂料向高渗透改性环氧防水涂料或水泥基渗透结晶型防水涂料的方向发展。

1.6 建筑防水涂料的生产工艺和设备

1.6.1 建筑防水涂料的生产工艺流程

建筑防水涂料的生产工艺主要包括基料的制备、颜填料的分散研磨、涂料的调配调色、过滤与称量、包装等工艺过程，其具体生产工艺流程如图1.2所示。不同类型涂料的生产工艺过程稍有差异，详细内容见后续各涂料介绍。

1.6.2 建筑防水涂料的生产设备

建筑防水涂料市场所用基料分为合成乳液和溶剂型树脂两类。除部分基料由专门生产企业提供外，大部分可由涂料生产企业自行制备。合成树脂的生产主要通过聚合反应和传热过程，生产设备主要有反应釜和传热器。

建筑防水涂料的制备过程主要包括颜填料的分散、研磨、涂料的调配、调色等，主要设备有高速分散机、研磨机、球磨机、三辊和胶体磨等。

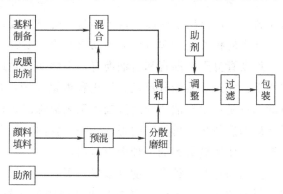

图1.2 建筑防水涂料生产工艺流程

（1）基料制备设备
基料制备设备有间接加热式反应釜、直接加热式反应釜、锅炉、换热与冷凝设备。

（2）研磨分散设备
研磨分散设备的作用是将料浆中的颜料聚集体通过机械力解聚分散成更小的聚集体或单个颗粒。研磨分散设备主要有砂磨机、球磨机、三辊研磨机和胶体磨等。

（3）调和设备
调和设备主要起混合均匀作用，并对颜填料有一定的分散作用。调和设备是带有搅拌装置的混料设备，主要有高速搅拌机、低速搅拌机和捏合机等。

（4）输送设备
输送设备主要用于输送涂料，常用输送设备为齿轮泵。

（5）过滤设备
过滤设备主要作用是去除杂质，常用过滤设备有筛网式过滤器、离心式过滤器、纸芯过滤器和板框式过滤器。

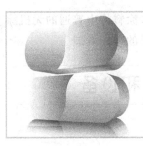

2 沥青基防水涂料

2.1 沥 青

沥青是由高分子碳氢化合物及其非金属（氧、氮、硫等）衍生物组成的极其复杂的混合物。在常温下沥青是呈黑色或深褐色的固态或半固态黏稠状物质，加热时逐渐熔化。沥青不溶于水，可溶于二硫化碳、四氯化碳、三氯甲烷等有机溶剂，具有良好的黏性、塑性、憎水性、绝缘性、耐腐蚀性等，可作为防潮、防水、防腐及筑路材料，广泛用于屋面、地下等防水防腐工程、水利工程及道路工程。

沥青的种类按产源可分为地沥青和焦油沥青。

地沥青分天然沥青和石油沥青。天然沥青是地壳中的石油，在各种自然因素的作用下，经过轻质油分蒸发、氢化和缩聚作用，最后形成的天然产物，如湖沥青；石油沥青是指由石油原油经蒸馏等工艺提炼出各种轻质油（如汽油、柴油等）及润滑油后的残留物，再加工制得的产物。我国天然沥青很少，但石油资源丰富，故石油沥青是使用量最大的一种沥青材料。

焦油沥青为各种有机物（如煤、页岩、木材等）干馏加工得到的焦油，经再加工而得到的产品。焦油沥青按其焦油获得的有机物名称而命名，如煤沥青、木沥青、泥炭沥青、页岩沥青等。

防水材料制造主要采用石油沥青，有时也用煤沥青。

2.1.1 石油沥青

2.1.1.1 石油沥青的组分和结构

石油沥青的成分极为复杂，对其进行化学成分分析十分困难。石油沥青的化学通式为 $C_nH_{2n+a}O_bS_cN_b$，主要化学元素是碳（80%～87%）、氢（10%～15%），其次是非烃元素，如氧、硫、氮等（<3%）及一些微量的金属元素，如镍、钒、铁、锰、钙、镁、钠等，但含量都很少，约为几个至几十个 ppm（$1ppm=10^{-6}$）。元素分析不能充分反映沥青性质上的差别。实践证明，许多元素组成相似的沥青，性质却相差很远。一般碳与氢的比值越大，分子量和密度也就越大，稠度也越高；芳香族碳氢化合物含量越大，沥青的均匀性越好。沥青中含硫、氮和氧的量一般不超过5%，这些元素通常称为杂原子，主要集中在相对分子量较大的胶质和沥青质

中。杂原子在沥青中含量虽然少，但对沥青的性质影响却很大。

从工程使用角度出发，通常将石油沥青中化学成分和物理性质相近，并且具有某些共同特征的部分，划分为一个组分。沥青组分的划分方法很多，最简单的方法是将沥青划分为油分、树脂和地沥青质三个主要组分。这些组分在沥青中的含量直接影响着沥青的黏滞性、塑性、温度稳定性及表面活性等物理化学性质。油分赋予沥青流动性，影响沥青的柔软性、抗裂性和可塑性，油分含量越多，沥青软化点越低，黏度越小；树脂使沥青具有良好的塑性和黏结性；地沥青质则决定沥青的耐热性、黏性和脆性，其含量愈多，软化点愈高，黏性愈大，愈硬脆。

在沥青中，油分与树脂互溶，树脂浸润地沥青质。只有树脂可以湿润地沥青质，并能均匀分散于油分中，而地沥青质是不能直接分散于油分中的。现代胶体理论认为，石油沥青是以地沥青质为核心，周围吸附部分树脂和油分的互溶物而构成胶团，无数胶团分散在油分中而形成胶体结构。沥青由于各组分的化学结构和含量不同，可形成不同的胶体结构，通常按沥青的流变特性可分为溶胶结构、溶胶-凝胶结构和凝胶结构。

当沥青中地沥青质含量较少（如 10％以下），油分和树脂含量较多时，胶团外膜较厚，胶团之间相对运动较自由，这种结构称为溶胶结构。具有溶胶结构的石油沥青黏性小，流动性和塑性较好，开裂后自行愈合能力强，但温度稳定性强，高温易流淌。如液体石油沥青就属于溶胶结构。

当沥青中地沥青质含量较多（如＞30％）而油分和树脂含量较少时，胶团外膜较薄，胶团靠近聚集，移动较困难，这种结构称为凝胶结构。具有凝胶结构的石油沥青弹性、黏性较高，温度稳定性较好，抗高温变形能力强，但流动性、塑性较差，低温硬脆，开裂后难自行愈合。过于黏稠或老化后的石油沥青属于凝胶结构。

当沥青中地沥青质适量（如 15％～25％），油分含量相对较少，并有较多的树脂作为保护膜层时，胶团之间保持一定的吸引力，使其相对运动有一定阻力，这种结构称为溶胶-凝胶结构，其性质介于溶胶型和凝胶型两者之间，有一定抗高温和抗低温变形能力。受到外力作用时，开始表现出弹性效应，有一定的抗变形能力；外力较大表现出较大的塑性变形能力。

在阳光、空气和热的综合作用下，沥青各组分会不断递变，低分子化合物将逐渐转变成高分子物质，即油分和树脂逐渐减少，而地沥青质会逐渐增多，使沥青的流动性和塑性逐渐减小，脆性增大，直至脆裂。这个过程叫石油沥青的"老化"。沥青做防水材料时，老化过快会影响防水效果。

2.1.1.2 石油沥青的技术性能

（1）黏滞性

黏滞性（简称黏性）是石油沥青材料在外力作用下，沥青粒子间产生相对位移时抵抗变形的能力。黏滞性是石油沥青的重要性质指标之一，它反映了沥青稠稀、软硬的程度。

工程上，液体石油沥青的黏滞性用黏滞度（也称标准黏度）表示，采用标准黏度计测定；黏稠石油沥青的黏滞性用针入度表示，采用针入度仪测。黏滞度或针入度越大，表示沥青黏度越小。

一般，地沥青质含量高，有适量的树脂和较少的油分时，石油沥青黏滞性大；温度升高，沥青黏性降低。

(2) 塑性

塑性是指石油沥青受外力作用时产生变形而不破坏的能力。塑性用延度表示，采用延度仪测定。延度愈大，表示石油沥青塑性愈好。延度大的沥青耐冲击，产生裂缝时能自行愈合，这是沥青能成为优良柔性防水材料的主要原因之一。

一般沥青中树脂含量越多，油分和地沥青质适量，则延度越大，塑性越好；温度升高，塑性随之增大；沥青膜层越厚，则塑性越高，当膜层薄至 $1\mu m$ 时，塑性近于消失，即接近于弹性；沥青中蜡含量增加，塑性降低。

(3) 温度稳定性

沥青是一种无定形的非晶态高分子化合物，它的力学性质是由分子运动制约，并显著地受温度影响。当在温度非常低的范围内，沥青分子的活化能量很低，整个分子不能自由运动，好像被"冻结"，如同玻璃一样脆硬，称为"玻璃态"；随温度升高，沥青分子获得能量，活动能力增加，在外力作用下表现出很高的弹性，使沥青处于一种"高弹性态"，由玻璃态向高弹性态转变的温度称为玻璃化温度，即沥青脆化点，简称脆点 T_g，采用弗拉斯法测定；当温度继续升高，沥青分子获得的活化能量更多，以致达到可以自由运动，使分子间发生相对滑动，沥青像液体一样发生黏性流动，称为黏流态，由高弹态向黏流态转变的温度叫做黏流化温度，用 T_m 表示。在 T_g 和 T_m 之间的区域为沥青的黏弹性区域。

沥青的温度稳定性是指在黏弹性区域内，石油沥青的黏滞性和塑性随温度升降而变化的性能。变化的程度越大，则温度的稳定性愈低。温度稳定性低的沥青，低温冷脆，高温流淌。因此温度稳定性是评价沥青质量的重要性质。

软化点是指沥青由固态转变为具有一定流动性膏体的温度，采用环球法测定。软化点是反映沥青高温稳定性的重要指标，软化点越高，表明沥青的耐热性越好，即温度稳定性越好。沥青软化点不能太低，不然夏季易融化发软；但也不能太高，否则不易施工，并且品质太硬，冬季易发生脆裂现象。

沥青的脆化点和软化点随其组成不同而异。在实际应用时总希望沥青具有较高的软化点和较低的脆化点，也就是说有较宽的弹性区域。石油沥青的温度稳定性与地沥青质含量和蜡含量密切相关。地沥青质增多，温度稳定性好；沥青中含蜡量多时，其温度稳定性差；施工时加入滑石粉、石灰石粉或其他矿物填料可提高温度稳定性；添加增塑剂、橡胶、树脂和填料等可改变它的软化点和脆点，从而提高沥青耐寒性和耐热性。

针入度、延度、软化点统称石油沥青的三大指标，是评价石油沥青性能的主要技术指标。

（4）大气稳定性

大气稳定性是指石油沥青在热、阳光、氧气和潮湿等因素长期综合作用下抵抗老化的性能。石油沥青的老化性能以沥青试样在加热蒸发前后的质量损失百分率和针入度比来评定。

蒸发损失百分率愈小，蒸发后针入度比愈大，则表示沥青大气稳定性愈好，亦即"老化"愈慢。

（5）溶解度

溶解度是指石油沥青在三氯乙烯、四氯化碳或苯中溶解的百分率。溶解度用以限制有害的不溶物（如沥青碳或似碳物）含量，不溶物会降低沥青的黏结性。

（6）闪点和燃点

当加热至一定温度时，沥青材料中挥发的油分蒸气与周围空气组成混合气体，在规定的条件下此混合气体与火焰接触，初次产生蓝色闪光时的沥青温度称为闪点；加热时随着沥青油分蒸气的饱和度增加，蒸气与空气组成的混合气体遇火焰开始持续燃烧 5s 以上时间的沥青温度称为燃点。

为获得良好的和易性，沥青材料在使用时必须加热。闪点和燃点是保证沥青运输、储存、加热使用和施工安全的一项重要指标。沥青在使用前应检测其闪点和燃点，以便指导施工。一般石油沥青燃点比闪点高约 10℃。在施工时，沥青熬制温度要低于闪点，并尽可能与火焰隔离，否则极易燃烧而引起火灾。如建筑石油沥青闪点约为 230℃，熬制温度应控制在 185～200℃。

（7）含蜡量

我国富产石蜡基原油，要关注蜡组分对沥青温度稳定性的影响。有关研究认为：沥青中的蜡在高温时会使沥青容易发软甚至流淌，低温时会使沥青变得脆硬易开裂。我国标准规定，重交通量道路石油沥青的含蜡量（蒸馏法）不大于 3%。

2.1.1.3 石油沥青的分类及用途

（1）按沥青的用途分类

按沥青的用途不同，石油沥青分为道路石油沥青、建筑石油沥青和专用沥青三种。

道路石油沥青是石油蒸馏的残留物，或残留物氧化而制得的。道路沥青的规格标准共分为 200 号、180 号、140 号、100 号甲、100 号乙、60 号甲、60 号乙等七个标号。黏度较小，适用于铺装道路及制造防水材料和绝缘材料。

建筑石油沥青是用原油蒸馏后的重油经氧化而制得的产物。建筑沥青的规格标准共分为 10 号、30 号甲、30 号乙三个标号。黏度较大，主要用于制造防水材料、防潮和防腐绝缘材料等。

特种沥青是由原油的残渣或沥青经氧化而制得的。这类沥青是指具有特种用途的沥青。可用于橡胶的软化剂、增强材料等。

（2）按石油加工方法不同分类

按石油加工方法所得沥青可分为残留沥青、蒸馏沥青、氧化沥青、裂化沥青和酸洗沥青。

石油的加工方法不同，炼制石油后所得的沥青性质也有所不同，防水行业常用氧化沥青。氧化沥青是以减压渣油或溶剂脱油沥青或它们的调和物为原料，在一定温度条件下吹入空气氧化或在吹风氧化过程中加入催化剂（P_2O_5 或 $FeCl_3$）的催化氧化法生产的。通过氧化使沥青的化学组成和物理性质发生了改变，如软化点升高，针入度降低，延度变差，脆点升高，温度稳定度减小等，以达到沥青规格指标和使用性能的要求。

氧化沥青比残留沥青具有更好的热稳定性及更低的皂化值。在室温下，氧化沥青的延伸性比残留沥青小，其延伸性变化曲线比较平缓；在低温下，氧化沥青还可延伸，而残留沥青则已变脆，因此对残留沥青和裂化沥青都需要经过氧化才能得到性能较好的沥青。

2.1.2 煤沥青

煤沥青是炼焦厂或煤气厂的副产品。烟煤在干馏过程中的挥发物质经冷凝而成的黑色黏性流体，称为煤焦油。将煤焦油进行分馏加工提取轻油、中油、重油及蒽油后所得的残渣，即为煤沥青。根据蒸馏温度不同，煤沥青可分为低温煤沥青、中温煤沥青和高温煤沥青三种。建筑上所采用的煤沥青多为黏稠或半固体的低温煤沥青。

煤沥青与石油沥青同是复杂的高分子碳氢化合物，它们的外观相似，具有不少共同点，但由于组分不同，故存在某些差别，主要有以下几点：

（1）煤沥青中含挥发性成分和化学稳定性差的成分较多，在热、阳光、氧气等长期综合作用下组成变化较大，易硬脆，故大气稳定性差；

（2）含可溶性树脂较多，受热易软化，冬季易硬脆，故温度敏感性大；

（3）含有较多的游离碳，塑性差，容易因变形而开裂；

（4）因含蒽、萘、酚等物质，故有毒性和臭味，但防腐能力强，适用于木材的防腐处理；

（5）因含酸、碱等表面活性物质较多，故与矿物材料表面的黏附力好。

因煤沥青不环保，主要技术性质都比石油沥青差，所以建筑屋面防水工程上较少使用，一般用于防腐工程及地下防水工程以及较次要的道路。两者简易鉴别方法见表2.1所列。

表 2.1　煤沥青与石油沥青的鉴别方法

鉴别方法	石油沥青	煤沥青
密度/(g/cm³)	近于1.0	1.25～1.28
燃烧	烟少,无色,有松香味,无毒	烟多,黄色,臭味大,有毒
锤击	声哑,有弹性感,韧性好	声脆,韧性大
颜色	呈亮褐色	浓黑色
溶解	易溶于煤油或汽油,呈棕黑色	难溶于煤油或汽油,呈黄绿色

2.1.3　沥青的掺配

在工程中,往往一种牌号的沥青不能满足工程要求,因此常常需要用不同牌号的沥青进行掺配。掺配时,为了不使掺配后的沥青胶体结构破坏,应选用表面张力相近和化学性质相似的同产源沥青。同产源是指同属石油沥青或同属于煤沥青,如煤沥青与石油沥青掺混时,将发生沉渣变质现象而失去胶凝性,故一般不宜混掺使用。

两种沥青掺配的比例可用下式估算:

$$Q_1 = \frac{T_2 - T}{T_2 - T_1} \times 100\%$$

$$Q_2 = 100 - Q_1$$

式中　Q_1——较软沥青用量,%;

$\quad\quad Q_2$——较硬沥青用量,%;

$\quad\quad T$——要求配制沥青的软化点,℃;

$\quad\quad T_1$——较软沥青软化点,℃;

$\quad\quad T_2$——较硬沥青软化点,℃。

2.2　石油沥青的改性

2.2.1　石油沥青改性的目的及要求

石油沥青具有优良的黏结性、防水抗渗性和耐腐蚀性,长期以来是生产沥青基防水材料的重要原材料,但也存在着一些致命弱点,如对温度十分敏感,温度升高软化流淌,温度下降变硬发脆,低温柔性差,延伸率小,很难适应建筑防水工程基层开裂或伸缩变形的需要。为了克服石油沥青材料自身的弱点,必须对石油沥青进行改性,使沥青在低温条件下具有弹性和塑性、在高温时有足够的强度和热稳定性、在加工和使用条件下具有抗老化能力,并且与各种矿物料和结构表面有很好的黏结力,以及适应变形和耐疲劳的能力。

纵观国内聚合物改性沥青的研究与应用情况,改性沥青通常应具有如下特点:

优良的高温稳定性；较好的低温抗裂和抗反射裂缝的能力；黏结力及抗水损害能力增强；较长的使用寿命。

2.2.2　石油沥青改性方法

我国对沥青改性的技术研究已有近二十年的历史，基本上与国际同步，但改性沥青研究工作主要停留在实验室，相应的沥青改性设备与成套生产-施工-管理工艺的研究工作与先进国家相比尚有一定差距。

目前石油沥青的改性主要是采取对沥青轻度氧化加工、往沥青中掺加无机填料或橡胶或树脂等高分子聚合物、磨细的再生橡胶粉等外掺剂（改性剂）措施，使沥青的性能得到改善。

氧化改性也称吹制，是在 $250 \sim 300℃$ 高温下，向残留沥青或减压渣油中吹入空气氧化或在吹风氧化过程中加入催化剂（如 $FeCl_3$）的催化氧化，通过氧化作用和聚合作用，使沥青分子变大，具有更好的热稳定性以及更低的皂化值，从而改善沥青的性能。可提高沥青的黏度和软化点，延度有所改善，但对脆点影响不大。工程使用的道路石油沥青、建筑石油沥青和普通石油沥青均为氧化沥青。

在沥青中加入矿物填充料，可以提高沥青的黏性和耐热性，减小沥青的温度敏感性，同时也减少了沥青用量。常用填充料有滑石粉、石灰石粉和石棉粉等，掺量不宜少于 15%，一般在 20%～40%。改性矿物填充料大多是粉状或纤维状的，由于沥青对矿物填充料的润湿和吸附作用，沥青分子可成单分子状排列在矿物颗粒（或纤维）表面，形成结合力牢固的沥青薄膜，因而又称为"结构沥青"。滑石粉主要化学成分是含水硅酸镁（$3MgO \cdot SiO_2 \cdot H_2O$），属亲油性矿物，易被沥青湿润，是很好的矿物填充料。石灰石粉主要成分为碳酸钙，属亲水性矿物，但由于石灰石粉与沥青中的酸性树脂有较强的物理吸附力和化学吸附力，故石灰石粉与沥青也可形成稳定的混合物。石棉绒或石棉粉主要成分为钠钙镁铁的硅酸盐，呈纤维状，富有弹性，内部有很多微孔，吸油（沥青）量大，掺入后可提高沥青的抗拉强度和热稳定性。

高分子聚合物同石油沥青具有较好的相溶性，聚合物改性的机理很复杂，一般认为聚合物改变了体系的胶体结构，当聚合物的掺量达到一定的限度，便形成聚合物的网络结构，将沥青胶团包裹，从而改善石油沥青的性能。目前，国内用于沥青改性的聚合物品种繁多，归纳起来可分为三种。

(1) 橡胶改性类

如天然橡胶（NR）、丁苯橡胶（SBR）、氯丁橡胶（CR）、丁二烯橡胶（BR）、乙丙橡胶（EPDM）、废旧的汽车轮胎等。

(2) 热塑性弹性体

如苯乙烯-丁二烯-苯乙烯嵌段共聚物（SBS）、苯乙烯-异二烯-苯乙烯嵌段共聚物（SIS）等。

(3) 树脂类

如热塑性树脂聚乙烯（PE）、乙烯-醋酸乙烯共聚物（EVA）、聚乙氯烯（PVC），热固性树脂环氧树脂（EP）等。

纵观国内大多数改性沥青，聚合物与基质沥青之间并未发生明显的化学反应，它们仅靠微弱的界面作用物理联结，因此改性效果受加工设备、加工工艺等因素影响很大，且贮存时间稍长即发生分层离析等现象，降低了改性效果。另外，改性沥青在应用于路面工程时，往往要使用加强材料如硅质集料、纤维等。这些材料一般是亲水性的，而沥青与聚合物都是憎水性的，这样也使得改性沥青不容易与加强材料牢固地结合。一种研究思路就是往改性沥青中加入一些含反应性基团的化学组分，使沥青与聚合物之间形成化学键联结，而改性沥青与加强材料也形成化学键联结，提高了改性效果。另一种研究思路就是寻找新的改性剂。热塑性弹性体材料SBS因具有良好的双向改性性能（即同时改变基质沥青的高温与低温性能的能力）在近年来得到较广泛的应用。α-烯烃系列的无规共聚物（APP、APAO）在改性沥青行业也应用得很好。

利用废轮胎橡胶粉，兼有解决废物利用优化环境的问题，故越来越受到重视。在世界范围内而言，美国1990年的废橡胶利用率还只有11%，到2000年就上升到80%以上。2004年以来我国可统计的废橡胶利用率达到65%，目前发展速度比较快，可望达到75%。将废橡胶粉用于道路沥青改性剂是国际公认的无害化、资源化处理"黑色污染"的最好方法。与SBS改性道路沥青相比较，废橡胶粉改性沥青可以降低道路噪声3～6dB，等于减少了一半车流的噪声，其应用领域和SBS改性沥青一样，而且废胶粉的价格仅为SBS的1/6～1/4。废橡胶粉用于沥青改性是量大而且效果好的途径，废橡胶分子量大、弹性好，不仅可以降低沥青的温度稳定性，增加沥青的弹性，减少沥青路面的龟裂和老化，提高车辆的行驶安全和路面使用寿命，而且可以使改性沥青的成本大幅度降低。过去十几年，废橡胶粉的加入主要是作为一种填充剂，改善沥青的弹性、抗变形能力，但降低了沥青的延度。橡胶粉利用的关键问题是解决沥青与橡胶粉的混合均匀性。近几年来，橡胶粉的粉碎以及和沥青共混技术有所发展，可使橡胶粉不仅作为一种填充剂（所谓干法），而是作为一种改性剂在改性沥青生产中得到应用（所谓湿法）。废旧塑料和废胶粉一样，也是我国近年来要着重研究处理的固体废物之一。我国利用废旧PE、PP、PS、PVC制作改性沥青在20世纪后十几年已经有了比较实用的成果。环保意识的提高和环保要求指标的不断细化，对改性沥青行业利用废旧橡胶和塑料提供了更广阔的市场前景。

用硫黄等较低分子量材料制作改性沥青的工作从30年前就陆续进行过。目前所用的硫黄是一种含有硫化氢清除剂的固体颗粒，称为含硫沥青改性剂（Sulfur-Extended Asphalt Modifier，简称SEAM）。据Shell公司介绍，新一代的SEAM改性剂已在美国的内华达州得到工业应用，在中国、哈萨克斯坦和加拿大也有使用这种产品。酸性材料，特别是有机酸对沥青的改性也有人在前人研究的基础上加以开拓，近来也有采用多聚磷酸改性沥青的报道，采用多聚磷酸改性后，沥青高温性能和低温性能得到了提高，但对这类材料的溶出性能目前研究较少，对环境的影响难以预料，还有待进一步研究。

2.2.3 聚合物改性沥青

2.2.3.1 聚合物改性剂的选择

沥青改性效果的关键在于解决改性剂与沥青的相容性问题。所谓相容性，在热力学上的含义是指两种或两种以上物质按任意比例形成均相体系（或物质）的能力。但实际生活中能够完全互溶的物质几乎是不存在的。对改性石油沥青的相容性是指"聚合物改性剂以微细的颗粒与基质沥青发生反应或均匀、稳定地分散在基质沥青中，而不发生分层、凝聚或离析等现象"。改性剂与基质沥青的相容性主要取决于两者之间的界面作用、基质沥青的组分以及聚合物的极性、颗粒大小、分子结构等因素。一般地，聚合物的极性愈强，分子结构与沥青愈接近，则它与基质沥青的相容性越好，相应地改性效果也越好。

一种聚合物能否作为改性剂，主要看它是否具备这几个条件：与沥青相容性好；在沥青的混合温度下能够抵抗分解，对沥青熔融及黏度影响不大；聚合物结构能有效改善沥青的低温脆性、感温性等；易加工与批量生产；使用过程中能始终保持原有的优良性能；经济合理，不显著增加工程造价。

不同种类的改性剂对沥青性能的改善作用是不一样的。沥青和橡胶的混溶性比较好，用橡胶改性，能使沥青具有橡胶的特点，沥青的针入度会有所降低，而延度与软化点都会上升，如低温柔性好，有较高的强度、延伸率等，防水领域主要采用的改性剂是合成橡胶和废旧橡胶。常用合成橡胶有热塑性丁苯橡胶（SBS）、丁基橡胶、氯丁橡胶等，废旧橡胶主要是再生橡胶。在沥青中加入树脂改性后沥青的针入度下降、软化点上升，而延度变小，可改善沥青的耐寒性、耐热性、黏结性和不透水性，防水行业常用改性树脂有聚乙烯（PVC）、聚丙烯（PP）、无规聚丙烯（APP）等。目前国内外大力研究开发和应用比较成功的沥青改性聚合物是 SBS 橡胶和 APP 树脂。

2.2.3.2 聚合物改性沥青生产方法

聚合物改性沥青的生产方法有机械混熔法、溶剂法和乳液法等。

机械混熔法是将聚合物按比例熔融在沥青中，控制一定的温度，用机械强力对流剪切，使聚合物均匀分散在沥青中。该法简单易行，适于各种聚合物沥青。

溶剂法是将高分子聚合物溶解于有机溶剂中，制得高浓度的聚合物乳液，然后控温在80℃左右掺加到熔化的沥青中。该法制得的改性沥青比较均匀，并可制得高掺量聚合物改性沥青。

乳液法是将聚合物乳液直接加入到乳化沥青中，能制得性能良好的改性沥青，适于乳化沥青改性以制得水性涂料。

综合法结合了机械混熔法和溶剂法的优点，先将聚合物掺到混合溶液中进行溶胀和完全溶解，然后再将混合物加到熔融的沥青中，该法主要用于溶剂型防水涂料的制备。

国内外改性沥青的生产一般用机械混溶法。与溶剂法相比，该法效果好，没有溶剂的挥发与污染。由于高聚物难以分散到沥青中，此法要用到高剪切搅拌机，即胶体磨。利用双螺杆挤出机加工改性沥青工艺，比密炼机加工改性沥青的工艺好，可以做到连续生产，不过单位时间加工量较小。因加工改性沥青的双螺杆挤出机一般要求较低的扭矩和较大的加工量，其工艺流程还要求具备开式或闭式两种可调的循环，这些还有待将来进一步研究。

2.2.3.3 防水行业常用改性沥青

（1）弹性体类改性沥青

SBS（苯乙烯 S-丁二烯 B-苯乙烯 S 的简称）是丁二烯与苯乙烯的嵌段共聚物，属于丁苯橡胶的一种。SBS 是具有热塑性的弹性体，具有橡胶和塑料的优点，常温下具有橡胶的弹性，高温下又能像塑料那样熔融流动，成为可塑性材料。

弹性体在沥青中作为改性材料是目前国际上应用最成功和用量最大的，目前 SBS 改性沥青占改性沥青总量的 60％以上。而大量应用的成功经验表明，非硫化橡胶和热塑性弹性体对沥青的改性效果是最好的。研究表明：SBS 在沥青内部形成一个高分子量的凝胶网络，大大提高了沥青的性能。与普通石油沥青比，SBS 改性沥青弹性好、延伸率大，延度可达 2000％；低温柔性大大改善，冷脆点降至 －40℃；热稳定性提高，耐热度达 90～100℃；耐候性好。SBS 在石油沥青中的掺量和分散均匀程度对改性效果有很大影响。SBS 分线型和星型两类，实验证明：一般选星型 SBS，其改性效果优于线型 SBS；SBS 掺量在 15％，搅拌温度为 150℃左右较好，一般 SBS 的适宜掺量为 8％～14％。SBS 改性沥青目前在国内外已得到普遍应用，可做 SBS 改性沥青防水卷材及防水涂料等。

（2）塑性体类改性沥青

无规聚丙烯（APP）是聚丙烯（IPP）树脂生产时的副产品，APP 是沥青改性用树脂中与沥青混溶性最好的品种之一。APP 分子量较低，一般为 5 万～7 万，几乎没有机械强度，在室温下为固体，有弹性和黏结性，无明显熔点，在 150℃变软，170℃变成黏稠体，随温度升高黏度下降，200℃左右具有流动性。APP 的最大特点是分子中极性碳原子极少，因而单键结构不易解聚，耐紫外线照射和老化性能优良，可明显改善沥青的稳定性、感温性、柔韧性和耐老化性。APP 改性石油沥青与石油沥青相比，其软化点高，延度大，冷脆点降低，黏度增大，具有优异的耐热性和抗老化性，尤其适用于气温较高紫外线照射强烈的地区。APP 在沥青中的掺量一般为 10％～20％。APP 改性石油沥青主要用于制造防水卷材及防水涂料。

2.3 沥青的乳化

2.3.1 乳化沥青概念

沥青是多种非极性芳香烃、脂肪烃的复杂混合物，不溶于水也难于与水混合。乳化沥青是石油沥青在乳化剂作用下，经乳化机强烈搅拌被分散成 $1\sim6\mu m$ 的细小颗粒，并被乳化剂包裹起来形成悬浮在水中的乳化液。

乳化沥青有两种类型，水包油型（O/W 型）和油包水型（W/O 型）。其类型与所选用的表面活性剂的性质有关。选用的表面活性剂是亲水性的，即在水中的溶解度比在油中大，形成的乳状液为水包油型（O/W 型）；选用的表面活性剂是亲油性的，即在油中的溶解度比在水中大，形成的乳状液为油包水型（W/O 型）。

表面活性剂在油和水中的溶解度可用亲水亲油平衡值来表示，简称 HLB 值。它是代表表面活性剂适用范围的数值。不同的表面活性剂其 HLB 也不同。如需制备 O/W 型乳液，应选用 HLB 为 8~18 范围内的表面活性剂。

乳化沥青提供了一种比热沥青更为安全、节能和环保的系统，避免了高温操作、加热和有害排放，具有无毒，不燃，生产工艺简单，原料价廉易得，表面涂刷的防水层自重轻、冷施工方便、易于维修的特点，对于结构形状复杂、变形量小的工程尤为适用。

影响乳化沥青性能的因素有很多，如沥青的性质、乳化剂的种类、生产工艺、生产设备等，其中乳化剂在乳化沥青中所占的比例虽然很小，却是影响乳化沥青性能的重要因素，因为乳化剂决定乳化沥青微粒表面电荷的性质、破乳速度、乳化颗粒的大小、储存稳定性、沥青与石料的黏附力等性能。近年来，对乳化剂复配协同增效的研究越来越重视。因为不同结构的乳化剂组成的复配体系可以形成多种多样的结构，比单一乳化剂具有更强的乳化能力。

乳化沥青一般有阴离子型和阳离子型两种类型。阴离子型乳化沥青与石料接触时，破乳速度慢，且只适用于干燥的表面；而阳离子乳化沥青在与石料接触的瞬间发生破乳，使沥青牢固地黏附在石料表面，即使遇到湿润的石料，也能很快破乳。因此，即使在冬季或雨季施工，也不会影响施工质量，且能很快开放交通，非常适用于路面的维护与修补。目前，阳离子型乳化沥青已在我国得到了广泛的推广应用。与阴离子乳化沥青相比，阳离子乳化沥青与石料的黏附性强、对施工天气（如寒冷、潮湿）要求不苛刻，但价格一般比阴离子的高，而且毒性略大，如由造纸废液中的主要成分制造的阳离子乳化剂尤其应当引起重视。

2.3.2 乳化沥青生产

2.3.2.1 乳化沥青原材料及配方

石油沥青是乳化沥青的主要原料，沥青的性能直接决定乳化沥青性能的好坏。

沥青的组成和化学特性都很复杂，一般来说，具有较高极性（偏光性）和较高芳香族的沥青通常较易乳化；高针入度的沥青比低针入度的沥青容易乳化；使用添加剂可以用来提高乳化作用。

乳化剂为表面活性剂，分为矿物胶体乳化剂（如石棉、膨润土、石灰膏）和化学乳化剂两类。其作用是在沥青微粒表面定向吸附排列成乳化剂单分子膜，有效地降低微粒表面能，使形成的沥青微粒稳定悬浮在水溶液中。乳化剂在乳化沥青中所占比例较小，但其对乳化沥青的生产、储存及施工却有较大的影响。乳化沥青的有些性质就直接取决于乳化剂，所以，根据生产乳液的用途、乳化效果来精心选择适宜的乳化剂是非常重要的。乳化沥青所用乳化剂有阴离子型、阳离子型、非离子型和两性离子型。常用阴离子型乳化剂有十二烷基硫酸钠、烷基苯磺酸钠等，阴离子型乳化沥青材料来源广、成本低，缺点是一般怕硬水、易凝聚、不耐酸碱、泡沫多、不能添加填料和用水稀释；常用阳离子乳化剂有双甲基十八溴胺等，阳离子型乳化沥青优点是组分简单、制造容易、对硬水不敏感、与任何骨料都有良好的结合性、储存稳定性和冻融稳定性好；非离子乳化剂在水中不能形成离子，亲水基团一般为聚氧乙烯，其乳化效果与介质 pH 值无关，这类乳化剂有聚乙烯醇、平平加及脂肪酰胺聚氧乙烯醚加成物等，非离子型乳化沥青不怕硬水，耐酸碱，在水中不电离，可防静电反应，能用水任意稀释和添加填料，用途较广；两性离子型乳化剂是在同一分子内具有阳离子活性基和阴离子活性基两种离子基团，在不同的 pH 值条件下可分别分解出阳离子和阴离子，在任何 pH 值范围内均可使用。应注意：为使乳化沥青和改性材料的相容性好，沥青防水涂料中所用乳化剂要和改性胶乳使用的乳化剂电性相同。

改性剂主要在改性乳化沥青生产中添加，其主要目的是提高乳化沥青性能，增高乳化沥青软化点，提高路面的高温稳定性。

水是沥青分散的介质，但水的硬度及离子性对乳化沥青的生产有很大的影响。此外，水中存在粒状物质时，由于带负电荷物质居多，对阳离子乳化剂有吸附作用，对阳离子类乳液的生产是不利的。因此，选择符合水质要求的水源对沥青的乳化也很重要，生产乳化沥青的用水要求清澈透明、无杂质，pH≈7，以中性水达到饮用水标准为宜。

一般乳化沥青（水乳型沥青防水涂料）的配制比例为：石油沥青 40%～60%，水 40%～60%，乳化剂 0.1%～2.5%。当乳化沥青涂刷于材料表面后，其水分逐渐消失，沥青微粒靠拢而将乳化剂薄膜挤破，从而相互团聚而黏结，最后成膜。

2.3.2.2　乳化沥青生产工艺

目前我国使用的乳化方法主要有塑炼法、高速搅拌及胶体磨三种。

塑炼法主要制备再生胶乳液。将再生胶于双辊机上捏炼，使之成塑性，此时加入分散剂及适量水，在机械剪切作用下生成油包水型再生胶水分散体，继续加水，生成水包油型再生胶水分散体，随即移入搅拌机中，加入同重量水分搅拌，得到理想的再生胶乳。

快速搅拌法将再生胶、表面活性剂及适量水依次加入快速搅拌机中，进行强烈的机械搅拌，生成水包油型再生胶水分散体。

胶体磨依靠磨内高速转动的转子和定子产生的压力与剪切使沥青粉碎分散成微滴，均匀地分布在水中形成乳化沥青。一般是将乳化剂溶于水中并加热到一定温度，并将乳液和热沥青按一定比例送入胶体磨，通过胶体磨的作用，使沥青以极细小的微滴状态分散于水中，形成稳定的水包油沥青乳液。

目前，我国主要使用胶体磨机械分散法制造乳化沥青，该工艺主要由沥青供给系统、乳化剂掺配及乳液供给系统、胶体磨、计量和控制系统及成品泵等组成。

沥青供给系统作用是向胶体磨提供热沥青，本系统主要由沥青保温罐、沥青保温泵、阀门及保温管路系统组成。

乳化剂掺配及乳液供给系统的作用是将乳化剂与水混合稀释成乳液，并将乳液泵送到胶体磨，本系统由带有搅拌器的乳液罐、乳液泵、管路系统组成。乳液罐内具有导热油加热管以便使乳液升温至使用温度，其内设有液位计和温度计。

胶体磨（也称乳化机）是整套设备的主机，主要由壳体、转子、定子、叶轮、端盖及调节部分组成，可以连续生产。主要通过调整胶体磨间隙来获得普通乳化沥青与改性乳化沥青两种产品。

计量及控制系统通过调速电机来控制乳化沥青中沥青和水的比例。在控制箱上设有控制仪表，控制整机的生产过程。

将按比例配制好的乳化剂溶液加热至 $60\sim70℃$，通过水泵输送到胶体磨型乳化沥青机进行现场乳化，$120\sim140℃$ 之间的普通（SBS 改性 $165\sim175℃$）沥青与乳液同时进入胶体磨。必须保证成品乳化沥青的温度不超过 $85℃$，使沥青在热溶的状态下，经过机械的作用，以细小的微粒状态分布于含有乳化剂的水溶液中，成为水包油状的沥青乳液。

沥青及水的温度控制是乳化沥青生产中一个较为重要的工艺参数。生产乳化沥青时要求将沥青加热到流动性很好的状态，如果乳化前沥青温度过低，沥青黏度大，流动困难，功率消耗很大，就会影响乳化质量；如果沥青及水的温度过高，不仅浪费能源、增加成本，而且还会使水汽化，导致乳液的油水比例发生变化，也会使乳液的质量和产量降低。

乳液的 pH 值测定是乳化沥青生产过程中应严格控制的一个重要环节。对于阳离子乳化剂，由于其不能直接溶解于水，所以需要用盐酸调节其 pH≈2 方能使用，但盐酸用量不可过量，否则直接影响沥青的乳化性和乳化沥青的贮存稳定性。应注意：测定乳液的 pH 值时一定要使用酸度计进行测量，用 pH 试纸测定，无论是普通的试纸还是精密试纸，测出的结果都不准确。

40 防水涂料

2.4 沥青防水涂料

沥青防水涂料是指以石油沥青为基料配制而成的水乳型或溶剂型防水涂料。随着人们环保意识的增强，水乳型涂料在防水工程中将得到了更为广泛的应用。沥青防水涂料按成型类别属于挥发型涂料，通过溶剂或水分的挥发而结膜。施工温度对沥青防水涂料涂膜性能有很大影响。气温太低，聚合物或沥青分子链间的吸引力增大，致使防水涂料不易润湿基层，大大降低了黏结强度；温度太高，施工时水或溶剂挥发太快，涂料在施工过程中逐渐变稠，涂刷困难，影响施工质量，且在成膜过程中，温度过高造成涂层表面水分或溶剂挥发过快，而底部涂料中水分或溶剂得不到充分挥发，成膜反而困难，容易被误认为涂膜已干燥可继续施工，水分埋在涂层下，发生起泡现象，同时涂膜易产生收缩而出现裂纹，另外，工人在高温下操作，易产生疲劳、脱水、中暑等现象，影响工程质量。因此，溶剂型沥青防水涂料施工适宜温度为−5～35℃，水乳型涂料沥青防水涂料施工适宜温度为5～35℃。

2.4.1 溶剂型沥青防水涂料

溶剂型沥青防水涂料是将石油沥青直接溶解于汽油等有机溶剂后制得的沥青溶液。它的黏度小，能渗入到混凝土、砂浆、木材等材料的毛细孔隙中，待溶剂挥发后，便与基材牢固结合，使基面具有一定的憎水性，为黏结同类防水材料创造了有利条件。沥青溶液施工后所形成的涂膜很薄，一般不单独作防水涂料使用，多在常温下用作防水工程如沥青类油毡的基层处理剂（打底），故称冷底子油。

冷底子油要随配随用，配制时，常使用30%～40%的石油沥青和60%～70%的溶剂（汽油或煤油）。首先将沥青加热到180～200℃，脱水后冷却到130～140℃，并加入溶剂量10%的煤油，待温度降至70℃时再加入余下的溶剂搅拌均匀为止。也可以将沥青打碎成小块后，按质量比加入溶剂中，搅拌至沥青全部溶化为止。

在干燥底层上用的冷底子油，应以挥发快的稀释剂配制；在潮湿底层应用挥发慢的稀释剂配制。快挥发性冷底子油配比为石油沥青∶汽油＝30∶70；慢挥发性冷底子油配比为石油沥青∶煤油（或轻柴油）＝40∶60。

溶剂型沥青防水涂料的分散度高，在密闭容器内长期贮存不变质，涂膜干燥快，质地致密，并可负温施工，但施工中要消耗大量的有机溶剂，成本高，易燃易爆，污染环境，故其发展和使用受到限制。

2.4.2 水乳型沥青防水涂料

水乳型沥青防水涂料是以乳化沥青为基料的水性防水涂料。水乳型沥青防水涂料中一般可加入无机矿物如膨润土、石棉等做成厚质涂料。常用的水乳型沥青防水涂料有石棉乳化沥青防水涂料、石灰乳化沥青防水涂料、膨润土-石棉乳化沥青防水涂料等。该类涂料配制简单方便、价格低廉，伸长率较低，低温下易变脆、开裂属性能较差的防水涂料，厚度 4～8mm，涂刮法，冷施工，一般只用在不太重要的防水工程，其用量正逐渐减少，一般可用于防水等级为Ⅲ、Ⅳ级的屋面，可喷洒在渠道面层作防渗层，涂刷于混凝土墙面作为防水层，掺入混凝土或砂浆中（沥青用量约为混凝土干料重的 1%）提高其抗渗性；还可作为冷底子油用；又可用来粘贴卷材，构成多层防水层。

2.4.2.1 非离子型乳化沥青防水涂料

非离子型乳化沥青防水涂料是一种冷施工的防水、黏结材料。其防水性能好，黏结力强，可在潮湿基层施工，加快工程进度，无溶剂污染，施工安全。非离子型乳化沥青防水涂料具有不怕硬水、耐酸碱、在水中不电离、可防静电反应、能用水任意稀释和添加填料、泡沫少等优点。适于屋面防水、地面防潮、地下工程防渗、管道防腐、渠道防渗，粘贴软木板、木板、泡沫塑料板等。

非离子型乳化沥青防水涂料配方见表 2.2 所列。

表 2.2　非离子型乳化沥青防水涂料配方

	原料名称	质量份		原料名称	质量份
沥青液	60 号石油沥青	75	乳化液	氢氧化钠	0.88
	10 号石油沥青	15		水玻璃	1.60
	65 号石油沥青	10		聚乙烯醇(醇解度 85%)	4
				平平加 O	2
				水	100

涂料配制：将石油沥青放入加热锅内，加热熔化，脱水，除去杂质后，于 160～180℃下保温。

将乳化剂和辅助材料按配方次序分别称量，投入已知体积和温度的水中，水温加热至 20～30℃加入氢氧化钠，全部溶解后，升温到 40～50℃，加水玻璃，搅拌 10min，再升温到 80～90℃加入聚乙烯醇，充分搅拌溶解，然后降温至 60～80℃，加入表面活性剂，搅拌溶解，即得清澈的乳化液，于 60～80℃下保温；将乳化液（冬天 60～80℃，夏天 20～30℃）过滤、计量，输入均化机中；开动乳化机，将保温 180～200℃的沥青徐徐注入均化机，乳化 2～3min 停车，冷却即可。

非离子型乳化沥青防水涂料技术性能指标见表 2.3 所列。

表 2.3　非离子型乳化沥青防水涂料技术性能

项　目	指　标
外观	棕褐色液体，无沥青聚合物
黏度(25℃，孔径 5m)/(cm²/s) ≥	6
耐热性[(80±2)℃,5h,45 坡度]	无流淌、无起泡
水稳定性(涂膜 24h，浸水 24h)	水不混浊,不剥离,不起泡

项　　目		指　　标
pH 值		11
相对密度		1.02
固含量/%	≤	50±5
粘接力(20℃)/MPa	≥	3
干燥时间(28℃)/h		1.5～2

2.4.2.2　石灰乳化沥青防水涂料

石灰乳化沥青防水涂料是以乳化石油沥青为基料，以石灰膏（氢氧化钙）为分散剂，以石棉绒为填充料加工而成的一种沥青浆膏（冷沥青悬浮液）。

石灰乳化沥青防水涂料生产工艺简单，一般在现场施工时配制。该涂料材料来源丰富，生产工艺简单，成本较低，在使用中都做成厚涂层，有较好的耐候性。缺点是涂层的延伸率较低，抗裂性较差，容易因基层变形而开裂，从而导致漏水、渗水。另外在温度较低时易发脆，单位面积的耗用量也较大。一般结合嵌缝油膏、胶泥等密封材料用于工业厂房的屋面防水。

2.4.2.3　石棉乳化沥青防水涂料

石棉乳化沥青防水涂料是以乳化石油沥青为基料，以碎石棉纤维为分散剂，在机械搅拌作用下制成的一种水溶性厚质防水涂料。该涂料无毒、无污染，水性冷施工，可在潮湿和无积水的基层上施工。由于涂料中含有石棉纤维，涂料的稳定性、耐水性、耐裂性和耐候性较一般的乳化沥青好，且能形成较厚的涂膜，防水效果好，原材料便宜，缺点是施工温度要求高，一般要求在 10℃以上，气温过高则易粘脚，影响操作。施工时配以胎体增强材料，可用于工业和民用建筑钢筋混凝土屋面防水，地下室、卫生间的防水以及层间楼板层的防水和旧屋面的维修等。

2.4.2.4　膨润土乳化沥青防水涂料

膨润土乳化沥青防水涂料是以优质石油沥青为基料，膨润土为分散剂，经机械搅拌而成的一种水乳型厚质沥青防水涂料。该涂料可在潮湿基层上形成厚质涂膜，耐久性好，涂层与基层的黏结力强，耐热度高，可达 90～120℃，可用于各种沥青基防水层的维修，也可用作保护层或复杂屋面、保温面层上独立的防水层。

2.5　改性沥青防水涂料

高聚物改性沥青防水涂料一般是用再生橡胶、合成橡胶（氯丁橡胶 CR、丁苯胶乳 SBR）、乙烯-乙酸乙烯（EVA）、APP 或 SBS 等对沥青进行改性而制成的水乳型、溶剂型或热熔型防水涂料。不同的改性剂各有优缺点，这一类产品比沥青防水涂料的性能优良，具有良好的市场前景，但溶剂型产品对环境污染较大，质量不稳定，涂膜在力学性能、防水性能和耐久性等方面尚不够理想。

溶剂型橡胶沥青防水涂料是以橡胶改性沥青为基料经溶剂溶解而制成的一种防水涂料。由于它具有良好的粘接性、抗裂性、柔韧性和较好的耐冷、热稳定性，低温不脆裂，高温不流淌，因此受到人们青睐，适用于建筑屋顶、地面、地下室、地沟、墙体、水池、涵洞等防水防潮工程，也适用于油毡屋顶补漏及各种管道防腐等。溶剂型高聚物改性沥青防水涂料根据其改性剂的类型可分为溶剂型橡胶改性沥青防水涂料和溶剂型树脂改性沥青防水涂料两大类，溶剂型橡胶改性沥青防水涂料按产品的抗裂性和低温柔性分为一等品（B）和合格品（C），其技术性能要符合JC/T 852—1999《溶剂型橡胶沥青防水涂料》要求，见表2.4所列。目前我国生产的溶剂型高聚物沥青防水涂料的品种主要有丁基橡胶改性沥青防水涂料、再生橡胶改性沥青防水涂料、SBS改性沥青防水涂料、顺丁橡胶改性青防水涂料、氯丁橡胶改性沥青防水涂料、丁苯橡胶改性沥青防水涂料和APP改性沥青防水涂料等。

表 2.4　溶剂型橡胶沥青防水涂料物理力学性能

项　　　目		技术指标	
		一等品	合格品
固体含量/% ≥		48	
耐热度(80℃,5h)		无流淌、滑动、滴落	
不透水性(0.2MPa,30min)		无渗水	
黏结强度/a ≥		0.20	
低温柔度(2h,绕 φ10mm 圆棒)		−15℃无裂纹	−10℃无裂纹
抗裂性	基层裂纹/mm	0.3	0.2
	涂膜状态	无裂纹	

水乳型聚合物改性沥青防水涂料采用石油沥青为主要原料，以表面活性剂及各种化学助剂为辅助原料，再掺加一定量的高分子聚合物（如 SBS、APP、CR、SBR 等）先对沥青进行改性，再乳化而成的一种新型复合防水涂料。橡胶胶乳的掺入可改善乳化沥青的感温性、耐久性和黏附性，尤其在低温抗裂性能方面具有明显改善。研究表明：采用橡胶胶乳两次热混合分散的二次热混合法生产聚合物改性乳化沥青，有较好的改性效果。该工艺是橡胶乳液常温下与热乳化剂溶液（60～70℃）经乳化剂混合，得到橡胶胶乳乳化剂混合液，立即把该混合液与热熔沥青（120～130℃）再送入乳化剂进行乳化，在乳化过程中，橡胶胶乳与沥青再混合并分散，得到改性乳化沥青。

目前，水乳型聚合物改性沥青防水涂料主要产品有水乳型丁苯橡胶沥青防水涂料、水乳型氯丁橡胶沥青防水涂料、水乳型 SBS 改性沥青涂料等，产品按性能分为 H 型和 L 型两种，外观为棕褐色稠厚液体，搅拌均匀后无色差、无凝胶、无结块，无明显沥青丝。其技术性能要符合 JC/T 408—2005《水乳型沥青防水涂料》要求，见表2.5所列。

表 2.5　水乳型沥青防水涂料物理力学性能

项　目		L 型	H 型
固体含量/%	≥	45	
耐热度/℃		80±2	110±2
		无流淌、滑动、滴落	
不透水性		0.10MPa,30min 无渗水	
黏结强度/MPa	≥	0.30	
表干时间/h	≥	8	
实干时间/h	≥	24	
低温柔度①/℃	标准条件	−15	0
	酸处理	−10	5
	碱处理		
	紫外线处理		
断裂伸长率/% ≥	标准条件	600	
	酸处理		
	碱处理		
	紫外线处理		

① 供需双方可以商定温度更低的低温柔度指标。

　　水乳型聚合物改性沥青防水涂料是一种乳液型的防水涂料，可喷涂、滚涂或手工涂刷，通过破乳水分蒸发，高分子改性沥青经过固体微粒靠近、接触变形等过程而形成一种无接缝的完整的防水、防潮的防水膜。它耐候、耐温性能好（耐高温160℃，低温−5℃），能在潮湿或干燥的多种基面上施工，与基层黏结性能好，无毒、无污染，抗碾压、抗剪切能力强，施工简便，且与水泥混凝土和沥青混凝土均有很好的亲和性和粘接力，其适用范围为高速公路桥梁、城市立交桥和铁路桥梁及桥涵等防水工程、防水等级为Ⅲ、Ⅳ级的一般建筑的屋面工程以及厕浴间、厨房间等室内防水工程；也适用于屋面维修防水以及地下室、墙体等的防潮；也可直接涂在各种管道、混凝土表面达到耐酸碱、防腐蚀的作用。

2.5.1　氯丁橡胶改性沥青防水涂料

　　氯丁橡胶又称氯丁二烯橡胶，是氯丁二烯（即 2-氯-1，3-丁二烯）为主要原料经乳液聚合而制得的一种均聚物弹性体，其抗张强度高，耐热、耐臭氧、耐光、耐老化性能优良，耐油性能均优于天然橡胶、丁苯橡胶、顺丁橡胶，具有较强的耐燃性和优异的抗延燃性，其化学稳定性较高，耐水性良好，但耐寒性能较差（−40℃），储存稳定性差（半年）。

　　氯丁橡胶沥青防水涂料的基料是氯丁橡胶（CR）和石油沥青，产品有溶剂型和水乳型两种。两者的技术性能指标相同，溶剂型氯丁橡胶沥青防水涂料的黏结性能比较好，但存在着易燃、有毒、价格高的缺点，因而有逐渐被水乳型氯丁橡胶沥青防水涂料取代的趋势。

2.5.1.1　溶剂型氯丁橡胶改性沥青防水涂料

溶剂型氯丁橡胶改性沥青防水涂料是将氯丁橡胶溶于一定量的有机溶剂（如甲苯）中形成溶液，然后将其掺入到液体状态的沥青中，再加入各种助剂和填料经强烈混合而成。溶剂型氯丁橡胶改性沥青防水涂料的配方见表 2.6 所列。

表 2.6　溶剂型氯丁橡胶改性沥青防水涂料的配方

原料名称	质量份	原料名称	质量份
30 号石油沥青	60	云母粉	10
氯丁橡胶	50	防老剂	0.6
甲苯	240	硬脂酸	0.8
滑石粉	30	邻苯二甲酸二辛酯	1

涂料制备：将氯丁橡胶切成小块，放入甲苯中浸泡，使之溶解为黏稠液，大约 3～4 天后，密封储存备用；将沥青加热熔化脱水，降温到 120℃左右时加入氯丁橡胶黏稠液和填料滑石粉、云母粉、助剂等，充分搅拌混合均匀即可。

溶剂型氯丁橡胶改性沥青防水涂料性能指标见表 2.7 所列。

表 2.7　溶剂型氯丁橡胶改性沥青防水涂料性能指标

项目	指标
外观	黑色黏稠液体
耐热性[(80±2)℃,5h]	无流淌、起泡、滑动
抗裂性	基层裂纹＞0.2mm,涂膜不裂
人工老化(625h)	无粉化、起鼓、开裂
延伸率/% ≥	300
固含量/% ≥	48
粘接强度/MPa ≥	0.2
不透水性(动水压 0.1MPa,30min)	不透水
低温柔性(−10℃,2h,绕 φ10mm 圆棒)	无裂纹
耐碱性[饱和 Ca(OH)$_2$ 溶液浸泡 15d]	无变化

该涂料涂膜干燥快，与基层黏结强度高，具有良好的弹塑性、抗裂性、耐老化性和不透水性，低温柔性好，适宜施工温度为 0～35℃，因甲苯有一定毒性，易燃，施工中要注意通风和防火，可用于工业与民用建筑屋面、墙体、地下工程、建筑结构墙体、厕浴间的防水防潮；也可用于水利工程的渡槽、储水池、蓄水屋面、隧道、水泥及金属管道的防腐、防渗等。

2.5.1.2　水乳型氯丁橡胶改性沥青防水涂料

水乳型氯丁橡胶沥青防水涂料是以乳化石油沥青为基料，并加入适量氯丁胶乳改性剂及各种助剂和填料配制而成，是氯丁橡胶的微粒和石油沥青的微粒借助于阳离子表面活性剂的作用，稳定分散在水中所形成的一种乳状液。产品配方见表 2.8

所列。

表 2.8　水乳型氯丁橡胶改性沥青防水涂料配方

原料名称	质量份	原料名称	质量份
石油沥青（10 号和 60 号搭配）	35～45	水	40～45
1631 号阳离子乳化剂	0.8～1.2	氯丁胶乳（阳离子型）	12～18
1799 号聚乙烯醇（保护胶体）	1.5～2.5		

涂料配制：先向反应釜中投入配方水，并向反应釜得夹套内通入蒸汽，开动搅拌机，升温；投入聚乙烯醇并继续升温至 93～98℃，保温至聚乙烯醇溶解为透明水溶液。接着，将温度降到 80℃，投入乳化剂搅拌均匀，此为有保护胶体的乳化介质。

将两种沥青按要求的耐热性搭配送入沥青溶解釜中升温溶解，并将溶化液升至要求温度约 100℃。在保持乳化介质适当温度（80～85℃）及高速搅拌的条件下，将热沥青液缓缓地加入乳化介质中。沥青液加完后再搅拌适当时间，然后降温。待温度降到 50℃左右时，缓慢地投入氯丁胶乳，搅拌混合均匀，降温至室温即可。

水乳型氯丁橡胶沥青防水涂料的性能指标见表 2.9 所列。该涂料的特点是涂膜强度大，延伸性好，能充分适应基层的变化，耐热性和低温柔韧性优良（－35～80℃），耐臭氧老化，耐腐蚀，阻燃性好，不透水，是一种安全无毒的防水涂料，已经成为我国防水涂料的主要品种之一。适用于工业和民用建筑物的屋面、墙体和楼面防水，地下室和设备管道的防水，旧屋面的维修和补漏，还可用于沼气池、油库等密闭工程混凝土结构以提高其抗渗性和气密性。

表 2.9　水乳型氯丁橡胶沥青防水涂料技术指标

项　目		质　量　指　标　AE-2 类
固体含量/%　　　　　　　　　　　≥		45
耐热性(80℃,恒温 5h)		无流淌、起泡、滑动
低温柔韧性(－10℃,2h,绕 ϕ10mm 圆棒)		无裂纹、断裂
延伸性/mm	无处理	6
	处理后	无处理值的 75%
不透水性		0.1MPa,30min,不透水

2.5.2　再生橡胶改性沥青防水涂料

再生橡胶改性沥青防水涂料是以再生橡胶对石油沥青进行改性的防水涂料。再生废旧橡胶主要来源于废轮胎、废胶带、胶管等橡胶制品，其次来源于生产过程中的边角料，它属于工业固体废弃物的一大类。再生橡胶能提高沥青的低温柔性，增强防水性，且再生胶成本低，属于废物利用，具有一定的实用意义。

2.5.2.1 溶剂型再生橡胶改性沥青防水涂料

溶剂型再生橡胶改性沥青防水涂料以再生橡胶为改性剂，用高标号汽油为溶剂，添加各种惰性填料而制成的防水涂料。配方见表 2.10 所列。

表 2.10 溶剂型再生橡胶改性沥青防水涂料配方

原料名称	质量份	原料名称	质量份
石油沥青	100	铝银粉	10
再生胶粉	80	氧化铁黄	30
云母粉	76	汽油	120
滑石粉	76	煤油	30
氧化钙	2		

涂料制备：将再生橡胶于胶练机中塑练，经 20min 薄通，拉成薄片，切成小块，置于容器中，按比例加入双戊稀溶剂，使再生胶在容器内溶胀，24h 再生胶溶解成均匀的胶液待用。

将沥青加热到 200～220℃，脱水至沥青液表面无起泡出现。加入氧化钙搅拌冷却至 130～150℃，加入再生橡胶胶浆，搅拌 30min，然后加入云母粉、滑石粉和煤油，搅拌 15min 后，再加入氧化铁黄、铝银粉和汽油，搅拌 30～45min，使之均匀即可。

溶剂型再生橡胶改性沥青防水涂料产品性能指标见表 2.11 所列，适于工业及民用建筑的屋面工程，厕浴间、厨房防水，地下室、水池等防水、防潮工程，旧油毡屋面的维修。

表 2.11 溶剂型再生橡胶改性沥青防水涂料产品性能指标

项 目		质 量 指 标 AE-2 类	
		一等品	二等品
外观		搅拌后为黑色或蓝色均质液体，搅拌棒上不黏附任何颗粒。	
固体含量/% ≥		43	
延伸性/mm	无处理	6.0	4.5
	处理后	4.5	3.5
柔韧性(2h，绕 φ10mm 圆棒)		−15±1℃，无裂纹、断裂	−10±1℃，无裂纹、断裂
耐热性(80℃，恒温 5h)		无流淌、起泡和滑动	
粘接性/MPa ≥		0.20	
不透水性(动水压 0.1MPa，30min)		不渗水	
抗冻性		20 次无裂痕	

2.5.2.2 水乳型再生橡胶改性沥青防水涂料

水乳型再生橡胶改性沥青防水涂料是以石油沥青为基料，以再生橡胶为改性材料复合而成的水性防水涂料。本品由阴离子型再生胶乳和沥青乳液混合而成，是再生橡胶和石油沥青的微粒借助于阴离子表面活性剂的作用，稳定分散在水中而形成的乳状液。水乳型再生橡胶改性沥青防水涂料配方见表2.12所列。

表 2.12　水乳型再生橡胶改性沥青防水涂料配方

原料名称	质量份	原料名称	质量份
10 号沥青	300	水玻璃	3.2～4.0
渣油沥青	90	烧碱	1.6
再生胶粉	30	滑石粉	100
水	400	肥皂	1.6～2

涂料制备：按配方计量称取50%的水加热至沸后，将烧碱加入沸腾水中，使其完全溶解，然后边搅拌徐徐加入肥皂和水玻璃升温40～50℃，冷却至90～110℃，缓缓加入再生胶粉、填料滑石粉和阴离子乳化剂，充分搅拌混合均匀，并继续升温180～200℃，时间1h，再加入余量的水（40～50℃温水），搅拌均匀，稀释至固含量为50%的黏稠状乳状液即可。

水乳型再生橡胶改性沥青防水涂料产品性能指标见表2.13所列。该涂料无毒、无味、不燃，材料来源广，价格低廉，具有良好的防水性、粘接性、耐热性、耐裂性、低温柔性和耐久性，可在常温下冷施工作业，并可在稍潮湿无积水的表面施工；水乳型再生橡胶改性沥青防水涂料属于薄型涂料，一次涂刷涂膜较薄，需多次涂刷才能达到规定厚度，一般要加衬玻璃纤维布或合成纤维加筋毡构成防水层，施工时再配以嵌缝密封膏，以达到较好的防水效果。适用于各种建筑的屋面、墙体、地面及地下室、涵洞等的防水层，还可用于旧房屋面防水维修、补漏及地上、地下管道防腐。

表 2.13　水乳型再生橡胶改性沥青防水涂料产品性能指标

项目		指标
外观		黑色或灰褐色黏稠液
不透水性(0.2MPa,30min)		不渗水
低温柔性[(−20℃±1)℃,绕 φ10mm 圆棒]		无裂纹
耐碱性[饱和 Ca(OH)$_2$ 溶液浸泡 15d]		无变化
抗冻性(−20℃冻融循环 20 次)		无剥落、起泡、分层
耐老化性(紫外线照射 500h)		表面无变形、裂缝
固含量/%	≥	45
粘接强度/MPa		0.20
耐热性(80℃)		无流淌
延伸性	无处理 ≥	6.0
	处理后 ≥	4.5

2.5.3　SBS 改性沥青防水涂料

SBS 改性沥青防水涂料是以石油沥青为基料，SBS 热塑性丁苯橡胶为改性剂，掺入适量助剂制成的改性沥青防水涂料。SBS改性沥青防水涂料高低温和耐久性明显改善，且有很大的延伸率和抗裂性能，黏结性能好，耐水、耐碱，可冷施工，是较为理想的中档防水涂料，适用于屋面、地下、墙体、厨浴间、水池等防水防潮，也可用于水利工程的渡槽、储水池、蓄水屋面、隧道、金属和水泥管道的防漏和防腐，特别适合于寒冷地区的防水施工。

SBS改性沥青防水涂料有溶剂型、水乳型和热熔型。由于组成形态不同，性能各有差异。

2.5.3.1 水乳型 SBS 改性沥青防水涂料

水乳型 SBS 改性沥青防水涂料是将 SBS 溶入石油沥青中后再进行乳化而成的水乳性改性沥青防水涂料。根据所用乳化剂的不同，可分为薄质型和厚质型，水乳型 SBS 改性沥青防水涂料的性能应符合 JC 408—2005《水乳型沥青防水涂料》的要求。本产品具有优良的低温柔性和抗裂性能，对水泥、混凝土、木板、塑料、油毡、铁板、玻璃等各种质材的基层均有良好的黏结力；无味、无毒、不燃，施工安全简单；耐候性好，耐高低温性高，夏天不流淌、冬天不龟裂，不变脆；冷施工，施工简便，但多遍涂刷成膜受环境气候影响大。该涂料柔韧性及耐寒、耐热、耐老化等性能均优于其他改性沥青类防水涂料，适于各类工业与民用建筑混凝土基层屋面、地下防水防潮，厕浴间、蓄水池等防水工程，沥青珍珠岩为保温层的保温层屋面防水，旧油毡屋面翻修和刚性自防水屋面的返修。

(1) 厚质水乳型 SBS 改性沥青防水涂料

厚质水乳型 SBS 改性沥青防水涂料由 SBS 橡胶沥青、矿质胶体乳化分散剂和水组成。常用的矿质胶体乳化分散剂有膨润土、凹凸棒土、高岭土、石棉粉等。或复合少量的有机乳化剂制成复合型。SBS 改性沥青配方见表 2.14 所列，SBS 改性沥青软化点可达 155～170℃。该涂料配方见表 2.15 所列。

表 2.14　SBS 改性沥青配方

原料名称	质量份	原料名称	质量份
100 号石油沥青	65～85	滑石粉(填充剂)	33.25
792 型 SBS 橡胶	2～9	二硫化氨基甲酸锌	0.04～0.06
环烷油(软化剂)	10～17	CaCO₃	0～10

表 2.15　厚质水乳型 SBS 改性沥青防水涂料配方

原料名称	质量份	原料名称	质量份
SBS 沥青	50	PVA 水溶液	4～4.2
水	50	助剂氢氧化钠	0.3
复合乳化剂 OP-10	3～5	氯化铵	0.2

涂料配制：在高速搅拌乳化机中，先注入 80～90℃的水、复合乳化剂、助剂、搅拌均匀，再慢慢注入温度为 160～180℃的 SBS 改性沥青溶液，在高速剪切作用

下使 SBS 沥青分散成细小颗粒而分散在水乳液中即可。

厚质水乳型 SBS 改性沥青防水涂料技术性能指标见表 2.16 所列。

表 2.16　厚质水乳型 SBS 改性沥青防水涂料技术性能

项目	指标	项目		指标
耐热性[(80±2)℃,5h]	无流淌、无起泡	粘接强度/MPa	≥	0.20
低温柔性(−20℃,绕 φ20mm 圆棒)	无裂纹	延伸性(6g/cm²)/mm		18～40
固含量/%	50＋5			

（2）薄质水乳型 SBS 改性沥青防水涂料

薄质水乳型 SBS 改性沥青防水涂料以 SBS 橡胶沥青、有机乳化分散剂和水组成。该涂料配方见表 2.17 所列。

表 2.17　薄质水乳型 SBS 改性沥青防水涂料配方

原料名称	质量份	原料名称	质量份
SBS 沥青	100	PVA 水溶液	4～4.2
水	100	助剂氯化铵	0.1～0.2
有机复合乳化剂	3～3.5		

涂料配制：先将水、复合乳化剂、各种助剂加热搅拌均匀，再慢慢注入温度为 130～140℃的 SBS 改性沥青溶液，在乳化分散机高速剪切作用下分散混合均匀即可。薄质水乳型 SBS 改性沥青防水涂料技术性能见表 2.18 所列。

表 2.18　薄质水乳型 SBS 改性沥青防水涂料技术性能

项　　目		指　　标
外观		黑色或棕黑色黏稠液
耐热性[(80±2)℃,5h]		无流淌
低温柔性(−15℃,绕 φ10mm 圆棒)		无裂纹
耐碱性[饱和 Ca(OH)$_2$ 溶液浸泡 168h]		无变化
粘接强度/MPa	≥	0.20
固含量/%	≥	45
不透水性(0.1MPa,30min)		不渗水

2.5.3.2　溶剂型 SBS 改性沥青防水涂料

溶剂型 SBS 改性沥青防水涂料是以石油沥青为基料，采用 SBS 热塑性弹性体作沥青的改性材料，配合以适量的辅助剂、防老剂等制成的溶剂型弹性防水涂料。该涂料涂刷于基层，溶剂挥发成膜，冷施工，固含量在 65% 左右，成膜速度和质量优于水乳性涂料，具有优良的防水性、黏结性、弹性和低温柔性，但由于溶剂的挥发，对环境有污染，尤其是加入有毒的溶剂（如二甲苯类）更是有害，成膜也受环境气候影响。

溶剂型 SBS 改性沥青防水涂料的配方见表 2.19 所列。

表 2.19 溶剂型 SBS 改性沥青防水涂料的配方

原料名称	质量份	原料名称	质量份
55 号石油沥青	62～73	平平加 O-10	1.0
SBS(YH-792)	7～8	抗氧剂 1010	0.24
增塑剂 DMP	10～15	炭黑	1.0
超细滑石粉	10～15	溶剂(二甲苯或汽油)	150～170

涂料配制：室温下用溶剂将 SBS 溶解，制成 SBS 胶液。将适量的高沸点增塑剂先加入适量的热沥青中，使沥青温度降低而又保持液态，即可将 SBS 胶液安全掺入到热沥青中；沥青在 180～200℃脱水，然后降温至 120℃，加入增塑剂，进行混合搅拌，然后再降温至 100℃左右，加入已经溶解的 SBS 胶液，再混合搅拌均匀，最后加入填料和助剂，搅拌分散均匀即可。其产品性能指标见表 2.20 所列。

表 2.20 溶剂型 SBS 改性沥青防水涂料性能指标

项　　目	指　　标
固含量/% ≥	48
粘接强度/MPa ≥	0.2
耐热性[(80±2)℃,5h]	无流淌、起泡、滑动
软化点/℃	108
低温柔性(−20℃,绕 ϕ10mm 圆棒)	无裂纹
不透水性(动水压 0.2MPa,30min)	不渗水

2.5.3.3 热熔型 SBS 改性沥青防水涂料

热熔型 SBS 改性沥青防水涂料是以 SBS 橡胶为沥青改性剂，再添加上其他辅助材料，冷却后制成的改性沥青小块，运至施工现场，通过专用环保型的熔化炉加热熔化成液体状，然后经刮涂或喷涂于结构基层表面，形成连续、无接缝，并有良好弹性的整体防水涂膜。该涂料固含量接近 100%，可一次达到需要成膜的厚度，材料成本低，施工速度快，施工后无需经挥发，只要温度下降，几分钟就可以成膜，可在夏季骤雨和冬、春气温较低时施工，这就显示了其他涂料所不具有的特性；SBS 的加入改善了沥青的高低温性能，延伸性，其抗裂性强，还可作为卷材黏结剂或和卷材构成复合防水层。但现场需熔化炉、热施工是它的弱点。

2.5.4 溶剂型 APP 改性沥青防水涂料

溶剂型 APP 改性沥青防水涂料是以 APP 改性沥青为基料，经溶剂溶解配制而成的黑色黏稠状，细腻而均匀胶状液体的一种防水涂料。溶剂型 APP 改性沥青防水涂料的配方见表 2.21 所列。

表 2.21　溶剂型 APP 改性沥青防水涂料配方

原料名称	质量份	原料名称	质量份
APP(软化点 135～738℃)	26	滑石粉	30
石油沥青(针入度 89)	100	石棉粉	5
芳香烃溶剂(甲苯或二甲苯)	70	乙二醇丁醚	4
古马隆树脂(软化点 100～125℃)	20		

涂料配制：将 APP 树脂、古马隆树脂破碎脱水，加入到温度为 180～200℃ 的沥青中，采用熔融搅拌法强力搅拌进行熔融。在 150～160℃ 下反应 1h，随后加入滑石粉、石棉粉、助剂和溶剂，再继续搅拌 30min 即可。

溶剂型 APP 改性沥青防水涂料产品性能指标见表 2.22 所列。

表 2.22　溶剂型 APP 改性沥青防水涂料产品性能指标

项　　目		指　　标
耐热性[(80±2)℃,5h]		无流淌、起泡、滑动
低温柔性(－10℃,绕 ϕ10mm 圆棒)		无裂纹
粘接强度[(20±2)℃]/MPa	≥	0.2
不透水性[(20±2)℃,动水压 0.1MPa,30min]		不透水
固含量/%	≥	48
延伸性/mm	无处理　≥	4.5
	处理后　≥	3.5
耐碱性[饱和 Ca(OH)$_2$ 溶液浸泡 15d]		无变化

本产品适宜施工温度为 5～35℃，具有较高的耐热性，良好的黏结性，低温柔性好，可冷施工，易操作，适于屋面、地下、卫生间等建筑工程的防水、防渗、防潮及金属管道、容器的防腐，亦可与卷材复合使用。

2.5.5　阳离子丁苯橡胶改性沥青防水涂料

丁苯胶乳具有良好的耐腐蚀、耐老化、耐热性以及较高的稀释稳定性，兼具品种多、价格适中、共混工艺简单，被广泛地应用于乳化沥青的改性。

阳离子丁苯橡胶改性沥青防水涂料以阳离子乳化沥青和丁苯橡胶胶乳的混合物为主成膜物质，添加适量助剂和填料配制而成，其产品配方见表 2.23 所列。

表 2.23　阳离子丁苯橡胶改性沥青防水涂料配方

原料名称	质量份	原料名称	质量份
丁苯胶乳(固含量 50% 以上)	150	盐酸(10%)	2～3
60 号石油沥青	150	水	100
十八烷基三甲基氯化铵(OP)	3～8	硬脂酸	2～3

涂料配制：先配制乳化沥青，将石油沥青及硬脂酸加热到 100℃ 以上搅拌均匀，然后加入 OP 乳化剂和热水，做成沥青乳液，用盐酸调 pH 值，使 pH 值在 6 以下，加入丁苯胶乳和 OP 乳化剂，搅拌混合均匀即可。

阳离子丁苯橡胶改性沥青防水涂料产品性能指标见表 2.24 所列。该产品以水为溶剂，具有良好的防水性能，涂层弹性大，延伸率大，不易开裂，抗拉强度和耐久性好，廉价、安全、无污染，可用于屋面防水涂层，也可广泛用于厕浴间、地下室、隧道等的防水及补漏。

表 2.24　阳离子丁苯橡胶改性沥青防水涂料产品性能指标

项　目		指　标
外观		黑色或蓝褐色液体
耐热性[(80 ± 2)℃,5h]		无流淌、起泡、滑动
低温柔性（-10℃，绕 $\phi10mm$ 圆棒）		无裂纹
粘接强度[(20 ± 2)℃]/MPa　　　　$\geqslant$		0.2
耐碱性[饱和 $Ca(OH)_2$ 溶液浸泡 15d]		无变化
固含量/%　　　　　　　　　　　　$\geqslant$		43
不透水性(0.1MPa,30min)		不透水
延伸性/mm	无处理　　$\geqslant$	4.5
	处理后　　$\geqslant$	3.5
抗冻性(20 次)		无开裂

2.6　其他沥青防水涂料

2.6.1　喷涂速凝高弹橡胶沥青防水涂料

溶剂型聚合物改性沥青防水涂料的应用会污染环境、对人体健康有害且浪费大量资源，因此发展水性环保型防水涂料例如高性能水性聚合物改性沥青防水涂料是大势所趋。由于技术方面的原因，传统的水乳型聚合物改性沥青防水涂料产品在力学性以及耐久性等方面相对较差。施工时，由于传统的聚合物改性沥青涂料为单组分材料，只能涂刷或滚涂在基层上，待水分挥发后形成连续的防水膜；涂刷时也只能是多遍、薄涂，严重影响了施工进度，加大了施工成本。为适应现代建筑、基础设施的快速建设与环保要求，聚合物改性沥青防水涂料应向着各项性能更高、对基层伸缩或开裂变形适应性更强的方向发展；施工方式也应由人工涂刷转向使用机械设备现场喷涂、瞬间成膜的快速施工工艺。现喷高弹橡胶沥青防水涂料是近几年来研发推广的一种新型防水涂料，是由高分子橡胶乳液对经特殊

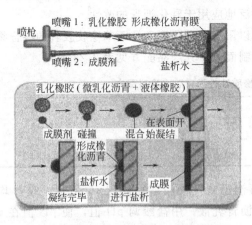

图 2.1　现场喷涂施工瞬间固化成型机理

工艺制成的乳化沥青进行改性而成的一种弹性防水涂料，施工采取在工程现场直接喷涂的方式。

2.6.1.1　喷涂速凝高弹橡胶沥青防水涂料成型机理

喷涂速凝高弹橡胶沥青防水涂料是采用超细悬浮微乳型阴离子改性乳化沥青和合成高分子聚合物（A组分）与特种成膜剂（B组分）混合后生成的高弹性防水、防腐涂料。现场喷涂施工瞬间固化成型的机理如图2.1所示。在常温下，A、B双组分材料在喷枪口外扇形交叉、雾化并高速混合后，到达基面时瞬间破乳、迅速固化，从而形成致密、连续、完整、类似橡胶的涂膜。

2.6.1.2　喷涂速凝高弹橡胶沥青防水涂料性能特点

喷涂速凝高弹橡胶沥青防水涂料的物理力学性能指标见表2.25所列，其性能特点如下。

表 2.25　速凝高弹橡胶沥青防水涂料的物理力学性能

项　目		指　标
固体含量/%	≥	58
耐热度[(140±2)℃]		无流淌、滑动、滴落
不透水性(0.3MPa,30min)		无渗水
粘接强度/MPa	≥	0.5
表干时间/h		瞬间固化
实干时间/h		12
低温柔性/℃	标准条件	−25
	碱处理	−20
	热处理	
	紫外线处理	
断裂伸长率/%　≥	标准条件	1000
	碱处理	
	热处理	
	紫外线处理	

（1）超高弹性及延伸率好

喷涂速凝高弹橡胶沥青防水涂料形成的涂膜断裂伸长率可达1000%以上，复原率达90%以上，因此可有效解决构筑物因应力变形、膨胀开裂、穿刺或连接不牢等造成的裂缝而引起的渗漏问题。

（2）卓越的附着性

该材料可在混凝土、钢铁、木材、金属等多种材料表面施工，与基层100%黏结，不起层、不剥离、不脱落，对基层能起到良好的"皮肤式"保护作用，避免窜水现象，特别适用于异型结构、复杂结构和易发生变形的地下、屋面防水节点部位。

（3）涂装方式灵活多变

可以采用喷涂、刷涂和刮涂等涂装方式施工，灵活简便，能满足各种形状复杂部位如排水口、阴阳角、开裂部位等对防水作业的特殊要求。

（4）施工简便

喷涂速凝高弹橡胶沥青防水涂料在应用中对环境温度、湿度不敏感，在常温5℃以上、基面无明水条件下即可施工；防水涂料喷涂后瞬时成型，一次喷涂即可达到设计厚度，采用专业喷涂设备施工，一台喷涂设备日施工能力可达 1500～2000m²，可节省劳动力，大幅度缩短工期，降低施工成本。

（5）水性、环保性好

在原料生产、喷涂施工和使用过程中所用材料不含苯、甲苯、甲醛等有毒有害物质，无毒无味、无废料、无废气排放，属于节能环保材料吗？可适用于密闭空间的施工应用；整个施工过程中无需加热，常温施工，无明火，保证了施工的安全性。该材料的环保性能符合 JC 1066—2008《建筑防水涂料中有害物质限量》中的 A 级标准要求规定。

此外，喷涂速凝高弹橡胶沥青防水涂料如应用在寒冷地区，其耐低温性能可以通过配方调整达到－40℃；按照 GB 8624—2006《建筑材料及制品燃烧性能分级》的标准要求，该材料防火性能经检测可以达到 B 级。

现喷高弹橡胶沥青防水涂料优异的防水性能与现场喷涂施工简单快捷的工艺方法相结合，使得该材料应用范围非常广泛。适用于新建和维修混凝土基面的建筑地下基础、地下构筑物、壁板、基础墙、屋顶及建筑物室内的防水、防护工程；公路、铁路及其桥梁、隧道和涵洞的防水防渗以及地铁、水处理设施、垃圾填埋场等的防水防护；特别适宜于金属（例如压型钢板、铝板等）屋面的防水，还可用于各种储罐、管道以及钢结构构造物的防水、防腐；可用于人工湖、沟渠、池塘及其他水利设施的防水防渗。

2.6.1.3 喷涂速凝高弹橡胶沥青防水涂料与传统聚合物改性沥青防水涂料的对比

大禹伟业（北京）国际科技有限公司李立昆对现喷高弹橡胶沥青防水涂料与传统水乳型聚合物改性沥青防水涂料的主要技术指标进行了对比，见表 2.26 所列，其区别主要在于以下几点。

表 2.26　传统聚合物改性沥青防水涂料与现喷高弹橡胶
沥青防水涂料部分技术指标比较

项　目		指标	
		传统改性沥青涂料	现喷橡胶沥青涂料
固体含量/%	≥	45	60
不透水性		0.1MPa,30min,无渗水	0.3MPa,30min,无渗水
粘接强度/MPa	≥	0.3	1
表干时间/h		8	瞬间固化
实干时间/h		24	12

项 目		指标	
		传统改性沥青涂料	现喷橡胶沥青涂料
低温柔度/℃	标准条件	−15	−35
	碱处理	−10	−35
	热处理	—	—
	紫外线处理	—	—
断裂伸长率/%	标准条件	600	1600
	碱处理	—	—
	热处理	—	—
	紫外线处理	—	—

（1）技术性能不同

传统聚合物改性沥青防水涂料固含量低，弹性差，断裂伸长率小，抗顶破能力差，应用环境温度范围小。而现喷高弹橡胶沥青防水涂料固含量高，弹性好，拉伸后的复原性可以达到90％以上，断裂伸长率比传统的改性沥青涂料提高很多，同时还具有优异的抗顶破能力，应用环境温度范围也得到了扩大，耐低温性和耐高温性更好，能满足道路桥梁混凝土路面用防水材料的温度要求。

（2）施工方式不同

传统聚合物改性沥青防水涂料一般采用刷涂和滚涂方式，一次涂刷不能太厚，需要多遍涂刷才能达到设计厚度，每一遍涂刷都要等上遍涂膜干燥后才能进行，因此施工速度慢，工期长，成膜厚度不均匀，这一施工弊端严重制约了该涂料的应用发展。现喷高弹橡胶沥青防水涂料可喷涂施工和快速固化的特点克服了上述问题。

（3）应用范围不同

传统聚合物改性沥青涂料由于物理性能指标偏低，同时受到人工刷涂（滚涂）施工工艺限制，所以一般不用于地铁、隧道、涵洞、垃圾填埋场、人工湖水利设施以及顶面、立面较多的工程。而现喷高弹橡胶沥青防水涂料由于具有优良的技术性能以及采用现场喷涂、瞬间固化的施工工艺，其应用范围更为广泛。

2.6.1.4 喷涂速凝高弹橡胶沥青防水涂料施工工艺

（1）基层要求

水泥砂浆找平层应坚实平整，不得有酥松、起砂、起皮现象，排水坡度应符合设计要求；基层应干净，无浮灰、油渍、杂物，允许潮湿，但不得有明水；穿透防水层的管道、预埋件、设备基础、预留洞口等，均应在防水层施工前埋设和安装牢固，突出基层的转角部位应抹成圆弧，圆弧半径宜为50mm。

（2）施工工序

基层验收→清理基层→细部保护→细部防水涂膜附加层处理→大面积喷涂防水涂料→检查→质量验收（淋水、蓄水试验）→保护层施工。

2.6.2　高蠕变性橡化沥青非固化防水涂料

橡化沥青非固化防水涂料是近几年问世，从工程需求角度研制开发的蠕变性防水材料。该材料的开发应用，有效地解决了现有防水材料应用中出现的许多难题。目前，该涂料已成功应用于国家体育场（鸟巢）地下室顶板变形缝区域和广州地铁等大型工程，得到了用户的一致好评。

橡化沥青非固化防水涂料是以胶粉、高分子聚合物、沥青等材料通过添加专用改性剂、添加剂制造的单组分防水涂料。其中，专用添加剂能使沥青与高分子材料之间形成化学结合，提高了产品的稳定性。橡化沥青非固化防水涂料的生产工艺如下。

将沥青加热到140℃输送至搅拌罐，加入软化剂、胶粉、高分子聚合物，搅拌30min，再将温度升到160℃，送入胶体磨研磨2遍，温度升到190℃，加入专用添加剂，搅拌1h，降温至160～170℃时加入专用改性剂，搅拌1h，加入填料搅拌1h，即成橡化沥青非固化防水涂料。

橡化沥青非固化防水涂料是一种蠕变性防水材料，该涂料不含溶剂，属环保型绿色材料；对基层平整度要求低，能适应复杂的施工作业面，不需涂刷基层处理剂，能有效地在潮湿及水下建筑结构中应用；具有与空气长期接触后不固化，始终保持黏稠胶质的特性，能自动找寻漏水部位并修复已损坏的防水层，自愈能力强；碰触即粘、难以剥离，在−20℃仍具有良好的黏结性能；具有随机密封、吸收应力的特性，能填补基层变形裂缝，不会因为基层的错动位移而损害防水层，使建筑结构始终保持完好密闭防水状态，使防水可靠性得到大幅度提高；良好的耐热及耐低温性，70～80℃不流淌滑移，−10℃低温也可施工；可采用刷涂、喷涂以及注浆等多种工法施工，立即成膜，不需养护，施工方便快捷，施工后容易维护管理；与卷材复合防水时，卷材可直接在橡化沥青非固化防水涂料面层上铺设，无须加热，冷施工作业即可。橡化沥青非固化防水涂料的性能指标见表2.27所列。

表2.27　橡化沥青非固化防水涂料的物理性能指标

项目		性能指标	试验方法
固体含量/%	≥	99	JC/T 408—2005《水乳型沥青防水涂料》
耐热度/℃	≥	80	
不透水性(0.1MPa,30min)		不渗水	
粘接强度/MPa	≥	0.3	GB 16777—2008《建筑防水涂料试验方法》
低温柔度/℃		−20	
延伸性(无处理)/mm	≥	30	

橡化沥青非固化防水涂料适用于市政工程、地铁隧道、堤坝、水池、道路桥梁及屋面、厕浴间、地下等部位的防水和注浆堵漏，特别适用于变形大的防水部位和防水等级要求高的工程中。橡化沥青非固化防水涂料单独作为一道防水层，适用于

厕浴间防水及屋面Ⅲ级防水工程，涂料的厚度不应小于 2mm。橡化沥青非固化防水涂料和防水卷材组成复合防水层时，卷材可选用厚度不小于 3mm 的高聚物改性沥青防水卷材或厚度不小于 0.7mm 的聚乙烯丙纶防水卷材等，适用于屋面、地下、水池及隧道等防水工程，一般涂料的厚度不应小于 2mm；用于隧道防水工程中时，涂料的厚度不应小于 2.5mm；用于附加层中，涂料的厚度不应小于 1mm。

在注浆堵漏维修工程中，与传统的消极的维修办法不同，橡化沥青非固化防水涂料能主动找到有裂缝的地方，修复破坏的防水层，重建结构的完整性，使原受损防水层的功能得到恢复，是一种主动的防水方法。具体操作要点为：首先了解工程原防水设计、材料选用和施工等情况，根据渗漏水情况制定具体治理方案；根据渗漏水量及面积，设定注浆孔距，一般孔距范围为 500～1000mm；注浆钻孔时应设深度标尺，且不宜打穿原有防水层。

2.6.3 蠕变型热熔沥青防水涂料

聚合物材料在一定的温度下承受恒定荷载时，将迅速发生变形，然后在缓慢的速率下无限期地变形下去。这种在温度和荷载都是恒定的条件下，变形对时间依赖的性质，即为蠕变性质。理论上包括防水材料在内的任何材料都具有蠕变性质，但是处于常温状态下，在该防水材料最大拉力范围内的某恒定荷载作用时一般防水材料几乎没有蠕变性质，因此将在常温状态下在较小的恒定载荷作用时能迅速发生变形并能无限期地变形的防水材料称为蠕变性防水材料。蠕变型热熔沥青防水涂料是以工程实际需求为出发点，采用全新的防水理念研发的一种新型防水材料。

蠕变型热熔沥青防水涂料固体含量高，具有较好的蠕变性，在外力作用下，蠕变型热熔沥青涂料的分子结构位置迅速发生变化而不改变其他特性，它吸收应力而不传递应力，通过吸收来自基层变形产生的应力，解决了因基层开裂对防水造成的拉裂、挠曲疲劳破坏或使防水层处于高应力状态提前老化等问题，以全新的防水理念，巧妙地解决了因基层变形对材料所产生的影响，提高了防水层的可靠性和耐久性；黏滞性好，能封闭基层裂缝和毛细孔洞，避免窜水现象发生；延伸率大，自愈性好，能修复防水层破损部位，消除防水层薄弱环节；黏结性好，能与各种基层、卷材良好黏结，并具有持续黏结和二次黏结能力；低温黏结性好，在−20℃仍具有良好的黏结能力；现场加热后直接铺刮成膜或粘贴卷材，一次刮涂（或喷涂）成型，涂膜冷却后即成膜，无需养护，下雨前、−10℃以上均可施工，能有效节省工期；固含量高、不含有机溶剂；现场热熔喷涂或热熔刮涂施工，蠕变型热熔沥青涂料施工温度为 120～160℃，大大低于目前传统热熔型改性沥青防水涂料的施工温度 180～200℃，施工能耗低，且不会结炭和产生大量有害挥发性气体，其施工操作性和安全性也得到了很大改善。蠕变型热熔沥青涂料的主要性能指标见表 2.28 所列。

表 2.28　蠕变型热熔沥青防水涂料物理力学性能

项　目		技术指标	
		Ⅰ型	Ⅱ型
固体含量/% ≥		98	98
耐热度/℃ ≥		70	80
不透水性(0.1MPa,30min)		不透水	
剪切黏结强度/(N/mm) ≥		2.0	
低温柔性/℃	标准条件	−25	−20
	酸、碱处理	−20	−15
	热处理		
	紫外线处理		
抗裂性		基层裂缝 0.3mm,涂膜无裂纹	
低温黏结性(−10℃)/MPa ≥		0.1	
蠕变性/% ≤		50	
防窜水性,0.6MPa		不窜水	

蠕变型热熔沥青涂料施工方法为可采用热熔沥青加热炉，将块状的蠕变型热熔沥青涂料现场加热到 120～160℃，再进行喷涂或者刮涂施工。蠕变型热熔沥青涂料现场加热设备的成功开发，解决了热熔沥青涂料在施工现场加热效率低、能耗高、环境污染严重等问题，为蠕变型热熔沥青涂料在工程上的推广应用提供了有力保证。

蠕变型热熔沥青涂料可广泛应用于各种工业与民用建筑、水利设施、电力工程、园林景观、道路桥梁、地铁隧道以及屋顶绿化与地下工程等防水工程，特别是在基层变形量大、较容易开裂的部位，能很好地发挥其材料性能优势。蠕变型热熔沥青涂料可单独使用，作为一道独立的防水层，也可与卷材复合使用形成"涂卷结合"的复合防水层，或者在卷材生产的过程中涂覆在卷材底部，成为蠕变型自粘防水卷材。蠕变型热熔沥青涂料单独使用时，涂层平均厚度不宜小于 3mm。由于其耐热度在 70℃左右，在屋面防水中推荐使用倒置式屋面构造，涂层施工完毕后，可直接在涂层上粘贴保温材料；正置式屋面使用时，防水涂层施工完后，需在其表面铺设一层防粘材料，如塑料薄膜等，以便于后续工序的施工。

2.6.4　阳离子氯丁胶乳改性沥青桥用防水涂料

桥面用防水材料，应是坚固、耐久、弹韧性强，能适应高温（80℃）、严寒（−40℃）和 130℃以上热碾压的施工温度。对于桥面柔性铺装防水材料的使用性能，主要评价指标是抗剪性能和低温抗裂性。防水层必须具有足够的剪切强度才能承受车载产生的垂直应力和水平剪力，特别是在夏季高温状态下，其抗剪性能指标为 60℃ 时，抗剪强度 0.04MPa 以上，垂直压力 0.1MPa 以上。低温抗裂性要求 −20℃ 时，抗拉强度 6～8MPa，延伸率 10% 以上。沥青基防水涂料由于具有施工适应性强、防水层整体性好等特点成为路桥防水中应用最广泛、用量最大的防水材料之一。

传统的沥青路面经一定时间的碾压后，沥青会卷起，导致雨水渗入水泥路面板，导致钢筋生锈，给大桥造成潜在危险。桥面用沥青类涂料应选择能在潮湿基面施工、延伸性好、黏结性好的湿固型涂料，但普通石油沥青涂料很难达到要求。阳离子氯丁胶乳改性沥青防水涂料能与水泥或尘土产生静电吸附效果，通过牢固结合而产生可靠的防水作用，与普通乳化沥青涂料比，涂料的耐热性由 90℃ 提高到 160℃，延伸率由 200% 提高到 600%，且黏结强度提高 3 倍，干燥时间也大大缩短，适应道桥防水需要。

阳离子氯丁胶乳改性沥青桥用防水涂料由阳离子沥青乳液和阳离子氯丁胶乳两部分组成。研究表明：氯丁胶乳改性沥青采用二次热混合法制备工艺，改性效果最好；氯丁胶乳在涂料中的含量只有达到 30%～40% 时，涂膜性能才能适应桥梁结构变形的需要。沥青乳液和改性处理氯丁胶乳的配方见表 2.29 和表 2.30 所列。

表 2.29　沥青乳液配方

原材料名称	用量(质量份)	原材料名称	用量(质量份)
石油沥青(针入度 60～80，软化点 50℃)	400.0	聚氧乙烯烷基胺	4.0
		氯化钠	1.8
硬脂酸	3.0	冰醋酸	适量
石蜡(相对密度 0.879)	2.0	水	500.0

表 2.30　氯丁胶乳配方

原材料名称	用量(质量份)	原材料名称	用量(质量份)
阳离子氯丁胶乳	100.0	促进剂 22	2.0
胶体硫黄	0.5	防老剂 D(N-苯基-β-萘基)	1.0
氧化锌	4.0	稳定剂 SMO	1.6
促进剂 PZ	1.5	盐酸	0.03

沥青乳液制备：将沥青、石蜡和硬脂酸在 140℃ 下加热熔融制成沥青液，保温待用；将水加热到 80℃ 左右，加入聚氧乙烯烷基胺和氧化钠溶解，然后用冰醋酸调节 pH 值至 6，注入均化机中，再将 140℃ 的沥青液徐徐加入均化机中进行均化，制得阳离子乳化沥青，保温待用。

氯丁胶乳改性处理：按配方将各原材料加入球磨机中，研磨 20h，制得氯丁胶乳改性组分。

涂料制备：按沥青乳液：改性胶乳＝100∶30 的比例，将改性胶乳注入 140℃ 的沥青液，均化后即可。

2.6.5 水乳型丙烯酸沥青防水涂料

水乳型丙烯酸沥青防水涂料是由丙烯酸乳液与石油沥青直接混合而成，其主要成膜物质为丙烯酸沥青。水乳型丙烯酸沥青防水涂料配方见表 2.31 所列。

表 2.31 水乳型丙烯酸沥青防水涂料配方

原料名称	质量份
石油沥青(针入度 70～75,软化点 50～55)	100
丙烯酸乳液(固含量 40%～60%)	25
钠基膨润土	30
水	45

首先将石油沥青按配方量加入到熔槽炉中，加热至 200～220℃熔化，脱水过滤后备用；按配方量称取水和膨润土，两者混合后备用；将熔化好后的沥青和膨润土溶液加入到分散槽内，再加入丙烯酸共聚乳液，经充分搅拌均匀即可。

水乳型丙烯酸沥青防水涂料技术性能指标见表 2.32 所列。该涂膜具有良好的弹性和延伸性，高温不流淌，低温不硬脆，黏结性好，具有优良的耐水性和耐碱性，无毒、无味、不燃，安全可靠，常温冷施工，操作简单，维修方便，能在复杂基层及稍潮湿无积水的基层施工，适于屋面、地下、冷库、地面、墙体、厕浴间的防水防潮，工业与民用建筑预制屋面板的接缝及各种大型墙板拼缝，水泥管道的防渗漏、金属管道防腐工程等。

表 2.32 水乳型丙烯酸沥青防水涂料技术性能

项 目		指 标
外观		灰黑色黏稠液体
耐热性[(80±2)℃,5h]		无流淌
低温柔性[(−20±2)℃]		涂层无变化
耐碱性[饱和 Ca(OH)$_2$ 溶液浸泡 20d]		无变化
耐酸性(1°硫酸水溶液浸泡 20d)		无变化
粘接强度/MPa	≥	0.25
固含量/%	≥	55
不透水性(0.1MPa,60min)		不渗水
干燥时间	表干/h	1
	实干/h	8

2.6.6 SBS-聚烯烃沥青防水涂料

SBS-聚烯烃沥青防水涂料是由 SBS 橡胶和聚烯烃树脂与沥青组成的共混物为主要成膜物质的防水涂料。SBS-聚烯烃沥青防水涂料配方见表 2.33 所列。

表 2.33　SBS-聚烯烃沥青防水涂料配方

原料名称	质量份	原料名称	质量份
直馏沥青	65	高岭土(粒径 30μm)	5
1SBS 橡胶	3	聚烯烃树脂	8
增塑剂	15	三氯乙烯	14

将 SBS 橡胶和聚烯烃树脂加入到温度为 180～200℃ 的熔融沥青中,研磨搅拌,混合均匀,降温后加入增塑剂、填料搅拌均匀后,再加入溶剂继续进行搅拌,直至混合均匀为止。SBS-聚烯烃沥青防水涂料性能指标见表 2.34 所列。

表 2.34　SBS-聚烯烃沥青防水涂料性能指标

项目		指标
固含量/% ≥		50
耐热性[(80±2)℃,5h]		无流淌、起泡、滑动
延伸率/%	无处理 ≥	4.5
	3.5	126
粘接强度[(20±2)℃]/MPa ≥		0.37
低温柔性(−10℃,绕 φ10mm 圆棒)		无裂纹
不透水性(动水压 0.1MPa,30min)		不透水
耐碱性[饱和 Ca(OH)$_2$ 溶液浸泡 15]/d		无变化

该涂料具有较高的耐热性,低温柔性好,可冷施工,黏结性好,耐腐蚀,抗老化,防水性好,适于建筑物屋面、地下、卫生间等建筑工程的防水、防渗、防潮及金属管道、容器的防腐。

3 高分子防水材料

3.1 聚氨酯防水涂料

3.1.1 概述

新型防水涂料都是以高分子合成材料为基料的,分水乳性和溶剂型两大类。目前国内主要有改性沥青,橡胶和合成树脂等三大系列的产品,其主要品种有氯丁乳液沥青防水涂料,丁苯乳酸沥青防水涂料、聚氨酯防水涂料和丙烯酸树脂防水涂料等十余种。聚氨酯系列是属于溶剂型的新型防水溶料,在建筑行业有着广泛的用途。

3.1.1.1 聚氨酯防水涂料概述

聚氨酯防水涂料是一种新型高分子防水材料,它以优异的性能在建筑防水材料中占有重要的地位。聚氨酯防水涂料是由异氰酸酯基(—NCO)的聚氨酯预聚体和含有多羟基(—OH)或氨基(—NH$_2$)的固化剂以及其他助剂的混合物按一定比例混合所形成的一种反应型涂膜防水材料。

随着聚氨酯合成化学工业的发展及聚氨酯材料的广泛应用,聚氨酯涂料迅速发展。聚氨酯防水涂料克服了传统沥青系列防水涂料和防水卷材的不足,具有强度高、黏结力好,抗撕裂、抗穿刺、耐磨、耐水、耐化学介质等优异的性能,而且性能稳定可靠、施工维修方便、易于调节组分比例。聚氨酯防水涂料适用于建筑物各种屋面防水工程,地下建筑防水工程,厨房、浴室、卫生间防水工程、水池、游泳池防漏、地下管道防水、防腐蚀等。

从 20 世纪 70 年代末开始,随着我国科学技术进步和化学建材工业的发展,聚氨酯防水涂料也获得了迅速的发展。经过近 30 年发展,逐渐形成了品种齐全、性能优异的聚氨酯防水涂料系列产品,在建筑防水涂料中占有重要地位。焦油聚氨酯防水涂料由于产品中用焦油代替部分价格较高的聚醚多元醇,从而降低了产品的成本,长期以来在聚氨酯防水涂料中占据主导地位,为我国建筑防水事业做出了一定的贡献。但焦油具有刺激性气味,含有大量蒽、萘、酚类等易挥发的有毒物质,严重污染环境和危害人体健康。随着人们环保意识的增强和科技的进步,禁止使用焦油聚氨酯防水涂料的呼声也日益增强。然而,一些厂家和工程单位为了降低成本,仍在使用焦油聚氨酯。在我国目前建筑防水涂料市场上，焦油聚氨酯仍占聚氨酯防水涂料的一半以上，而国外防水涂料虽以聚氨酯系列产品用量最大，但没有焦油型品种。和发达国家相比，我国聚氨酯防水涂料的整体质量较差，无论彩色聚氨酯还是沥青聚氨酯，其性能指标都偏低，而且品种少，适应面窄。我国的聚氨酯防水涂料通常是以 TDI、MDI 及聚醚作基本原料，耐候性较差，在紫外线作用下易氧化，使涂膜发黄、粉化，虽然可通过添加紫外线吸收剂和抗氧化剂，提高其耐候性，但不能从根本上改变其性能。因此，此类聚氨酯涂料不宜单独用作户外防水，做屋面防水时往往需要做水泥砂浆保护层，这样又失去了涂膜防水维修方便、色彩艳丽的优点。另外，聚氨酯防水涂料的应用对基层的干燥度要求较高。因此研制开发具有良好耐候性的外露型聚氨酯防水涂料，能适应潮湿基层的聚氨酯打底涂料，耐候性好、色彩艳丽、污染小的聚氨酯面层保护涂料等新品种，已经成为我国近阶段聚氨酯防水涂料的重要目标。

然而有些生产企业为追求利润、降低成本，满足于能用就行，不去追求高质量产品，甚至以次充好；有不少生产厂家买来一套生产技术，本身没有消化吸收能力，只会照方配药。功夫都下在销售赚钱上，基本的检测手段都不配备。一旦原料或生产条件有所变化，面对质量的波动就束手无策，致使不合格的产品流向市场，给防水工程质量带来隐患。

3.1.1.2 聚氨酯防水涂料的优缺点

聚氨酯防水涂料的优点如下。

① 聚氨酯防水涂料在成膜固化前为无定型黏稠状液态物质，适合任何形状复杂的基层施工，特别适合于特殊结构的屋顶和管道较多的厨搭间的防水，对管根、阴阳角处均可封闭严密，对结构端部的收头容易处理，能够保证整个工程的防承防渗质量。

② 通过化学反应成膜，几乎不含溶剂，体积收缩小，易做成较厚的涂膜，且涂膜防水层无接缝，整体性强，涂膜具有橡胶弹性，延伸性好，拉伸强度和撕裂强度均较高，对在一定范围内的基层裂缝有较强的适应性，而且涂膜的耐磨性强，对金属、水泥、玻璃、橡塑等基面均具有优良的黏合性、优异的保护性和美观的装饰性。

③ 聚氨酯防水涂料的温度适应性强、水性涂料在0℃上，溶剂型涂料在－10℃以上可以进行冷施工。防水涂层在－30℃低温下无裂缝，在80℃高温下不流淌。并且能够满足高温厂房和特殊工程的需要。易于修补，若发生渗漏后，不必把防水层破坏，可以根据不同材料和保护层做法，在原防水层基础上进行修补。

聚氨酯防水涂料的缺点：聚氨酯防水涂料的原材料为较昂贵的化工材料，成本较高，售价较贵。但在施工过程中难以使涂膜厚度做到像高分子防水卷材那样均匀一致。因此必须要求防水基层有较好的平滑度，并且要加强施工技术管理，严格执行施工操作规程。双组分涂料需在施工现场准确称量配合、搅拌均匀，单组分涂料的固化速度容易受基面的潮湿程度、空气温度及涂覆厚度的影响。

3.1.1.3　聚氨酯防水涂料的分类

聚氨酯防水涂料按所用多元醇的品种的不同，可分为聚酯型、聚醚型和蓖麻油型系列品种；按固化方式可分为双组分化学反应固化型、单组分潮湿固化型、单组分空气氧化固化型；从环境保护角度又可分为溶剂型、无溶剂型的水乳型；作为工业产品，习惯上将聚氨酯防水涂料以包装形式分为单组分、双组分和多组分三大类别。

单组分聚氨酯防水涂料实为聚氨酯预聚体，是在施工现场涂覆后经过与水或潮气的化学反应，形成高弹性的涂膜。

双组分聚氨酯防水涂料是由 A 组分主剂（预聚体）和 B 组分固化剂组成，A组分主剂一般是以过量的异氰酸酯化合物与多羟基聚酯多元醇或聚醚多元醇按NCO/OH＝(2.1～2.3)∶1 比例制成含 NCO 基 2%～3% 的聚氨酯预聚体；B组分固化剂实际上是在醇类或胺类化合物的组分内添加催化剂、填料、助剂等，经充分搅拌后配制而成混合物。目前我国的聚氨酯防水涂料多以双组分的形式使用为主。

多组分反应型聚氨酯防水涂料也有生产使用，其性能比双组分还要好。

依据在聚氨酯防水涂料填料组分中是否添加焦油（如煤焦油、油气焦油等）的情况，可将聚氨酯防水涂料分为焦油型聚氨酯防水涂料和非焦油型聚氨酯防水涂料两大类型。非焦油聚氨酯防水涂料根据其所用的填料以及颜料情况，可再分为纯聚氨酯防水涂料，沥青聚氨酯防水涂料，炭黑聚氨酯防水涂料，彩色聚氨酯防水涂料等十余种类型。焦油型聚氨酯防水涂料因其组分具有污染性，对环境影响较大，现已列入淘汰品种。

3.1.1.4　聚氨酯防水涂料的发展动向

聚氨酯防水涂料的开发动向是：品种多样化，结构功能化，生产工艺规模化、系列化、标准化、环保化。研制开发具有良好耐候性的外露型聚氨酯防水涂料，能适应潮湿基层的聚氨酯打底涂料，耐候性好、色彩艳丽、无污染的聚氨酯面层保护涂料等新品种，是促进聚氨酯防水涂料技术进步和建筑防水行业发展的实际需要。

随着人们环保意识的增强，要求聚氨酯防水涂料无溶剂、无挥发成分，开发环保型聚氨酯防水涂料势在必行。开发水性聚氨酯防水涂料。水性聚氨酯涂料呈水乳状，无溶剂、无任何挥发性成分。近年来取得很大的发展。但由于其成本高、产品性能不高、质量不稳定，还没有大量推向市场。在国外，水性聚氨酯涂料已成熟并大量推广使用。开发水固化型聚氨酯防水涂料。我国聚氨酯防水涂料多以芳香胺作交联剂。芳香胺类交联剂的品种目前较为单一，常用的 MOCA 常温下为固体，且属于可疑致癌物；而液体多元胺市场上少，目前仍靠进口。水作为聚氨酯固化剂既经济又环保，而且来源丰富；虽然单组分湿固化聚氨酯防水涂料在我国推广使用，但其固化速度受空气中湿度的影响。国外有将聚氨酯预聚体制成具有一定亲水性，施工时直接按一定比例加入适量的水搅拌，涂膜固化成型。

我国政府对建材行业非常重视，大力投资对聚氨酯防水涂料的技术研究，目前与发达国家的差距正逐渐缩小，产量也逐年加大。相信随着聚氨酯防水涂料技术的不断成熟，新品种的不断涌现，其性能将会越来越环保，外观也将会越来越多姿多彩。作为一种重要的建筑材料，聚氨酯将会对人类居住条件的改善发挥不可低估的作用。

3.1.2　聚氨酯防水涂料的主要原材料

聚氨酯防水涂料用的主要原材料为多异氰酸酯、多元醇聚合物、扩链剂和交联剂、催化剂以及溶剂等助剂。

聚氨酯防水涂料的聚氨酯预聚体一般是以过量的异氰酸酯化合物与多羟基聚酯或聚醚进行反应，生成末端带有异氰酸基的高分子化合物，这是聚氨酯防水涂料的主剂，预聚体中的异氰酸酯基是很容易与带活性氢的化合物（如乙醇、胺、多元醇、水等）反应，但与不含活性氢的化合物较难反应，其由交联剂填料、改性剂、稳定剂以及用来调节反应速度的促进剂经混合搅拌而成。由于可供选择的反应剂种类繁多，所以合成的聚氨酯防水涂料可具有各种各样的性能，包括做成各种颜色。因此根据涂料的最终产品性质除了选择所需的多异氰酸酯和多元醇外，还应认真选择各种助剂和添加剂。

3.1.2.1　多异氰酸

在分子结构中含有两个或两个以上异氰酸酯基（—NCO）的化合物称之为多异氰酸酯。异氰酸酯是聚氨酯防水涂料的基本原料，是一种强反应性化合物，含有一个或多个异氰酸根（—NCO），能够与含有活泼氢原子的化合物反应。

(1) 多异氰酸酯的命名

含氰基（—CN）的有基酸称为氰酸，它常是两种异构体的平衡化合物：

$$H—O—C \equiv N \rightleftharpoons O = C = N—N$$

　　（正氰酸）　　　　　　　　　（异氰酸）

这两种异氰酸都没有分离出来过，其酯类虽有两种形式，但正氰酸酯极易聚合，并且水解，几乎得不到纯品，所以普通的氰酸酯都是异氰酸酯，并具有下列结构：

$$R—N = C = O \text{ 或 } R—NCO$$

按照系统命名法，异氰酸酯的命名应根据烃基的名称，称为异氰酸某酯，但是习惯上都不是这样命名的，而是将烃基放在异氰酸酯的前面，称某基异氰酸酯，例如：

$CH_3CH_2—NCO$　　　乙基异氰酸酯

2,4-甲苯二异氰酸酯

（2）多异氰酸酯的分类及主要品种

多异氰酸酯的品种很多，按其基团的数量可分为二异氰酸酯、三异氰酸酯以及聚合级异氰酸酯三大类；按异氰酸酯中的有机性质可分为脂肪族多异氰酸酯、芳香族多异氰酸酯、脂环族多异氰酸酯等类别。

a. 芳香族多异氰酸酯　如甲苯二异氰酸酯（TDI）、二苯基甲烷二异氰酸酯（MDI）、多苯基多亚甲基多异氰酸酯（PAPI）、1,5-萘二异氰酸酯（NDI）、对苯二异氰酸酯（PPDI）、三苯基甲烷三异氰酸酯（TTI）等。

b. 脂环族多异氰酸酯　如甲基环己烷二异氰酸酯（HTDI）、二环己基甲烷二异氰酸酯（HMDI）等。

c. 脂肪族多异氰酸酯　如六亚甲基二异氰酸酯（HDI）、苯二亚甲基二异氰酸酯（XDI）、环己基二亚甲基二异氰酸酯（HXDI）、2,2,4-三甲基六亚甲基二异氰酸酯（TMDI）等。

多异氰酸酯是制备聚氨酯预聚体的重要原料，在具体选择时，要在考虑制得预聚体性能的因素上，还要考虑其来源、价格以及毒性等诸多因素。目前应用于防水涂料工业的多异氰酸酯主要有甲苯二异氰酸酯（TDI）、二苯基甲烷二异氰酸酯（MDI）、多苯基多亚甲基多异氰酸酯等。

① 甲苯二异氰酸酯（TDI）

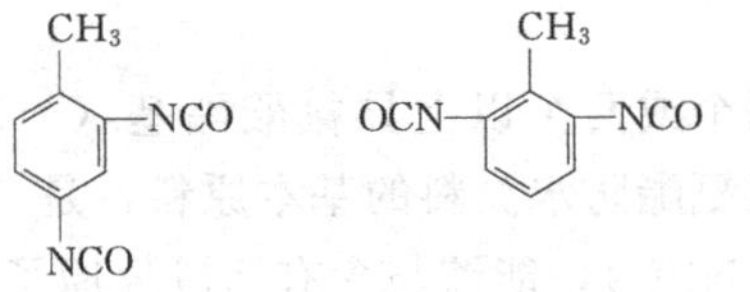

2,4-TDI　　　　　　2,6-TDI

甲苯二异氰酸酯有两种异构体：2,4-TDI 和 2,6-TDI。2,4-TDI 的反应活性比2,6-TDI 大。TDI 是以甲苯为原料，经硝化、还原、光气化、精制诸项逐步聚合而成。反应式如下：

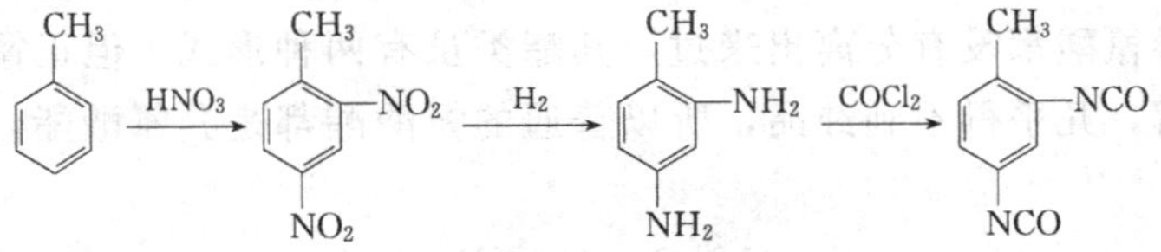

TDI 的工业品通常是 2,4-TDI 和 2,6-TDI 的混合物。按照二者不同的比例可分为三种规格，其性能和质量指标见表 3.1 所列。

TDI 在室温下为无色或微黄色透明液体，有强烈的刺激性气味，且毒性大。国家规定的卫生标准是空气中允许浓度为 0.2mg/m³。TDI 易燃，有爆炸危险，发生火灾时可用雾状水或 CO_2 灭火。TDI 可溶于丙酮、四氯化碳、苯、氯苯、煤油、硝基苯。

TDI 的黏度和相对密度随温度上升而下降，且在室温下长期存放会有二聚体析出，故宜低温贮存，贮存温度一般不要超过 25℃。TDI 会与空气中水分反应，所以容器中就充干燥的氮气并密封。氧、光、热对 TDI 的着色有促进作用，故应存放在冷暗、通风、干燥的地方。

表 3.1　TDI 产品的规格、性能和质量指标

项　目		TDI-100	TDI-80	TDI-65
2,4 体含量/%		≥97.5	80±2	65±2
2,6 体含量/%		≤2.5	20±2	35±2
纯度/%	≥	99.5	99.6	99.5
密度(25℃)/(g/cm³)		1.22	1.22	1.22
凝固点/℃		19.2~21.5	11.5~13.53	5.5~6.53
黏度(25℃)/mPa·s		3	3	3
沸点/℃				
(666.61Pa)		106~107	106~107	106~107
(1333.22Pa)		120	120	120
(101.325Pa)		246~247	246~247	246~247
闪点/℃		127	127	127
折射率(n_D^{25})		1.5654	1.5663	1.5666
水解氯含量/%	≤	0.01	0.01	0.01
总氯含量/%	≤	0.1	0.1	0.1

TDI 对皮肤、眼睛和呼吸道有强烈的刺激作用，吸入高浓度的 TDI 蒸气会引起支气管炎、肺炎和肺水肿。过敏体质会产生哮喘、呼吸困难。接触皮肤会引起过敏性皮炎。所以操作时要穿戴防毒面具、橡皮手套、工作服等劳保用具，注意通风。万一溅到眼睛里或皮肤上时，应立即用大量清水冲洗，并用肥皂水清洗皮肤受污染处。若出现呕吐、头昏时，要立即送医院治疗。如被误服，应服以大量水、诱吐、洗胃，严重者立即送医院救治。

② 二苯基甲烷二异氰酸酯（MDI）　MDI 分子量比 TDI 大，产品挥发性较小，蒸气压较低，对人体毒性相对较小，有利于工业安全防护。采用 MDI 制备的聚氨酯涂料漆膜强度、耐磨性都比采用 TDI 制备的聚氨酯涂料的漆膜高。其性能及质量指标见表 3.2 所列。

表 3.2　MDI 产品的性能和质量指标

项　目		指　标	项　目		指　标
密度/(g/cm³)		1.19(d_4^{50})	水解氯含量/%	≤	0.005
凝固点/℃		≥38	酸度(以 HCl 计)/%	≤	0.2
纯度/%	≥	99.6	色度(PAHA)		30~50
沸点(667Pa)/℃		194~199	官能度		2
蒸气压(25℃)/Pa		约 $1.33×10^{-3}$	—NCO 含量/%		约 33.4
闪点/℃		199	胺当量		约 125.8

纯 MDI 商品是白色到浅黄色固体，其主要化学结构为 4,4'-MDI，此外它还有两种异构体：2,4'-MDI 和 2,2'-MDI。其分子式分别为：

$$\text{OCN}-\langle\text{苯环}\rangle-\text{CH}_2-\langle\text{苯环}\rangle-\text{NCO} \qquad 4,4'\text{-MDI}$$

$$2,4'\text{-MDI}$$

$$2,2'\text{-MDI}$$

MDI 是由苯胺与甲醛缩合为二苯基甲烷二胺（MDA）之后，进行光气化而制成，反应式如下：

$$\langle\text{苯环-NH}_2\rangle+\text{CH}_2\text{O}+\langle\text{苯环-NH}_2\rangle\longrightarrow \text{H}_2\text{N}-\langle\text{苯环}\rangle-\text{CH}_2-\langle\text{苯环}\rangle-\text{NH}_2+\text{H}_2\text{O}$$

$$(\text{MDA})$$

$$\text{MDA}\xrightarrow{\text{COCl}_2}\text{OCN}-\langle\text{苯环}\rangle-\text{CH}_2-\langle\text{苯环}\rangle-\text{NCO}$$

$$(\text{MDI})$$

由于 MDI 室温下为固体，使用不便，因此开发了多种液化 MDI，可分为三种类型。

a. 掺混型 MDI 合成时提高产物中 $2,4'$-MDI 含量达 25％以上时，室温下即成液体。

b. 氨酯改性 MDI（U-MDI） 一般采用低分子聚醚或小分子多元醇与过量的 MDI 反应，生成氨基甲酸酯改性的 MDI。实际上为半预聚物。室温下为液体，黏度在 1Pa·s 以下。通常—NCO 含量在 20％以上。

c. 碳化二亚胺改性 MDI（C-MDI） MDI 在膦化物存在下部分缩合脱去 CO_2，生成碳化二亚胺改性 MDI。同时易生成少量脲酮亚胺，使官能度略大于 2。为浅黄色透明液体，25℃时的黏度为 100mPa·s 以下，NCO 含量为 18％～30％。其固化物的耐热性、耐水性、阻燃性均得到改善。

MDI 易生成二聚体，室温下贮存不稳定，应在 15℃以下，最好在冷冻条件下（-5～5℃）贮运。MDI 精品保质期与环境温度有关，0℃时为 3 个月；5℃时为 30 天；20℃时为 15 天；30℃时为 4 天；70℃时为 1 天。添加稳定剂可改善 MDI 的贮运稳定性。

③ 多苯基多亚甲基多异氰酸酯（PAPI） 多苯基多亚甲基多异氰酸酯（PAPI）是褐色透明状液体，它是含有不同官能度的异氰酸酯混合物。其中 MDI 占混合物总量的 50％左右，其余是多异氰酸酯混合物，平均相对分子质量为 350～420 的低聚合度棕色液体。

在实际生产中，根据产品的使用目的、性能要求的不同，控制反应工艺条件，可生产出不同的 PAPI 产品，如官能度为 3~3.2，含纯 MDI 约 35％的高聚合度产品；聚合度为 2.7，含纯 MDI 约为 40％左右的中等聚合度的产品；聚合度为 2.3，含纯 MDI 为 65％的低聚合度的产品。PAPI 的性能和质量指标见表 3.3 所列。

表 3.3　PAPI 产品的性能和质量指标

项　目	指　标	项　目		指　标
密度/(g/cm³)	1.23~1.25(d_4^{25})	水解氯含量/％	≤	0.1
凝固点/℃	<10	酸度(以 HCl 计)/％	≤	0.1
沸点/℃	约 260,自聚放出 CO_2	官能度		2.7~2.8
蒸气压(25℃)/Pa	1.5×10^{-4}	—NCO 含量/％		30.0~32.0
闪点/℃	>200	胺当量		131.5~140

④ 1,5-萘二异氰酸酯（NDI）　1,5-萘二异氰酸酯（NDI）是用萘与硝酸经两次硝化制得二硝基萘，然后将硝基萘溶于丙酮中，其中异构体 1,8-二硝基萘溶解，1,5-二硝基萘经过滤分出，再用丙酮洗涤，10 份萘可制得 40 份 1,5-二硝基萘。将1,5-二硝基萘用铁粉氢化还原成相应的二胺，再经光化制得 1,5-二异氰酸酯。反应式如下：

NDI 活性很大，预聚物稳定性差，贮存期约 6 个月，而且价格较贵，主要用于制造高弹性和高硬度的聚氨酯弹性体，具有优异的动态性能和耐热性、耐油性。其性能的和质量指标见表 3.4 所列。

表 3.4　NDI 产品的性能和质量指标

项　目	指　标	项　目		指　标
外观	白色至浅黄色片状结晶	凝固点/℃		128~130
密度(20℃)/(g/cm³)	1.45	闪点/℃		155
纯度/％	99.0	水解氯含量/％	≤	0.01
蒸气压(167℃)/Pa	667	总氯含量/％	≤	0.1
沸点/℃		相对分子质量		210.2
（667Pa）	167	—NCO 含量/％		40
（1.33kPa）	183	—NCO 当量		105.1

⑤ 苯二亚甲基二异氰酸酯（XDI）　苯二亚甲基二异氰酸酯（XDI）是典型的芳脂族二异氰酸酯，它的—NCO 基是连在亚甲基上，再与苯环相连。所以具有优良的保光保色性和耐温性。它有两种异构体，即对位和间位-XDI。工业产品是两者的混合物，其中对位产品约占 25％~30％，间位产品约占 70％~75％。其异构体的分子式如下：

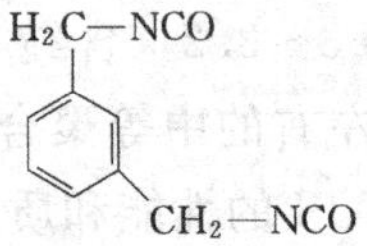

间-XDI 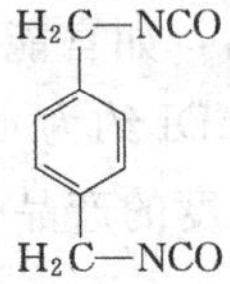 对-XDI

XDI 是由混合的二甲苯（其中间二甲苯约占 71％和对二甲苯约占 29％经混合之后）与氨氧化反应生成苯二甲腈，再加氢还原成苯二甲胺，经光气化反应制成 XDI。反应式如下：

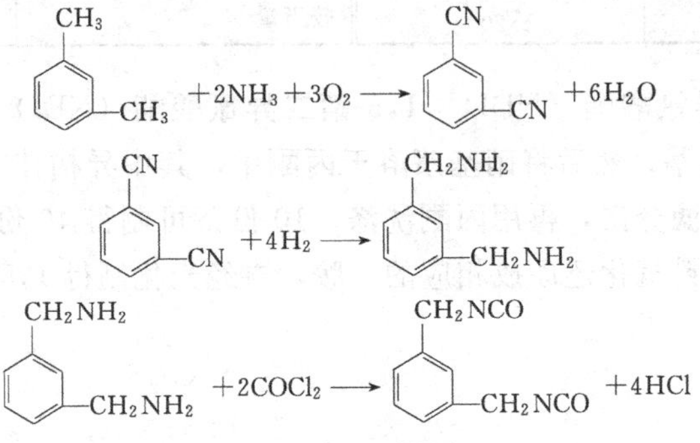

$$+2NH_3+3O_2 \longrightarrow +6H_2O$$

$$+4H_2 \longrightarrow$$

$$+2COCl_2 \longrightarrow +4HCl$$

（XDI）

XDI 蒸气压较甲苯二异氰酸酯低，易溶于苯、甲苯、乙酯、丙酮、氯仿、四氯化碳、乙醚之中，难溶于环己烷、正丁烷和石油醚中。其性能和质量指标见表 3.5 所列。

表 3.5 XDI 产品的性能和质量指标

项 目	指 标	项 目	指 标
外观	无色透明液体	折射率 n_D^{25}	1.429
相对分子质量	188.19	表面张力(30℃)/(mN/m)	37.4
密度(20℃)/(g/cm³)	1.202	沸点/℃	
黏度(20℃)/mPa·s	4	(666.6Pa)	151
凝固点/℃	5.6	(1.33kPa)	161
闪点/℃	185	(1.60kPa)	167

⑥ 六亚甲基二异氰酸酯（HDI） 六亚甲基二异氰酸酯（HDI）是典型的脂肪族异氰酸酯。该产品为无色或浅黄色透明液体，相对分子质量为 168.1，以 HDI 为原料制备的聚氨酯涂料，具有优异的耐户外性能和保光性好的特点。

$$OCN \!-\!\!\!\left(\!CH_2\!\right)_{\!6}\!\! NCO$$

HDI 是由己二胺的碳酸盐，经过冷光气化和热光气化二步法而制得，由 HDI 制成的聚氨酯涂料外用的耐候性好，光稳定性佳，是户外用聚氨酯涂料的主要原料。但 HDI 的反应活性小，挥发性大，毒性比甲苯二异氰酸酯了也大。一般是将

HDI 与水反应制成缩二脲或在特种催化剂存在下将 HDI 制成聚合体来使用。HDI 的性能和质量指标见表 3.6 所列。

表 3.6　HDI 产品的性能和质量指标

项　目		指　标	项　目		指　标
外观		无色或淡黄透明液体	折射率 n_D^{20}		11.4530
纯度/%	≥	99.5	水解氯/%	≤	0.03
相对分子质量		168.2	沸点/℃		
相对密度 d_4^{20}		1.05	（666.6Pa）		112
蒸气压/Pa		1.5	（1866.48Pa）		130
闪点/℃		130			

⑦ 异佛尔酮二异氰酸酯（IPDI）　异佛尔酮二异氰酸酯（IPDI）为脂环族异氰酸酯。耐光性好，不变黄。反应活性比芳香族异氰酸酯低，蒸气压低。IPDI 的相对分子质量为 222.3，IPDI 含有两个异氰酸酯基（—NCO 基）。这两个异氰酸酯基的反应活性相差很大，与亚甲基相接的—NCO 基，反应活性约为与环己环上相接的—NCO 基的反应活性的 10 倍。IPDI 与含活泼氢化合物反应时，首先由与亚甲基相接的—NCO 基与活泼氢化合物反应，制得保留着环己环上的—NCO 基的预聚物。利用此特点，可以开发出一系列聚氨酯涂料的特殊品种。

IPDI 的物理性能见表 3.7 所列。

表 3.7　IPDI 的物理性质

项　目	指　标	项　目	指　标
—NCO 当量	111.1	蒸气压/Pa	
—NCO 含量/%	37.8	（20℃）	0.04
密度(20℃)/(g/mL)	1.058	（50℃）	0.9
折射率($n_D^{25℃}$)	1.4829	黏度/mPa·s	
沸点(1333Pa)/℃	158	（—20℃）	150
闪点/℃	155	（—10℃）	78
熔点/℃	约—60	（0℃）	37
自燃温度/℃	430	（20℃）	15

⑧ 重要异氰酸酯的毒性数据　异氰酸酯对动物试验以及人的作用，将其归类为有危险性的物质。在运输规范中也被列为危险品。因此，在使用该类物质时，一定要谨慎处理，以防对人体的危害。异氰酸酯的毒性试验数据见表 3.8 所列。

表 3.8　重要异氰酸酯的毒性试验数据

异氰酸酯	LD$_{50}$经口服(大鼠)/(mg/kg)	LD$_{50}$经吸入(大鼠)/(mg/kg)	饱和蒸汽浓度(20℃)/(mg/m³)	危险品操作等级
TDI	5800	110(气溶胶,4h)	142	有毒
MDI	＞15000	370(气溶胶,4h)	0.8	有害健康
HDI	913	150(气溶胶,4h)	47.7	有毒
IPDI	4700	230(气溶胶,4h)	3.1	有毒
NDI	＞15000		0.16(50℃)	有害健康

3.1.2.2 多元醇聚合物

制备聚氨酯防水涂料的主要基础原料是等于或大于二官能度的异氰酸酯和等于或大于二官能度的含活泼氢化合物。对于含活泼氢化合物，目前主要使用的是含有两个以上端羟基的聚酯多元醇和聚醚多元醇。常用作异氰酸酯反应物的除聚酯、聚醚多元醇外，还有蓖麻油、丙烯酸酯树脂等。

多元醇聚合物在聚氨酯合成材料的合成配方中地位最重要，配方中的其他组分的用量均以其为基准，准确地选择多元醇聚合物对制备聚氨酯合成材料关系甚大。

(1) 聚醚多元醇

聚醚多元醇简称聚醚，也叫聚烷醚或聚氧化烯烃，是有机多元醇化合物中用量大、应用最广的一个品种。它是以低分子量多元醇、多元胺或其他含活泼氢的化合物作起始剂，与氧化烯烃化合物等在催化剂作用下开环聚合制得。其反应式如下：

$$YH + nCH_2 \!-\! CH \atop \diagdown\!\!\diagup \atop O \raise0.5ex\hbox{R} \longrightarrow Y \!\!\left[\!\!\left(CH_2 \!-\! CH \!-\! O\right)_{\!n} \!\! H\right]_{\!x}$$

式中　n——聚合度；

　　　x——官能度；

　　　YH——起始剂主链；

　　　R——烷基或氢。

常用的氧化烯烃化合物包括氧化丙烯（环氧丙烷）、氧化乙烯（环氧乙烷）、氧化丁烯（环氧丁烷）等。用一种环氧化合物单体合成的聚醚叫做均聚醚，由两种或两种以上的环氧化合物合成的聚醚称为共聚醚。聚醚的官能度是由起始剂的官能度或活泼氢数决定的。聚醚的相对分子质量主要取决于环氧化合物的聚合度。通过两者的调节，就能合成出各种官能度、不同相对分子质量的聚醚多元醇。

聚醚多元醇的品种很多，可根据不同的依据进行分类。按聚醚主链端基的羟基数可分为聚醚二元醇、聚醚三元醇、聚醚四元醇等品种；按聚醚的特征可分为通用聚醚多元醇、高活性高分子量聚醚多元醇、聚合物聚醚多元醇等品种；按聚醚主链的链节性质不同可分为聚氧化丙烯多元醇、聚氧化丙烯-氧化乙烯多元醇等品种；按聚醚的酸碱值不同可分为中性聚醚多元醇、碱性聚醚多元醇等品种。

① 聚氧化丙烯多元醇（聚环氧丙烷醚多元醇）　聚氧化丙烯多元醇是氧化丙烯的均聚物，应用最广，被称为通用型聚醚多元醇。按起始剂官能度的不同，可分为聚氧化丙烯二元醇、聚氧化丙烯三元醇、聚氧化丙烯四元醇等。用 KOH 作合成催化剂时，所得聚醚多元醇多为仲羟基封端（占 95％以上）。若产品中残留微量碱时，对与—NCO 的反应有催化作用，易引起凝胶，可用苯甲酰氯或磷酸等稳定剂来中和。碱性催化剂还容易引发氧化丙烯异构化反应，生成烯丙醇或丙烯醇。两者都只有一个羟基，必然导致生成分子链一端为羟基，而另一端为烯丙基或丙烯基的单羟基聚醚。

聚醚的实际官能度要小于标称官能度。聚醚的相对分子质量愈大，这种单羟基聚醚的含量愈高。单羟基聚醚必然影响聚醚链增长，难以制得高相对分子质量聚醚，也必然影响与异氰酸酯的链增长反应，降低固化物的交联密度和最终性能。采用双金属氰化物作催化剂能使氧化丙烯的加成反应大大快于异构化反应，从而制得低不饱和度的聚醚，并且相对分子质量分布很窄，黏度低，贮存稳定性好，工艺操作性好，可赋予聚氨酯优良的拉伸性能和高回弹性能。

聚氨酯防水材料常用的聚醚是聚氧化丙烯二元醇和聚氧化丙烯三元醇。聚氧化丙烯二元醇是以丙二醇或一缩丙二醇、乙二醇等为起始剂，在催化剂 KOH 作用下，由氧化丙烯聚合而成。若起始剂为丙二醇，则最终生成聚丙二醇，简称 PPG，其结构式为：

$$\text{HO—CH—CH}_2\text{—}[\text{O—CH}_2\text{—CH}]_n\text{—OH}$$
$$\qquad\ \ |\text{CH}_3 \qquad\qquad\qquad\ |\text{CH}_3$$

聚氧化丙烯三元醇是以丙三醇或三羟甲基丙烷为起始剂，在 KOH 催化下，由氧化丙烯聚合而成。以丙三醇为起始剂时，其结构式为：

$$\text{CH}_2\text{O}[\text{CH}_2\text{—CH—O}]_l\text{H}$$
$$\qquad\qquad\qquad\ \ |\text{CH}_3$$
$$\text{CHO}[\text{CH}_2\text{—CH—O}]_m\text{H}$$
$$\qquad\qquad\qquad\ \ |\text{CH}_3$$
$$\text{CH}_2\text{O}[\text{CH}_2\text{—CH—O}]_n\text{H}$$
$$\qquad\qquad\qquad\ \ |\text{CH}_3$$

② 共聚醚多元醇　环氧化合物之间或与其他单体共聚可生成无规共聚醚、有序分布或无序分布的嵌段共聚醚和接枝共聚醚。其中使用较多的有如下几种。

a. 氧化乙烯封端的聚氧化丙烯多元醇　它是以丙三醇、三羟甲基丙烷、丙二醇等为起始剂，在 KOH 催化剂作用下，氧化丙烯聚合后，再用氧化乙烯共聚封端而成。所得聚醚的相对分子质量较大，伯羟基质量分数大，约为 $40\%\sim80\%$。由于伯羟基的反应活性比仲羟基大，所以聚醚的活性高。

$$\text{R}[\text{OH}]_m + n\text{CH}_2\overset{\text{O}}{\underset{}{-}}\text{CH—CH}_3 \longrightarrow \text{R}\left[(\text{CH}_2\text{—CH—O})_n\text{H}\right]_m$$
$$\qquad\qquad\qquad\qquad\qquad\qquad\qquad\qquad\qquad\quad |\text{CH}_3$$

$$\overset{l\text{CH}_2\overset{\text{O}}{-}\text{CH}_2}{\longrightarrow} \text{R}\left[(\text{CH}_2\text{—CH—O})_n(\text{CH}_2\text{CH}_2\text{O})_l\text{H}\right]_m$$

氧化乙烯封端的取氧化丙烯多元醇主要用于制备高回弹、冷固化软泡和硬泡聚氨酯、聚氨酯弹性体和涂料等。

b. 水溶性聚醚多元醇　它是氧化乙烯和氧化丙烯的无规共聚醚。氧化乙烯的质量分数为 $80\%\sim90\%$。氧化乙烯链段是亲水性的，氧化丙烯链段是亲油性的，所以这种聚醚多元醇是水溶性聚醚。凝固点低，黏度小，而嵌段共聚醚的凝固点高，施工困难。若氧化乙烯的质量分数超过90%，则氧化乙烯嵌段物过多，凝固点上升。

氧化丙烯与氧化乙烯共聚的聚醚多元醇可应用于多种用途，在氧化丙烯聚醚中引入了氧化乙烯链段之后，则提高了聚醚与异氰酸酯的亲和性与可反应性，尤其将氧化乙烯引入分子主链的末端，则可提高聚醚中的伯羟基含量，这可使聚氨酯的成型条件降低，能低温固化。

c. 四氢呋喃-氧化丙烯（THF-PO）共聚醚多元醇　室温下为液体，黏度较低。用二胺扩链，胶料流动性好，凝胶较慢，使用方便。所得聚氨酯的物理性能、耐水性、电绝缘性、透声性、耐霉菌性能都比较好。其结构式为：

$$H \left(OCH_2CH_2CH_2CH_2 \right)_a \left(OCH_2CH \atop CH_3 \right)_b \left(OCH_2CH \atop CH_3 \right)_n OCH_2CH—OH$$

d. 聚合物多元醇（POP）　它是由母体聚氧化丙烯醚多元醇与乙烯基单体进行接枝聚合而得。母体聚醚大都是氧化乙烯封端的高伯羟基含量（80%～85%）的活性聚醚，平均相对分子质量比较高（3000～6000）。一般以丙三醇为起始剂，也可用丙二醇。最常用的乙烯基单体有丙烯腈、苯乙烯等，其用量大多是20%左右。聚合物多元醇可提高聚氨酯制品的回弹性、强度、阻燃性、耐油性和加工性能。

③ 其他聚醚多元醇

a. 聚四氢呋喃多元醇　简称聚四氢呋喃（PTHE），又称聚四亚甲基醚二醇（PTMEG）、聚四亚甲基二醇（PTMG或PTG）、聚1,4-氧四亚甲基二醇（POT-MD）。聚四氢呋喃多元醇通常用于制备高性能聚氨酯弹性体以及氨纶纤维等。其制品具有优异的耐低温、耐水、耐油、耐磨、耐霉菌、耐冲击等性能，弹性及强度高。其分子结构为：

$$HO \left(CH_2CH_2CH_2CH_2—O \right)_n H$$

b. 双酚A型环氧树脂　聚合度较大的双酚A型环氧树脂可看作是含有端环氧基的聚醚多元醇，其仲羟基不在端部。仲羟基可与—NCO基反应。环氧基可先与羧酸或胺反应，生成的羟基即可与—NCO基反应。环氧树脂能提高黏结力及水解稳定性等性能。双酚A环氧树脂分子结构为：

$$CH_2—CH—CH_2 \left[O—\underset{CH_3}{\overset{CH_3}{\underset{|}{\overset{|}{C}}}}—O—CH_2—CH—CH_2 \right]_n$$

$$O—\underset{CH_3}{\overset{CH_3}{\underset{|}{\overset{|}{C}}}}—O—CH_2—CH—CH_2 \atop O$$

c. 氨改性聚醚多元醇（聚醚多元胺）　在温度150～300℃，氢化压力20MPa及催化剂作用下，使液氨与聚氧化丙烯醚多元醇反应生成端—NH$_2$基的聚醚多元胺。—NH₂ 与—NCO 的反应速度较大，是 H₂O 与—NCO 反应速度的 200 倍左右。反应过程中没有气泡产生。最后生成聚醚型聚脲，是一种快速施工和固化的新材料，可用于防水材料和堵漏材料。

（2）聚酯多元醇

聚氨酯涂料用的聚酯多元醇是具有一定支化度的低分子量饱和树脂，含有一定数量的伯羟基或仲羟基，通常是由芳香二羧酸或与脂肪二羧酸的混合物与多元醇缩聚反应而得。其平均相对分子质量一般为 1000～3000。聚酯多元醇制造的聚氨酯涂料有较好的耐温、耐磨及耐油性能，且强度高，但水解稳定性及防霉性差，价格贵，因此在防水材料中使用较少，主要有聚己二酸蓖麻油酯多元醇。

聚己二酸蓖麻油酯多元醇是由己二酸、蓖麻油为原料经缩聚反应而制得，不溶于水，易溶于丙酮、甲苯、乙酸乙酯等有机溶剂，常温下为浅黄色油状物，色度（APHA）小于 180。

羟值为 85～96mg KOH/g；酸值＜3mg KOH/g；水分＜0.1%。其结构式如下：

$$H\text{-}[O\text{-}R\text{-}CH_2\text{-}CH\text{-}CH_2\text{-}R\text{-}O\text{-}\underset{\underset{O}{\|}}{C}\text{-}(CH_2)_4\text{-}\underset{\underset{O}{\|}}{C}]_m O\text{-}R\text{-}CH_2\text{-}$$
$$R\text{-}OH$$
$$\text{-}CH\text{-}CH_2\text{-}R\text{-}O\text{-}[\underset{\underset{O}{\|}}{C}\text{-}(CH_2)_4\text{-}\underset{\underset{O}{\|}}{C}\text{-}OR\text{-}CH_2\text{-}CH\text{-}CH_2\text{-}R\text{-}O]_m H$$
$$R\text{-}OH \qquad\qquad ROH$$
$$[R:\text{-}COO(CH_2)_7\text{-}CH=CH\text{-}CH_2\text{-}CH\text{-}(CH_2)_5\text{-}CH_3]$$

（3）蓖麻油

蓖麻油是天然有机化合物，存在于蓖麻的种子里，其含量为 35%～57%，可用榨取或溶剂萃取的方法从蓖麻种子中提炼出脂肪酸甘油酯，制得蓖麻油，其中脂肪酸中含有 90% 蓖麻油酸（9-烯基-1,2-羟基十八酸），还有 10% 是不含羟基的油酸和亚油酸。其结构式如下：

$$CH_2OCO\text{-}(CH_2)_7\text{-}CH=CH\text{-}CH_2\text{-}\overset{\overset{OH}{|}}{CH}\text{-}(CH_2)_5\text{-}CH_3$$
$$CH_2OCO\text{-}(CH_2)_7\text{-}CH=CH\text{-}CH_2\text{-}\overset{\overset{OH}{|}}{CH}\text{-}(CH_2)_5\text{-}CH_3$$
$$CH_2OCO\text{-}(CH_2)_7\text{-}CH=CH\text{-}CH_2\text{-}\overset{\overset{OH}{|}}{CH}\text{-}(CH_2)_5\text{-}CH_3$$

蓖麻油的羟值为 163mg KOH/g，羟基含量为 4.94%，分子量与官能度之比为 345，按脂肪酸的组成计算，可认为蓖麻油含 70% 三官能度和 30% 二官能度，平均官能度为 2.7。酸值为 1.35mg KOH/g，熔点－10～18℃，黏度约 575mPa·s（25℃），相对密度 0.947～0.950（15℃）。用蓖麻油来制造聚氨酯涂料时，需土漂或精漂，所制备的涂料在低温性能、耐水性以及绝缘性能方面较佳。

3.1.2.3 扩链剂和交联剂

聚氨酯类合成高分子材料是由刚性链段和柔性链段组成的嵌段共聚物。其刚性链段和柔性链段的构成除了与多异氰酸酯主剂有密切关系外，有关扩链剂和交联剂的选择及合理使用，也对主剂的形成有着直接的影响。聚氨酯用的扩链剂和交联剂各类很多，主要是二元胺、多元醇和醇胺三类。扩链剂是指能使分子链线型增长的化合物，通常是具有双官能基的低分子化合物或低聚物。交联剂是指能使直链状分子产生支化和交联的低分子化合物，其官能度通常都大于2。

对聚氨酯而言，二元胺或二元醇与二异氰酸酯反应生成取代脲或氨基甲酸酯起扩链作用。但在二异氰酸酯过量及反应温度高等条件下，取代脲基或氨基甲酸酯中的活泼氢可以进一步与过量的二异氰酸酯反应，形成支链和交链键，从而起着交联剂的作用。因此是只起扩链剂作用还是既起扩链剂作用又起交联剂作用，要视具体情况而定。在聚氨酯材料的合成中，扩链剂和交联剂具有以下功能。低分子二元化合物和低分子三元或四元化合物能使聚合物反应体系迅速地进行扩链和交联；扩链剂和交联剂具有能与反应体系进行化学反应的特性基团，且分子量低、反应活泼，对异氰酸酯和多元醇体系构成较强的反应竞争概率，因此，它能有效地调节反应体系的反应速率；扩链剂和交联剂参与反应并进入聚合物主链的行为，可以将其分子中的某些特性基团结构引入聚氨酯聚合物主链中，能使聚氨酯的某些性能产生一定的影响。

（1）多元醇类扩链剂和交联剂

多元醇类扩链剂和交联剂的品种较多，主要有二元醇类的乙二醇、丙二醇、1，4-丁二醇、一缩二乙二醇、新戊二醇等，三元醇类的丙三醇、三羟甲基丙烷（TMP）等。乙二醇、1，4-丁二醇等是最常用的醇类扩链剂，为了制得不同等级硬度的产品，可将甘油、三羟甲基丙烷作为交联剂与扩链剂一起混合使用。

① 1，4-丁二醇（BDO） 其在聚氨酯弹性体中作为扩链剂用得较多，它可以调节聚氨酯结构中的软硬度，BDO 的合成方法有乙炔法和二氯丁烯法两种，目前主要以乙炔法合成为主。1，4-丁二醇极易吸水，可溶于乙醇、丙酮以及聚醚和聚酯多元醇中，水分含量过高时可用氧化钙或分子筛等干燥剂进行脱水，经减压蒸馏后水分含量可低于 0.1％，1，4-丁二醇可以同聚醚或聚酯多元醇混合后一起脱水。其分子式为：

$$HO(CH_2)_4OH$$

1，4-丁二醇的物理性能和质量指标见表 3.9 所列。

② 三羟甲基丙烷（TMP） 是常用的三元醇扩链剂，TMP 中的羟基为伯羟基，因此其反应活性比甘油大。三羟甲基丙烷由丁醛与甲醇于氢氧化钠溶液中进行缩合反应，经浓缩除盐，用离子交换树脂脱皂，最后进行薄膜蒸发而制得，TMP 基本无毒，极易吸收水分，易溶于水、乙醇、丙酮、环己酮及二甲基酰胺，微溶于

四氯化碳、乙醚、氯仿，不溶于脂肪烃、芳香烃。其分子式为：

$$CH_3-CH_2-\overset{\displaystyle CH_2-OH}{\underset{\displaystyle CH_2-OH}{\overset{|}{\underset{|}{C}}}}-CH_2-OH$$

表 3.9 1,4-丁二醇的物理性能和质量指标

项　目		指　标	项　目		指　标
外观		无色油状液体	表面张力/(N/m)		0.04527
熔点/℃		20.1	临界温度 T_K/℃		447
沸点/℃		229.1	临界压力 p_K/℃		4.26
相对密度(d_4^{20})		1.020	羟基含量/%	≤	0.2
闪点/℃(开口)	≥	121	折射率($n_D^{25℃}$)		1.4446
黏度(25℃)/mPa·s		0.0715	沸点/℃		
碘值/%	≤	0.1	(200×133.3Pa)		187
水分/%	≤	0.1	(100×133.3Pa)		170
色度(APHA)	≤	25	(20×133.3Pa)		133
蒸发热(kJ/mol)		137.6	(10×133.3Pa)		118
比热容/[kJ/(kg·℃)]		2.412	(2×133.3Pa)		102

三羟甲基丙烷的物理性能和质量指标见表 3.10 所列。

表 3.10 三羟甲基丙烷的物理性能和质量指标

项　目		指　标	项　目		指　标
外观		白色片状结晶	吸潮率/%		
熔点/℃		59	(25℃,RH20%～44%)		0.06
闪点/℃		160	(27℃,RH70%～80%)		0.23
相对密度(d_4^{20})		1.1758	羟值/(mg KOH/g)		1230～1250
黏度(100℃)/mPa·s		70	酸度(按甲酸计)/%	≤	0.03
熔解热/(kJ/kg)		183.4	灰分(硫酸盐含量)/%	≤	0.01
丙酮中溶解度/(g/100mL)		40	pH 值(1%水溶液)		6.5±0.5
醋酸乙酯中溶解度/(g/100mL)		3	羟基含量/%		37.5～37.9
沸点/℃			皂化值	≤	0.5
(760×133.322Pa)		295	10%水溶液色泽(铂钴法)	≤	5
(50×133.322Pa)		210	邻苯二甲酸酯色泽(铁钴比色法)	≤	1
(5×133.322Pa)		160			

③ 1,6-己二醇（HD） 亦可用作聚氨酯制备中的扩链剂，也可以同己二酸经缩合反应制成聚己二酸-己二醇酯，或与其他酸进行二元醇共聚，这种聚酯多元醇制得的聚氨酯制品其耐水、耐热、耐气氧化以及机械强度等均得到提高。

HD 易溶于水、醇及醋酸丁酯等，微溶于乙醚。其分子式为：

$$HO(CH_2)_6OH$$

④ 氢醌-二（β-羟乙基）醚（HQEE） 是用于聚氨酯弹性体等的扩链剂，其制品的耐热性能、硬度以及弹性均高于使用一般的扩链剂。其分子式为：

$$HO-CH_2CH_2-O-\langle\bigcirc\rangle-O-CH_2CH_2-OH$$

其物理性质见表 3.11 所列。

表 3.11　HQEE 的物理性质

项　目	指　标	项　目	指　标
外观	白褐色片状	比热容/[kJ/(kg·K)]	6.95
分子量	198.2	熔融黏度(100℃)/mPa·s	20
羟值/(mg KOH/g)	566	熔融密度(120℃)/(g/cm³)	1.14
熔点/℃	96~100	丙酮中溶解度(25℃)/%	4
沸点/℃	185~200	乙醇中溶解度(25℃)/%	4

(2) 二元胺

在聚氨酯工业生产中，一般使用的二元胺类扩链剂都是芳香族的，脂肪族二元胺碱性大、活性高，与异氰酸酯反应十分激烈，固化速率太快，难以控制，在生产中很少使用。芳香族二元胺的活性比较适中，并能赋予弹性体良好的物理力学性能。芳香胺的品种很多，其中大量使用的是 3,3′-二氯-4,4′-二氨基二苯甲烷（MOCA）。MOCA 是由邻氯苯胺和甲醛进行缩合反应，并经中和、醇洗、重结晶等工序制备而成。其分子式为：

Cl　　　　　　Cl

H₂N-〈　〉-CH₂-〈　〉-NH₂

在 MOCA 分子中，由于在氨基邻位上存在的氯原子吸电子作用和位阻功能，使基的反应活性适当降低，可适应聚氨酯的凝胶工艺，又赋予材料优异的力学性能。MOCA 为白色到浅黄色针状结晶体，有吸湿能力，易溶于丙酮、四氢呋喃、二甲基甲酰胺溶剂，溶于乙醇、苯、甲苯等有机溶剂中，还可以溶于加热的聚醚多元醇中。

MOCA 属于低毒或基本无毒物质，它能强烈刺激呼吸道，使用时要加强通风，避免吸入蒸气。由于 MOCA 的致癌问题仍无定论，许多公司开发了取代 MOCA 的产品。3,5-二氨-4-氯苯甲酸异丁醇酯是取代 MOCA 的无毒型二胺扩链剂，该扩链剂熔点和反应活性稍低，易于加工操作，但其熔融后呈褐色，仅适用于制备深色制品。

(3) 醇胺

常用的醇胺扩链剂有乙醇胺、二乙醇胺、三乙醇胺三异丙醇胺等。它们的性能和质量指标见表 3.12 所列。

醇胺有吸湿性，使用前要注意脱水。能与水、乙醇、丙酮混溶。能吸收空气中的 CO_2 和 H_2S。作为聚氨酯弹性体的扩链剂使用的醇胺类化合物具有羟基和氨基两个不同的官能基，它们能对异氰酸酯反应产生影响，羟基与—NCO 反应，扩链生成氨基甲酸酯基团，不同取代的氮原子具有不同的碱性，即对聚氨酯合成产生一

　防水涂料

定的催化作用。因此它们不仅具有扩链交联功能，还具有一定的适用期调节功能。

表 3.12　常用醇胺的性能和质量指标

性　　能	乙醇胺	二乙醇胺	三乙醇胺	三异丙醇胺
相对分子质量	61	105	149.19	191.37
外观(30℃)	无色黏稠液体	无色黏稠液体	无色黏稠液体	白色结晶
密度/(g/cm³)	1.0179(20℃)	1.097(20℃)	1.1242(20℃)	0.9996(50℃)
凝固点(熔点)/℃	10.5	28.0	20～21	45(熔点)
沸点/℃	170.5	268.8	360	305
闪点(开口)/℃	33	66.5	82.5	160
黏度/mPa·s	24(20℃)	380(30℃)	913(25℃)	—
纯度/%　　≥	99	98.4	85	80

3.1.2.4　催化剂

异氰酸酯基—NCO 的化学性质非常活泼，不用催化剂在室温下也会与活泼氢原子发生化学反应，但在异氰酸酯预聚物的合成及固化过程中广泛采用催化剂。选用的目的和催化剂的作用主要有：降低反应活化能，使反应能在较低温度下进行，在现场施工中无法加热固化或在低温条件下固化时尤为重要；加快反应速度，缩短反应时间，提高生产效率，以适应先进生产工艺的要求；合理选用催化剂可以使异氰酸酯的化学反应向所要求的方向进行；调节不同反应的反应速率，使之协调、平衡、匹配；合理采用复合催化剂会产生协同效应，从而显著提高催化活性。

异氰酸酯的合成和固化过程中需要催化剂的反应主要有异氰酸酯的二聚或三聚—NCO/—NCO 反应，异氰酸酯与多元醇的—NCO/—OH 反应和异氰酸酯与水的—NCO/H_2O 反应。

异氰酸酯是一个极性基团，由于氧原子电负性很强，因此—N＝C＝O 基上的碳原子是正电性，氮原子为负电性，所以只要有一定的亲核或亲电特性，具有能促使异氰酸酯从共振稳态转变为高能过渡态，且存在着能促进高能过渡态稳定的空间化学条件的化合物，均可以用作异氰酸酯反应的催化剂。

聚氨酯用催化剂按其化学结构类型基本上可分为叔胺类催化剂和有机金属类催化剂等。叔胺类催化剂可分为脂肪胺类、脂环胺类、芳香胺类和醇胺类及其胺盐类化合物，有机金属类催化剂可分为有机锡化合物和聚氨酯非泡制品用的非锡有机金属化合物，如汞、铅、锌、铝、铁的羧酸盐等。

（1）叔胺

叔胺的催化活性通常随碱性的增加而增大，但是叔胺 N 原子上取代基的空间位阻效应则影响更大。空间位阻愈大，催化活性愈小。叔胺对异氰酸酯与水反应有很强的催化作用。一般用于制备聚氨酯泡沫塑料。叔胺固化剂的类型有以下几种 a. 杂环胺，如三亚乙基二胺（DABCO），N-甲基吗啡啉，N-乙基吗啡啉等。b. 脂环类，如 N,N-二甲基环己胺（DMCHA），N,N-甲基二环己基胺等。c. 脂肪胺，如 N,N,N′,N′-四甲基-1,3 丁二胺（TMBDA）、三乙胺（TEA），双（β-二甲胺乙基）醚等。d. 醇胺，如三乙醇胺、甲基二乙醇胺、N,N-二甲基乙醇胺等。此类叔胺含有能与异氰酸酯反应的活性羟基，称为加成型催化剂。

① 三亚乙基二胺　三亚乙基二胺化学名称为 1,4-二氮双杂环-（2,2,2）-己烷。其分子式为：

三亚乙基二胺是一种笼状化合物，两个叔氮原子裸露在外，几乎没有空间位阻。它对—NCO/—OH 反应的催化活性要比对—NCO/H_2O 反应的催化活性大，在水/醇混合体系中它对羟基的催化能力约占 80%，而对水的约占 20%。三亚乙基二胺为白色结晶体，极吸潮，易升华。可溶于多种溶剂，如二元醇、多羟基聚醚、水等。其中含有 6 个结晶水，作为催化剂使用和贮存都不方便，因此将其溶于低分子醇（如丙二醇、一缩二乙二醇等）溶液中，配制成一般含量为 33% 的催化剂溶液（国外牌号为 Dabco-33-LV），以方便使用和贮存，并有利于它在反应物料中的互溶和分散。

② 三乙醇胺　三乙醇胺的催化剂活性较三亚乙基二胺小，其一个特点在于能使反应物料的操作时间延长，常与其他催化剂并用，另一个特点是分子中有羟基，能与异氰酸酯反应，成为固化物分子结构中的一部分。其分子式为：

$$N(CH_2CH_2OH)_3$$

三乙醇胺为无色黏稠液体，在空气中会逐渐变黄，低温下呈白色结晶。有吸湿性，溶于水、乙醇和氯仿，微溶于乙醚和苯。能吸收 CO_2 和 H_2S 等气体。对皮肤和黏膜有刺激性，但无强烈的氨味，使用方便。

③ 三乙胺　三乙胺的 N 原子上有三个弱推电子基。N 原子上一对空电子对较易接近，有一定的催化活性，属于中等催化能力，一般都和其他催化剂并用，其分子式为：

$$N(CH_2CH_2)_3$$

三乙胺是无色液体，易挥发，有较强氨味。能溶于乙醇和水。

常用叔胺催化剂的性能见表 3.13 所列。

表 3.13　常用叔胺催化剂的性能

性　能	三亚乙基二胺	Dabco-33-LV	三乙醇胺	三乙胺
形态	白色六角形晶体	浅黄色液体	无色黏稠液体	易挥发无色液体
密度/(g/cm³)	1.14(28℃)	1.023(25℃)	1.124(20℃)	0.729(20℃)
熔点/℃	154	—20	20～21	—115.3
沸点/℃	173		360	89.7
黏度/mPa·s	—	54(38℃)	613.6	—
蒸气压/kPa	0.71(38℃)	2.72(38℃)		7.13(20℃)
水中溶解度/%	46(25℃)	100(38℃)		5.5(20℃)
羟值/(mgKOH/g)		582		

（2）有机锡化合物

有机锡化合物在聚氨酯合成的过程中，催化—NCO/—OH 型反应比—NCO/H_2O 型反应要强，能极其有效地促进聚氨酯大分子链的增长，利用其与叔胺催化剂的配合使用，能很好地控制、调节聚氨酯泡沫体生成过程中的发泡和凝胶两个主要反应间的平衡。

有机锡催化剂根据其锡原子的化合价，可分为二价锡类化合物和四价锡类化合物。二价锡类化合物其结构中不存在碳锡键，比较重要的有辛酸亚锡、油酸亚锡等；四价锡类化合物。其烷基或芳基是通过碳-锡链直接连接在锡原子上，比较重要的有二月桂酸二丁基锡。

① 辛酸亚锡 辛酸亚锡化学名称为 2-乙基己酸亚锡，或异辛酸亚锡，2-乙基己酸与氢氧化钠反应生成 2-乙基己酸钠，然后与氯化亚锡在惰性溶剂中加热进行复分解反应制得 2-乙基己酸亚锡。辛酸亚锡属于高效低毒有机锡催化剂，纯品为白色或微黄色膏状物，它可溶于多元醇及大多数有机溶液，不溶于水。必须密封存放在干燥通风处，避免高温和高湿，以防止被空气中氧和水汽氧化和分解，使催化剂活性降低，甚至失效。

② 二月桂酸二丁基锡 二月桂酸二丁基锡简称 DBTDL，由丁醇、碘、磷反应生成碘丁烷，碘丁烷与金属锡在微量镁催化下，以丁醇为溶剂直接反应生成碘丁基锡，精制后以烧碱处理得氧化二丁基锡，氧化二丁基锡和月桂酸综合制成二月桂酸二丁基锡。二月桂酸二丁基锡为黄色液体，毒性较大，空气中最大容许浓度为 $0.1mg/m^3$，对金属有腐蚀性，可溶于多元醇及大多数有机溶剂。其分子式如下：

$$(C_4H_9)_2Sn(O\overset{\displaystyle O}{\overset{\|}{-C}}-C_{11}H_{23})_2$$

常用有机锡化合物的性能见表 3.14 所列。

表 3.14　常用有机锡化合物的性能

性　能	辛酸亚锡	二月桂酸二丁基锡
外观	黄色液体	淡黄色液体
色度（Gardner 色度）	≤8	≤6
相对分子质量	631.51	405.1
相对密度（d_4^{20}）	1.07±0.01	1.25±0.02
黏度（20℃）/mPa·s	≤80	<450
凝固点/℃	<−10	<−20
折射率（n_D^{20}）	1.479±0.009	1.4955±0.0055
闪点/℃	约 200	
锡含量/%	18.5±0.5	28.55±0.65
亚锡含量占锡含量/%	—	≥96

3.1.2.5　其他助剂

在聚氨酯材料中，其他助剂还有溶剂、填料、防老剂和紫外线吸收剂、流平剂、削泡剂、增稠剂、增塑剂、偶联剂等多种，众多的助剂在聚氨酯制品，尤其是新型的聚氨酯涂料产品的生产和使用中，已得到了广泛的应用。

(1) 溶剂

溶剂是溶解基料或分散涂料组分的分散介质，除水以外，溶剂都属于有机溶剂。聚氨酯所用的溶剂要求应考虑以下几点：溶剂中不含能与异氰酸酯基反应的物质，如水、醇、酸、碱等；溶剂对异氰酸酯化学反应速度的影响；溶剂的沸点及挥发速度；溶剂表面张力的影响；溶剂的溶解度参数、极性、稀释效果、毒性及价格。

溶剂的种类很多，按其性能可分为真溶剂、助溶剂（潜溶剂）和冲淡剂。按其挥发速度可分为高沸点、中沸点和低沸点，其一般沸点在 100℃ 以下为低沸点溶剂，如丙酮、乙酸乙酯。这类溶剂挥发速度迅速，漆膜表面干燥快，但用量过多时，易引起漆膜发白，流平性差，使漆膜产生不平润现象；其沸点在 100～145℃ 之间称为中沸点溶剂，如乙酸丁酯、乙酸戊酯等。此类溶剂挥发速度适中，漆液流动均匀，并有一定抗白性，在稀释剂配方中用量较多；沸点在 145℃ 以上的称高沸点，如乳酸丁酯、环己酮等。此类溶液挥发速度慢，使漆膜发白。按其组成和来源的不同，则可将溶剂分为酮类溶剂、醇类溶剂、酯类溶剂、醇醚类溶剂等。

溶剂的溶解能力越强，溶质的分散和溶解就越快，溶液的黏度就越低，该树脂溶液在贮存运输过程中，越不容易产生析出和分层，受温度产生不良影响也越小。在使用溶剂的过程中，在不影响聚氨酯涂料溶解的情况下，往往可以加入一部分对聚氨酯涂料没有溶解能力的溶剂，此类溶剂称非溶剂，而前者称为真溶剂。真溶剂的溶解能力愈强，加入的非溶剂可以愈多，非溶剂一般价格便宜，可以大大降低产品的成本。

"氨酯级溶剂"是指含杂质极少，可供聚氨酯涂料使用的溶剂，它们的纯度比一般工业级品要高。"异氰酸酯当量"是用来测定和表征所选择溶剂的适应性的指标。所谓"异氰酸酯当量"，就是指与 1mol 异氰酸酯基（—NCO）完全反应时，所需要该溶剂的质量（g），数值愈大，稳定性愈好。也就是说该溶剂中所含的水、醇、酸、碱等反应性杂技少。一般规定"异氰酸酯当量"低于 2500 以下者为不合格。符合"氨酯级溶剂"标准者其"异氰酸酯当量"都在 3000 以上。

聚氨酯材料所采用的溶剂以酯类溶剂为主，其次为酮类和芳烃类溶剂。例如酯类溶剂的醋酸丁酯、醋酸乙酯、醋酸异丁酯、醋酸异戊酯等，酯类溶剂的溶解力强、挥发速度适宜，最适于应用；酮类溶剂采用的品种有环己酮、甲乙酮、甲基异丁基酮等，酮类溶剂的溶解能力强，但挥发速率较低，气味太大，严重影响施工操作；为了调整聚氨酯涂料的施工黏度，特别是在聚氨酯树脂的制造中通常选用芳烃类溶剂，如二甲苯、甲苯等作为溶剂。最常见的混合溶剂有以下几种（按质量比）。

醋酸丁酯：环己酮：二甲苯=1：1：1或5：2：3、2：1：2等；

醋酸丁酯：二甲苯=1：1、7：3、6：4等；

醋酸丁酯：环己酮＝1：1；

环己酮：二甲苯＝1：1。

聚氨酯涂料常用溶剂的物理性质见表3.15所列。

表 3.15　聚氨酯涂料常用溶剂的物理性质

溶　剂	溶解度参数 SP	沸　点	相对密度 d_4^{20}	折射率 n_D^{20}
甲苯	8.85	110.6	0.866	1.4967
二甲苯	8.79	135～145	0.860	—
醋酸乙酯	9.08	77.0	0.902	1.3917
醋酸丁酯	8.74	126.3	$0.8826(d_{20}^{20})$	1.3591
丙酮	9.41	56.5	0.7899	1.3591
甲乙酮	9.19	76.6	0.8061	1.3790
环己酮	10.05	155.6	0.9478	1.4507
四氢呋喃	9.15	66.0	0.8892	1.4070
二氧六环	10.24	101.1	1.0329	1.4175
二甲基甲酰胺	12.09	153.0	$0.9445(d_4^{25})$	$1.4269(n_D^{25})$

（2）填料

添加填料的目的主要是改善聚氨酯体系的施工性能、成品性能和降低成本。添加适量的填料可以改善异氰酸酯或半预聚物的黏度，以适应施工的要求；改进聚氨酯的物理力学性能，如提高强度、硬度、耐磨性，减小固化收缩率和热膨胀系数，增强对热破坏的稳定性等。填料量愈大，则成本愈低，黏度也愈大。黏度过高反而会使施工性能变差。填料量过大，还会使强度下降。因此，在选用填料及其用量时，应力求达到最佳的性能/性价比。

不同品种填料的化学结构、细观形态及性能是不相同的，因而对聚氨酯体系性能的改善也不相同。不同品种填料的来源和加工方法不同，所以其价格也各异。填料粒径小，有利于提高产品的物理力学性能，但价格也高。填料的细观形态及颗粒配对填料用量的影响很大。表面经活化处理的填料会降低体系的黏度，提高界面强度。因此可加大填料量，并能提高产品的力学性能，但是其价格较高。填料不应对异氰酸酯的反应有不良影响，使用前填料必须进行脱水处理。

聚氨酯防水材料常用的填料有滑石粉、轻质碳酸钙粉、重质碳酸钙粉、石棉粉、云母粉、炭黑、生石灰粉等。

（3）防老剂和紫外光吸收剂

聚氨酯材料的老化问题，主要是热氧化、光老化及水解引起的，因此须添加抗氧剂、光稳定剂及水解稳定剂等予以改进。

防老剂按化学结构通常可分为酚类、胺类、亚磷酸酯类、硫酸酯类以及其他防老剂类；按其作用机理可分为链终止剂、过氧化物分解剂、金属钝化剂。其中聚氨酯常用的抗氧化剂有：2,6-二叔丁基-4-甲基苯酚（抗氧剂264）、四（4-羟基-3,5-叔丁苯基丙酸）季戊四醇酯（抗氧剂1010）、3,5-二叔丁基-4-羟基苯丙酸十八酯

（抗氧剂 1076）、双（2,2,6,6-四甲基-4-哌啶）癸二酸酯（Tinuvin770）、亚磷酸三苯酯（TPP）、亚磷酸三（壬基苯酯）（TNP）、酚噻嗪、双（β-3,5-二叔丁基-4-羟基苯基丙酸）己二醇酯、4,4'-二叔辛基二苯胺等。

　　紫外光吸收剂能够吸收紫外光，并将所吸收的能量转化为无害的能量，以便有效地消除或削弱紫外光对涂膜的破坏作用，而对涂膜性能没有影响。紫外光吸收剂的品种很多，按化学结构分为：二苯甲酮化合物、水杨酸酯类化合物、杂环类化合物、取代丙烯腈类化合物、金属络合物以及其他类紫外光吸收剂。其中适合聚氨酯用的紫外光吸收剂主要有 2-（2'-羟基-3',5'-二叔丁基苯基）-5-氯代苯并三唑（UV-327）、2-（2'-羟基-3'-叔丁基-5'-甲基苯基）-5-氯代苯并三唑（UV-326）、2,4,6-三（2'-羟基-4-丁氧基苯基）-1,3,5-三嗪（三嗪-5）、2-氰基-3,3-二苯基丙烯酸乙酯（Urinul N-35）、2-氰基-3,3-二苯基丙烯酸-2'-乙基己酯（Urinul N-539）、2,2'-二羟基-4-甲氧基二苯甲酮（UV-24）、2,2'-二羟基-4,4'-二甲氧基二苯甲酮（UV-49）等。

（4）流平剂

　　能改善涂料流平性的助剂称为流平剂。它主要是为了降低涂料组分间的表面张力，增加流动性，使涂膜达到光滑、平整，从而获得无针孔、缩孔、刷痕和橘皮等表面缺陷，得到一种致密度高的漆膜。

　　借助流平剂，能够满足以下条件，从而改善涂料的流平性，得到更佳的流平效果，使涂膜表面平整光滑：降低涂料与底材之间的表面张力，使涂料与底材具有良好的润湿性，并且不会与引起缩孔的物质之间形成表面张力梯度；调整溶剂挥发速度，降低黏度，改善涂料的流动性，延长流平时间；在涂膜表面形成极薄的单分子层，以提供均匀的表面张力。

　　常用的流平剂主要有以下几类。

　　① 醋丁纤维素类流平剂，如无锡化工研究设计院的 CDS-35-1。丁酰基含量 35％，水解度 0.5～1，黏度 0.5～1s，用量为涂料总量的 2％～5％。常配成 10％ 的甲苯-醋酸溶纤剂（50:50）的溶液使用。

　　② 聚丙烯酸酯类流平剂，常用二元或三元共聚物。如浙江奉化县南海助剂厂的 BLP-402。固体含量≥96％，涂-4 杯黏度 13～28s（50％二甲苯溶液）。用量为涂料总量的 0.6％～1％。

　　③ 有机硅类流平剂，常用的有二苯基聚硅氧烷、甲基苯基聚硅氧烷、有机基改性硅氧烷以及甲基硅油等。

（5）削泡剂

　　在涂料的生产和施工过程中，由于某些物质的引入及搅拌等机械物理因素，往往会产生泡沫，能防止产生泡沫的物质称为消泡剂。在防泡剂中大多数都含有一种亲油或亲水基团存在。醇类、脂肪酸及酯类、酰胺、磷酸酯、金属皂、有机硅等都可有作消泡剂。

在聚氨酯涂料系统中以有机硅类型的消泡剂应用最多,效果最佳。最具有代表性的产品为 BYK-141。此外,常用的产品还有 BYK-065/066、BYK-051/052。其用量通常为涂料固体含量的 0.1%~0.5%。

(6) 增稠剂

能够提高涂料黏度、减少流动,又不引起触变的物质称为增稠剂。使用增稠剂的目的,在于防止施工时产生的流挂,同时可防止涂料在贮存过程中的分层,以提高涂料的贮存稳定性。常见的涂料增稠剂有纤维素类、有机膨润土、微粉化二氧化硅、丙烯酸聚合物等。

聚氨酯涂料使用低浓度的增稠剂时,有助于消除在高固体分时产生气泡,同时在垂直面上施工聚氨酯涂料时,可防止流挂。加有增稠剂的聚氨酯涂料不宜采用喷涂施工法,否则会出现蛛丝网状的现象,有时采用某些增稠剂,会降低聚氨酯涂料的活化期。

(7) 增塑剂

增塑剂能够降低胶料黏度、延长可浇注时间、增加产品的柔韧性和伸长率、降低硬度和成本,但是用量过多会使强度等性能下降。聚氨酯防水材料常用的增塑剂有苯甲酸酯、磷酸酯、芳族和脂族单羧酸酯等类型。从互溶性看,苯甲酸酯类适合聚醚型聚氨酯体系,单羧酸酯类适合于聚酯型聚氨酯体系。苯甲酸酯类增塑剂主要有邻苯二甲酸二辛酯(DOP)、邻苯二甲酸二丙二醇酯、邻苯二甲酸二乙二醇酯、邻苯二甲酸二甲氧基乙酯(DMEP)、二丙二醇双苯甲酸酯(DPDB)和邻苯二甲酸二(十一烷基)酯等。使用前增塑剂需经脱水处理,使含水率≤0.03%。

(8) 偶联剂

为了改善聚氨酯胶黏剂对基材的粘接性,提高粘接强度和耐湿热性,可在其胶液或底涂料中加入 0.5%~2% 的有机硅或钛酸酸类偶联剂,常用的有机硅偶联剂有:r-氨丙基三乙氧基硅烷(KH-550)、环氧丙氧基丙基三甲氧硅烷(KH-560)等。

3.1.3 聚氨酯防水涂料的化学基础

聚氨酯是由多异氰酸酯与多元醇或再加入多元胺反应生成的高分子聚合物。其分子链上含有重复的氨基甲酸酯基—NHCOO—,故称为聚氨基甲酸酯,简称聚氨酯。在其分子结构中还有脲基—NHCONH—和缩二脲基—NHCONCONH—。由于结构中含有类似酰氨基—NHCO—和酯基—COOR 的基团,因而其化学和物理性能介于聚酰胺和聚酯之间。

聚氨酯涂料化学是以异氰酸酯的化学反应为理论基础的,是合成聚氨酯涂料反应机理的重要组成部分。

3.1.3.1 制备聚氨酯涂料的基本化学反应

异氰酸酯基非常活泼,能与多种活泼氢化合物进行亲核反应。此外还有异氰酸酯的自聚反应，与过氧化物、硫黄、甲醛的交联反应等。但是对于聚氨酯涂料的制备来说，并非涉及所有反应形式。

（1）异氰酸酯与含羟基化合物反应

异氰酸酯与含羟基化合物反应，是制备聚氨酯涂料的最基本的化学反应。此反应在无催化剂时，需在 $70 \sim 120℃$ 下完成。聚氨酯防水材料通常采用两步法制备，即先使过量的二异氰酸酯与多元醇反应，生成端—NCO 基的预聚物，然后再与二元胺或多元醇反应，形成聚氨酯制品。制备预聚物时的异氰酸酯与多元醇的物质的量比取 2 左右。上述反应所生成的氨基甲酸酯基中氮原子上的氢原子受羰基的电子效应影响，在较低温度能和过量的异氰酸酯进一步反应生成脲基甲酸酯。

$$R—NCO + R'OH \longrightarrow R—\overset{\displaystyle O}{NHCO}—R'$$
（氨基甲酸酯）

$$R—NCO + R—\overset{\displaystyle O}{NHCO}—R' \longrightarrow R—\overset{\displaystyle O}{N}CO—R'$$

（脲基甲酸酯）

（2）异氰酸酯与水的反应

异氰酸酯与水的反应，先缓慢生成不稳定的氨基甲酸，然后很快分解生成胺和 CO_2。所生成的胺能与异氰酸酯快速反应生成取代脲。脲的氮原子上的氢也是活泼的，可继续与异氰酸酯反应生成二脲、三脲、四脲……和多聚脲，低聚脲可溶，多聚脲为白色难溶物。其反应式为：

$$R—NCO + H_2O \xrightarrow{\text{慢}} R—NHCOOH \xrightarrow{\text{快}} R—NH_2 + CO_2 \uparrow$$

$$R—NH_2 + R—NCO \xrightarrow{\text{快}} NHR—\overset{\displaystyle O}{C}—NHR$$

由于 RNH_2 与 $RNCO$ 的反应比水快，故上述反应可写成：

$$2R—NCO + H_2O \longrightarrow RNH\overset{\displaystyle O}{C}NHR + CO_2 \uparrow$$

少量的水与异氰酸酯反应的结果，会使异氰酸酯及其预聚物的—NCO 含量降低，引起设计计量的严重失准，造成产品性能下降；会使黏度增大，贮存期缩短，甚至使预聚物凝胶；产生大量气泡对非泡聚氨酯制品的质量十分有害，还会使容器胀罐。因此，应采用加热真空脱水或烘干等措施严格控制多元醇、溶剂、填料等原料的含水量低于 0.05%。所用容器及生产设备应干燥。在异氰酸酯和预聚物的合成及贮存过程中用干燥的 N_2 保护，隔绝潮气，密封存放。

（3）异氰酸酯与胺的反应

在聚氨酯涂料的制备中，因伯胺的活泼性太大，与异氰酸酯的反应极快，它们相互作用生成脲，反应式如下：

$$R—NCO + R'NH_2 \xrightarrow{快} RNH—\overset{\displaystyle O}{\overset{\displaystyle \|}{C}}—NH—R'$$

生成的取代的脲原子上的氢仍然是较活泼的，还将继续与异氰酸酯反应生成二脲、三脲等，很容易产生不溶不熔的白色聚脲沉淀物，为防止此现象发生，在制备多异氰酸酯缩二脲时，反应温度一般控制在100℃以下。在聚氨酯涂料的制备中，一般在室温固化，所选用的胺多半是活性较弱的受阻胺。

（4）异氰酸酯与脲的反应

异氰酸酯与胺、水及羧酸反应都会生成脲。异氰酸酯与脲基化合物在较高温度或催化剂作用下可进一步与异氰酸酯反应，生成缩二脲支链或交联键。脲具有酰胺结构，但由于它是由两个氨基连在同一个羰基上，所以脲的碱性比酰胺稍强，与异氰酸酯的反应比酰胺快。在100℃以上就有适中的反应速率。

（5）异氰酸酯与羧酸的反应

异氰酸酯与羧酸反应先生成热稳定差的酸酐，然后分解成酰胺和CO_2。反应式如下：

$$R—NCO + R'—\overset{\displaystyle O}{\overset{\displaystyle \|}{C}}—OH \longrightarrow RNH\overset{\displaystyle O}{\overset{\displaystyle \|}{C}}—O—\overset{\displaystyle O}{\overset{\displaystyle \|}{C}}—R'$$

$$\longrightarrow RNH\overset{\displaystyle O}{\overset{\displaystyle \|}{C}}—R' + CO_2 \uparrow$$

异氰酸酯和羧酸中只要有一种是芳香族的，则生成物是脲、酸酐和CO_2，如：

$$Ar—NCO + R'—\overset{\displaystyle O}{\overset{\displaystyle \|}{C}}—OH \longrightarrow ArNHCNHAr$$

$$+ R'—\overset{\displaystyle O}{\overset{\displaystyle \|}{C}}—O—\overset{\displaystyle O}{\overset{\displaystyle \|}{C}}—R' + CO_2 \uparrow$$

在高温下（约160℃）酸酐与脲反应生成酰胺和CO_2。

$$ArNH\overset{\displaystyle O}{\overset{\displaystyle \|}{C}}NHAr + R'\overset{\displaystyle O}{\overset{\displaystyle \|}{C}}—O—\overset{\displaystyle O}{\overset{\displaystyle \|}{C}}R' \longrightarrow ArNH\overset{\displaystyle O}{\overset{\displaystyle \|}{C}}R' + CO_2 \uparrow$$

由上述反应可知，羧酸也会导致成品中产生气泡，但是羧酸的活性小于胺、醇、水和脲，而且聚酯多元醇的酸值一般都小于1mgKOH/g，所以在正常生产条件下聚酯分子中的少量羧基很少与羧基反应。

（6）异氰酸酯与氨基甲酸酯的反应

异氰酸酯与醇反应生成的氨基甲酸酯由于活性小，室温下几乎不与异氰酸酯反应。需在120～140℃或催化剂（如强碱）作用下才有明显的反应速率，反应生成脲基甲酸酯支链或交联键。这说明一般聚氨酯涂料的合成温度均在100℃以下，以防止生成脲基甲酸酯支化而凝胶。

$$R-NCO + \underset{\underset{R'}{|}}{\overset{\overset{H}{|}}{N}}\overset{\overset{O}{\parallel}}{C}-OR'' \longrightarrow R'-\underset{\underset{\underset{NHR}{|}}{\overset{\overset{O}{\parallel}}{C}=O}}{\overset{\overset{O}{\parallel}}{N}}-\overset{\overset{O}{\parallel}}{C}-OR''$$

（7）异氰酸酯与酰胺的反应

异氰酸酯与酰胺反应生成酰脲：

$$R-NCO + R'-\overset{\overset{O}{\parallel}}{C}-NH_2 \longrightarrow RNH\overset{\overset{O}{\parallel}}{C}-NH-\overset{\overset{O}{\parallel}}{C}R'$$

酰胺与异氰酸酯的反应活性低，一般要在100℃以上才能反应。因为酰胺基中羰基（C＝O）双键的 π 电子与氨基 N 原子的未共享电子对共轭，使 N 原子的电子云密度降低，从而减弱了酰胺的碱性，使其呈弱碱性或中性。异氰酸酯也能与取代酰胺反应形成支链或交联键。

$$R-NCO + RNH\overset{\overset{O}{\parallel}}{C}-R' \longrightarrow RNH\overset{\overset{O}{\parallel}}{C}-\underset{\underset{R}{|}}{N}-\overset{\overset{O}{\parallel}}{C}R'$$

（8）异氰酸酯与酚的反应

酚与异氰酸酯的反应与醇相似，但反应活性较低，这是因为苯基是吸电子基，降低了酚羟基氧原子的电子云密度，常需加热及叔胺等催化剂以加速反应。

$$R-NCO + Ar-OH \xrightarrow[\text{或叔胺}]{\triangle} RNH-\overset{\overset{O}{\parallel}}{C}-OAr$$

此反应为可逆反应，生成物氨基甲酸苯酯在室温是稳定的，但是加热至150℃左右时开始分解成原来的异氰酸酯和酚。此反应可用来合成封闭型异氰酸酯，常用于单组分聚氨酯黏合剂、涂料及弹性体。

（9）异氰酸酯的自加聚反应

异氰酸酯有强烈的聚合倾向，甚至在室温下就能自聚成环，生成高熔点化合物。最重要的是二异氰酸酯的二聚体、三聚体。其中最有实用价值的是 TDI 的二聚体和 TDI、HDI、IPDI 的三聚体。

① 二异氰酸酯的二聚反应　芳香族的异氰酸酯较容易自聚形成二聚体，这是因为芳香族异氰酸酯的—NCO 基反应活性大。如甲苯二异氰酸酯（TDI）即使在室温也能缓慢自聚，生成的二聚体是一种四元杂环结构，称为1,3-双（3-异氰酸酯基-4-甲基苯基）二氮杂环丁二酮，简称脲二酮。2,4-TDI 因甲基的位阻效应和电子效应，邻位—NCO 基不易发生二聚反应，而对位—NCO 基容易聚合生成二聚体。同理，2,6-TDI 室温下不能生成地聚体。在催化剂三烷基膦或叔胺作用下，二聚反应能更快进行。二聚反应是一个可逆反应。2,4-TDI 二聚体在150℃开始分解，175℃完全分解成 TDI 单体。若在三烷基膦催化剂作用下，80℃即能完全分解

（在苯溶液中）。

$$2R-NCO \Longleftrightarrow R-N \underset{}{\overset{}{\square}} N-R$$

② 二异氰酸酯的三聚反应　芳香族、脂环族及脂肪族异氰酸酯在加热和催化剂条件下都能自聚生成具有异氰脲酸酯六元杂环结构的三异氰酸酯。以 2,4-TDI 为例，三聚反应如下：

$$3R-N=C=O \longrightarrow$$

三聚反应的催化剂有三烷基膦、叔胺和碱性羧酸盐。常用的如 N,N',N''-三（二甲氨基丙基）-六氢化三嗪、2,4,6-三（二甲基氨基甲基）苯酚。三聚反应不可逆。2,4-TDI 三聚体在 $150\sim200℃$ 仍有很好的稳定性。分解温度达 $480\sim500℃$，而且在结构上形成了三个反应性官能基，不仅为聚氨酯的制备提供了支化和交联中心，而且在制备过程中形成多种耐热的化学键及基团，如异氰脲酸酯环、碳化二亚胺等，不仅耐热性高，而且阻燃性也好，多用于制备耐热性要求高的胶黏剂、涂料弹体。

（10）异氰酸酯的自缩聚反应

在有机膦催化剂及加热条件下，异氰酸酯可发生自缩聚反应，生成含有碳化二亚氨基（$-N=C=N-$）的化合物和 CO_2。

$$nOCN-R-NCO \xrightarrow[\triangle]{催化剂} OCN \text{［} R-N=C=N \text{］}_{n-1} R-NCO+ (n-1)CO_2\uparrow$$

碳化二亚胺基含有高度不饱和键，活性很大，能与多种官能基反应，如与异氰酸酯反应生成脲酮亚胺。反应式如下：

$$R-N=C=N-R'+O=C=N-R'' \longrightarrow$$

聚酯型聚氨酯中常残存着少量未反应的羧基，此外酯基水解也会生成羧酸。而羧酸是聚氨酯水解的促进剂。碳化二亚胺很容易与羧酸反应，生成酰脲，从而提高了聚氨酯的耐水解性能。碳化二亚胺有聚氨酯的一种主要的水解稳定剂。

$$R-N=C=N-R+R'-COOH \longrightarrow R-NH-\overset{O}{\underset{}{C}}-N-R$$

3.1.3.2　影响异氰酸酯反应活性的主要因素

异氰酸酯基—NCO 的化学性能应从其电子结构来分析。由于基团中的静电诱导效应，电子产生偏移，致使氧原子电子云密度最高，氮原子电子云密度次之，碳原子电子云密度最低。电子云密度最大的氧原子形成—NCO基的亲核中心，它能吸引活泼氢化合物的氢原子形成羟基。但是不饱和碳原子上的羟基不稳定，重排成为氨基甲酸酯或脲。—NCO基中的碳原子呈较强的正电性，为亲电中心，易受亲核试剂的攻击。异氰酸酯与活泼氢化合物的反应，就是活泼氢化合物分子中的亲核中心攻击—NCO基的碳原子而引起的。由此可见，异氰酸酯与活泼氢化合物的反应只能形成 N 与 C 之间的加成反应。

（1）异氰酸酯的结构对—NCO 基反应活性的影响

异氰酸酯 R—NCO 中与—NCO 基连接的烃基（R）对—NCO 反应活性的影响主要是电子诱导效应和空间位阻效应所致。—NCO 基是以亲电中心与活泼氢化合物的亲核中心配位，产生极化，导致反应进行的。所以当 R 为吸电子基（如芳环）则降低—NCO 基中 C 原子的电子云密度，从而提高了—NCO 基的反应活性；若 R 基为供电子基（如烷基），则会降低—NCO 基的反应活性。—NCO 基的反应活性按下列 R 的排列顺序递减：

$$O_2N\!-\!\!\bigcirc\!\!\gg\!\!\bigcirc\!\!>\!\!H_3C\!\!-\!\!\bigcirc\!\!>\!\!H_3CO\!\!-\!\!\bigcirc\!\!>$$

$$-CH_2\!-\!\!\bigcirc\!\!>\!\!\bigcirc\!\!> 烷基$$

由上可知，芳香族异氰酸酯的活性比脂环族及脂肪族异氰酸酯大得多。就芳香族异氰酸酯而言，苯环上引入吸电子基（如—NO$_2$ 等），会使—NCO 基中 C 原子的正电性更强，从而活性更大。反之，苯环上引入供电子基（如烷基），则使—NCO 基的活性降低。此外，苯环上取代基的空间位阻也会降低—NCO 基的活性，尤其是邻位取代的位阻效应影响更大。

二异氰酸酯中两个—NCO 基的反应活性是不同的，这是由于第一个—NCO 基反应时，另一个—NCO 基起着吸电子基作用，从而使第一个—NCO 基活性增加。这种诱导效应对于能产生共轭体系的芳香族二异氰酸酯特别明显。第一个—NCO 基反应生成氨基甲酸酯或脲后，失去了诱导效应，同时增加了位阻效应。因此第二个—NCO 基的活性大大降低。

2,4-TDI 中 4 位—NCO 基由于位阻效应很小，再加上 2 位—NCO 基的诱导效应，因此其活性比 2 位—NCO 基大得多。所以 2,4-TDI 反应 50% 后，反应速率会显著降低。但这有利于生成分子结构单一、游离二异氰酸酯比较少的端异氰酸酯基预聚物。当反应温度达到 100℃ 时，邻位和对位—NCO 基的反应速率比就不到 3 倍了。所以合成 2,4-TDI 预聚物时，反应温度的选择是至关重要的。

二异氰酸酯异构体的反应活性也是不同的。如 2,4-TDI 的反应活性比 2,6-TDI 的活性大得多。这是由于 2,6-TDI 中两个—NCO 都受到甲基位阻的结果。

（2）活泼氢化合物与异氰酸酯的反应活性

活泼氢化合物对异氰酸酯反应活性的影响主要取决于活泼氢化合物分子中

亲核中心的电子云密度和空间位阻效应。一般说来，活泼氢化合物的亲核性愈大，愈容易和异氰酸酯基中的碳原子发生反应。取代基对活泼氢化合物反应活性的影响很大，供电子基能够增加亲核反应的活性；而吸电子基会降低活泼氢化合物的亲核性，所以不同类型和结构的含氢化合物与异氰酸酯基的反应活性也不同。

① 醇（R—OH）的结构对与—NCO基反应活性的影响　由亲核反应机理可知，与—OH基连接的R基若为吸电子基，则会降低—OH基中氧原子的电子云密度，从而降低—OH基与—NCO基原反应活性。若R为供电子基，则会促进—OH基与—NCO基的反应。因此醇的结构不同，取代基所处的位置不一，使得醇的羟基活泼氢反应性不一样。

醇与异氰酸酯的反应速率顺序为：伯醇（R—CH$_2$—OH）＞仲醇（R$_2$—CH—OH）＞叔醇（R$_3$—C—OH）。其相对反应速率约为 1.0 : 0.3 : (0.03～0.07)。这是由于R基的空间位阻效应不同的缘故。

在聚醚多元醇与二异氰酸酯的反应中，若聚醚官能度相同时，平均分子量小的聚醚反应速率大。若聚醚羟基当量相同时，官能度大的聚醚反应速率大。醇醚的羟基与另一分子醇醚的氧原子有可能形成氢键，通常聚醚的羟基与异氰酸酯反应速率要比聚酯反应慢。

由于—OH基和—NCO基的反应速率与—OH基的浓度的平方成正比，所以增加—OH基的物质的量尝试能提高反应速率。双组分聚氨酯涂料在反应后期所剩羟基的浓度已很低，因此反应速度很慢，需加催化剂或提高反应温度，使之反应完全。

② 胺（R—NH$_2$）的结构对与—NCO基反应活性的影响　与羟基相似，氨基与—NCO基的反应速度受与之连接的R基的影响。若R为吸电子基，则降低氨基的反应活性。所以芳香胺的活性比脂肪胺低得多。此外，R基的位阻效应也会降低—NH$_2$基的活性。伯胺、仲胺和叔胺的反应活性之比约为 200 : 60 : 1。

最常用的芳族伯胺MOCA（3,3'-二氯基二苯甲烷），由于苯环上—NH$_2$基邻位Cl原子的空间位阻效应和电子诱导效应都使—NH$_2$基邻位没有取代基的芳胺MDA（4,4'-二氨基二苯甲烷）低得多。

③ 其他活泼氢化合物的结构对与—NCO基反应活性的影响　在聚氨酯防水材料制备过程中遇到的活泼氢化合物主要还有水、酚、脲、羧酸、酰胺、氨基甲酸酯等。它们与—NCO基反应的相对速率见表3.16所列。

由表3.17可知，活泼氢化合物与异氰酸酯的反应活性顺序如下：脂肪族伯胺＞芳香族伯胺＞伯醇＞水＞仲醇＞叔醇＞酚＞羧酸＞取代脲＞酰胺＞氨基甲酸酯。

④ 活泼氢化合物的协同效应　从表3.18可看出，MOCA与聚丙二醇并用时，不论有无催化剂，其反应活性都比单独使用时大得多，呈现出显著的协同效应，这对聚氨酯防水材料的制备很重要。

表 3.16　活泼氢化合物与苯基异氰酸酯反应的相对速率[①]

活泼氢化合物	相对反应速率	活泼氢化合物	相对反应速率
$C_6H_5—NH—\overset{\overset{O}{\|\|}}{C}—OC_4H_9$ （苯氨基甲酸丁酯）	1（氨酯）	$C_6H_5—\overset{\overset{H}{\|}}{N}—\overset{\overset{O}{\|\|}}{C}—\overset{\overset{H}{\|}}{N}C_6H_5$ （二苯脲）	80（脲）
$C_6H_5—NH—\overset{\overset{O}{\|\|}}{C}—C_3H_7$ （丁酰苯胺）	16（酰胺）	H_2O	98（水）
$C_3H_7—\overset{\overset{O}{\|\|}}{C}—OH$ （丁酸）	26（羧酸）	$C_4H_9—OH$ （丁醇）	460（伯醇）

① 反应物的物质的量比 1∶1，反应温度 80℃，溶剂二氧六环。

表 3.17　活泼氢基团与异氰酸酯的反应速率常数

活泼氢基团	反应速率常数 $K/[\times10^4 L/(mol \cdot s)]$	
	25℃	80℃
芳香胺	10～20	—
伯羟基	2～4	30
仲羟基	1	15
叔羟基	0.01	—
水	0.4	6
伯巯基	0.005	—
酚	0.01	—
脲	—	2
羧酸	—	2
苯酰胺	—	0.3
苯氨基甲酸酯	—	0.02

表 3.18　活泼氢化合物对苯异氰酸酯反应的协同效应[①]

催化剂	半衰期[②]/min			相对活性（MOCA 为 1 时）		相对活性（PPG 为 1 时）	
	MOCA	PPG-2000	混合物	PPG-2000	混合物	MOCA	混合物[③]
无	1260	1600	404	0.79	3.12	1.27	3.96
三亚乙基二胺	43	100	22	0.43	1.95	2.33	4.45
二月桂酸	600	46	36	13.04	16.67	0.08	1.28
二丁基锡	600	46	36	13.04	16.67	0.08	1.28
辛酸亚锡	70	5	4	14.00	17.50	0.07	1.25
环烷酸钴	600	31	24	19.35	25.00	0.05	1.29
环烷酸铅	240	6	5	40.00	48.00	0.03	1.20

① 反应温度 30℃，苯异氰酸酯物质的量浓度 0.01mol/L，苯异氰酸酯与活泼氢化合物的摩尔比为 1∶1，聚丙二醇 PPG-2000 的 $\overline{M}=2000$，溶剂为苯，催化剂用量为苯异氰酸酯质量的 8.4%。

② 半衰期为 —NCO 基消耗 50% 的时间。

③ 为 MOCA 和 PPG-2000 的等物质的量混合物。

（3）催化剂对—NCO基反应活性的影响

催化剂能降低反应活化能，加快反应速率，缩短反应时间，降低反应温度，控制副反应，使反应按预期的方向和速度进行。因此在聚氨酯防水材料制备过程中广泛使用催化剂。

异氰酸酯基（—N＝C＝O）具有高度的不饱和性。碳原子显示正电性，氮原子和氧原子显示负电性。在聚氨酯防水材料中最有实用价值的催化剂是叔胺类化合物有机锡化合物及非泡制品生产中使用的非锡有机金属化合物。

异氰酸酯与羟基化合物反应的催化机理是异氰酸酯或羟基化合物先与催化剂形成不稳定的络合物，然后进一步反应生成聚氨酯。对于此络合物的较公认的催化机理是基于异氰酸酯受亲核的催化剂进攻，生成中间络合物，再与羟基化合物反应生成氨基甲酸酯。

一般来说，碱性愈大，位阻愈小，叔胺对异氰酸酯与活泼氢化合物反应的催化能力愈强；反之愈弱。叔胺对—NCO/H_2O反应的催化活性通常比对—NCO/仲—OH反应的催化活性大，所以叔胺多用于制备聚氨酯泡沫制品。

通常有机金属化合物对—NCO/—OH反应的催化活性比—NCO/H_2O反应的催化活性大，尤其是乙酸苯汞、辛酸铅等非锡有机金属化合物更为显著，多用于制备非发泡聚氨酯制品。

催化剂对不同的二异氰酸酯与羟基化合物反应的催化活性是不同的。叔胺对脂肪族异氰酸酯与多元醇反应的催化活性较差，而有机金属化合物对芳香族及脂肪族异氰酸酯的催化活性更高。聚氨酯防水材料通常采用芳香族异氰酸酯，如 TDI、MDI 和 PAPI，故其催化剂多选用叔胺和有机金属化合物。

叔胺对—NCO基与—OH基、水、—NH_2基的反应均有强烈的催化作用。但相对而言，对—NCO/—OH反应的催化作用要小一些，不如有机金属化合物的效果好。所以叔胺常与有机锡等有机金属化合物并用，以调节诸反应的平衡。叔胺用量一般为 0.1％～1％。有机锡对—NCO/—OH反应有很好的催化效果。但有机锡残留在聚氨酯产品中有促进水解和热老化的作用，其用量和使用范围应加以考虑。有机锡的用量一般为 0.01％～1％。有机汞、铅、锌、钴等非锡有机金属化合物对扩链和交联均有良好的催化效果，且有较长的诱导期，掺和性好，固化快，对水不敏感，还能提高聚氨酯的耐热性能，多用于制备聚氨酯非泡制品。但有机汞和铅的毒性大，采用时应注意。催化活性还随反应温度的升高或降低而增加或减小。为了控制合适的反应速率，可根据环境温度的高低，调节催化剂用量。

（4）溶剂对—NCO基反应活性的影响

溶剂对—NCO基反应速率的影响一般是随溶剂的极性和溶剂与醇形成氢键能力的增加而下降。这是因为溶剂的极性愈大，愈易与羟基形成氢键而发生缔合，从而减慢了醇与异氰酸酯的反应速度。因此，在溶剂型聚氨酯产品制备中，采用芳烃类溶剂如甲苯、二甲苯等，比在酯类、酮类溶剂中反应快。在溶剂型双组分聚氨酯涂料或胶黏剂的制备中，欲得到高相对分子质量的多元醇时，可先让二异氰酸酯与低聚物二醇液体在加热情况下本体聚合。当黏度增大到一定程度，搅拌困难时，才加适量氨酯级溶剂稀释，降低黏度，以便继续均匀进行反应。

(5) 温度对—NCO 基反应活性的影响

通常随温度的升高，异氰酸酯与活泼氢化合物的反应速率也增加。当反应温度在 140℃附近时，各种反应的速率常数接近相等。有利于交联键的形成。但是温度再升高，则生成的氨基甲酸酯，脲基甲酸酯及缩二脲不很稳定，会分解。反应温度不同，其生成物的结构也有所不同、因此要获得质量稳定的产品，需要控制一定的反应温度范围。通常使用三个温度范围：①室温至 50℃，用于一步法和简单的浇注工艺；②50～90℃，用于合成预聚体和半预聚体；③高于 120℃，用于线型聚氨酯的合成。

3.1.4　油性聚氨酯防水涂料

3.1.4.1　焦油型聚氨酯防水涂料

焦油型聚氨酯防水涂料是由聚氨酯预聚体和煤焦油及聚醇或胺类为主要成分的防水涂料。在聚氨酯防水涂料中加入煤焦油可以降低涂料成本，同时可以有效防止惰性填料（如滑石粉、轻质碳酸钙）快速沉降，保持固化组分的均匀性，有效地保证主剂与固化剂之间的充分反应，具有良好的施工操作性能。煤焦油中含有 0.3%～2%的活性氢化合物，与异氰酸酯反应固化速度较快，涂膜早期强度好，固化后的涂膜抗水能力强，同时它的韧性优良，在外部应力作用下不易被破坏。但是，煤焦油会由于各地煤质、干馏工艺条件等因素的不同，在组成上产生一定的波动，对其性能会产生一些不良影响。最主要的是煤焦油含有苯环，会产生难闻气味，对环境及施工人员健康有一定影响。

焦油型聚氨酯防水涂料根据制造工艺不同可分为双组分型和单组分型。

(1) 双组分焦油型聚氨酯

① 主要原材料　聚醚多元醇采用聚氧化丙烯二醇（N-220）和聚氧化丙烯三醇（N-330）。异氰酸酯是 80/20 甲苯二异氰酸酯，为了调节聚氨酯防水涂料的性能，也可用 TDI 和 PAPI 的混合物。交联剂可用醇和胺类，一般均用 MOCA、甲苯二胺、二乙基甲苯二胺（液体）等。催化剂常用二月桂酸二丁基锡等。填料分活性填料（煤焦油、含活性氢化物 0.3%～2%）和惰性填料（滑石粉、碳酸钙等），其中加入一定量的膨润土可抑制固化剂组分分层现象。稀释剂常用的是甲苯，用量不超过聚氨酯防水涂料总量的 5%。

② 制造工艺　预聚体（甲料）的制造过程：将聚醚多元醇经脱水，其含水量低于 0.5%，然后与多异氰酸酯混合，加入缓凝剂，在聚合釜中反应，反应温度为 60～65℃，反应时间 2～2.5h，最后生成相对分子质量为 15000～20000 的预聚体液体。

固化剂（乙料）的制造过程：煤焦油经脱水后，与烘干的填料一起加入搅拌罐中，同时加入交联剂和稀释剂等各种助剂，经反应后，生成固化剂。

③ 配方

a. 主剂（预聚体）配方：聚氧化丙烯二醇（N-220） 100～400 份，（80/20）TDI 50～80 份；聚氧化丙烯三醇（N-330） 100～400 份，PAPI 10～30 份。

固化剂配方：煤焦油 200～400 份，防老剂 0.4～0.8 份，交联剂 8～12 份，增塑剂 5～10 份，填料 300～600 份，稀释剂 20～40 份，催化剂 0.3～0.5 份。

主剂与固化剂按一定的比例混合制得聚氨酯防水涂料，其性能如下：拉伸强度 3.36MPa；伸长率 501%；低温柔性，35℃无裂纹；不透水性，0.3MPa、30min 不渗漏；固含量 96%。

b. 预聚体（主剂）：聚氧化丙烯二醇（羟值 56mgKOH/g） 200 份，甲苯二异氰酸酯 26.2 份。

固化剂（乙料）：焦油沥青（软化点 50℃） 35 份，交联剂 5 份，氢氧化镁 10 份

将主剂与固化剂按 1∶2.5 比例混合后，在基层上涂 1～3mm 厚的涂层。这种含焦油的聚氨酯防水涂料有很好的延伸性，在混凝土表面上形成防水层，能防止混凝土龟裂漏水问题。

c. 主剂（预聚体）的制备：称取 17.85kg 甲苯二异氰酸酯、12kg 聚氧化丙烯三醇、9.10kg 聚氧化丙烯二醇以及 2.5kg 邻苯二甲酸二丁酯加入到反应釜中，搅拌升温 75℃，第二次加入 15kg 聚氧化丙烯二醇以及 13.55kg 邻苯二甲酸二丁酯，加热升温至 85℃反应 1h 后，出料制得 100kg 主剂。

固化剂的制备：称取高温脱水的煤焦油 142kg 加入反应釜中，升温 142℃，直至无水泡逸出为止，然后将釜内温度降至 100℃加入 8kg MOCA，继续降温至 80℃，加入 50kg 次苯残渣油，搅拌均匀后出料，制得 200kg 固化剂。

按主剂∶固化剂＝1∶2（质量比）配比混合，制成涂料，可进行现场施工，该涂料适用于屋面、地下和地面建筑的防水以及接缝防腐等用途。该涂料与基层粘接强度强，能达到 1.02MPa 以上，且耐温性能优异。

d. 甲料（主剂）：聚醚多元醇 300 份，稀释剂 100 份，TPI（80/20） 100 份。

乙料（固化剂）：煤焦油 500～600 份，填料 200～400 份，交联剂 50～100 份，稀释剂 50～100 份

将主剂与固化剂按 1∶（1.5～2.0）混合后，涂布在基层上，能起到良好的防水作用。将 2mol 聚氧化丙烯三醇（羟值为 84mgKOH/g）、1mol 聚氧化丙烯二醇

（羟值为 112mgKOH/g）与 8mol 2,4-甲苯二异氰酸反应制得预聚体（主剂），用二甲苯配成 50％的溶液。将以上制得的预聚体 100 份与 20 份铝粉进行混合，制得含铝粉的涂料，涂布到焦油聚氨酯防水层上，便形成银白色的保护涂膜。

（2）单组分焦油型聚氨酯防水材料

单组分焦油聚氨酯防水材料的原理是将二异氰酸酯与聚醚多元醇制成端基为异氰酸酯基（—NCO）的预聚体，使用时在空气中吸收水汽固化成膜。

① 常用的几种原料

a. 复合催化剂　可采用美国进口 COSCAT83 催化剂，其对羟基与异氰酸酯的反应有很高的选择性，具有反应温和和低毒性能，与叔胺类催化剂复配，效果更好。

b. 封闭剂　焦油组分复杂，其中酚羟基等活性基团要消耗掉—NCO 基团，因此用封闭剂使焦油变成相对稳定的"半活性"填料。封闭剂的用量要控制好，用量偏多会使物料活性太低，施工固化慢；封闭剂用量少影响贮存期，甚至在合成时出现凝胶。

c. 除水剂　除水剂可选用德国进口 PTSI，其选择性极强，能优先与物料中水充分反应，保证产品有足够贮存期，也可以与原酸酯混用。

② 制造工艺　将聚醚、TDI 和稳定剂混合反应制成预聚体，利用除水剂将焦油脱水，并加入封闭剂、助剂和填料反应制成半成品，在复合催化剂和防老剂、紫外线吸收剂的作用下，制成成品，最后进行包装即可。

③ 配方　含聚氧化丙烯三醇（TEP-3033）和聚氧化丙烯二醇（Tdiol-2000）的混合聚醚　100～500 份，固体填料　20～100 份，煤焦油　200～1000 份，稳定剂　0.01～1 份，复合催化剂　0.1～5 份，紫外线吸收剂（UV-9）　0.3～8 份，TDI　50～300 份，除水剂（甲苯磺酰基异氰酸酯）　0.1～10 份，封闭剂　1～5份，防老剂（BHT）　0.1～4 份，其他助剂　10～100 份。

④ 性能　单组分焦油型聚氨酯防水材料的性能见表 3.19 所列。

表 3.19　单组分焦油型聚氨酯防水材料的性能

项　目	指　标	项　目	指　标
固含量/%	＞95	不透水性(0.3MPa,30min)	合格
拉伸强度/MPa	＞2.45	低温柔性(−30℃)	合格
伸长率/%	＞550	贮存期(25℃以下)	半年

（3）焦油型聚氨酯防水涂料存在的问题

焦油型聚氨酯防水涂料中，由于焦油的加入而降低了价格，为我国防水事业做出了一定贡献。但煤焦油使用时只是按一定的配合比和预聚物混合，产品性能难以稳定，质量指标偏低。而且焦油中含有有毒物质，在使用过程中有较大的气味，污染环境和危害人体健康。因此，近年来焦油型聚氨酯防水涂料已呈淘汰趋势。

3.1.4.2 沥青型聚氨酯防水涂料

用石油沥青代替焦油制备出的聚氨酯防水涂料称为沥青聚氨酯防水涂料。由于沥青有气味低微、憎水、防老化等性能，理论上代替焦油有很多优越性，但石油沥青主要是由天然沥青质、芳香烃、脂肪烃以及硫、氧、氮等杂环化合物组成，其组成中不含带活泼氢的基团，本身不与聚氨酯预聚体发生反应，在涂料中只起填料的作用。

(1) 沥青型聚氨酯防水涂料的优点

① 气味低微　由于石油沥青气味极其轻微，当它混入乙料中，不会增加任何气味。

② 由于沥青具有较好的憎水性，沥青的加入可有效地提高涂层的防水性。

③ 沥青的加入增加了乙料的黏度，可以在一定程度上抑制乙料中无机填料的沉降。

④ 因为沥青不是活性填料，所以甲乙料混合后黏度基本上保持不变，且触变指数易控制适中，从而确保其流平性好，施工时可不加溶剂或少加溶剂，同时可以减少因溶剂挥发造成的环境污染及多加溶剂造成的固化缓慢。

⑤ 沥青的冷脆性较好，因此沥青基聚氨酯涂料的乙料在温度较低时仍能流动，即可以冬季施工。

⑥ 沥青的引入，需加入一些助溶剂和改性剂，可改善其表面张力，使机械搅拌时产生的气泡少，涂膜致密度提高。

(2) 主要原料

沥青聚氨酯防水涂料的甲组分为预聚体，是以聚醚多元醇与二异氰酸酯反应制得，与双组分焦油聚氨酯防水涂料相比，甲组分所用原料基本相同。乙组分（固化剂）大致由沥青、溶剂（甲苯、二甲苯、石油溶剂油、醋酸乙酯等）、助溶剂（洗油、蒽油、古马隆、重芳烃等）、聚醚、MOCA、增塑剂等搅拌混合而成。沥青只能用低蜡基原油生产的直馏沥青，并且要严格控制沥青的针入度、软化点，控制施工时溶剂的加入量，才能保证质量。聚醚应选择大分子量的。

(3) 制造工艺

预聚体（甲料）的制造过程：将聚醚多元醇脱水，与多异氰酸酯混合，并加入缓凝剂，在聚合釜中进行反应，即可制成预聚体。

固化剂（乙料）的制造过程：将沥青和填料脱水、烘干，与交联剂和稀释剂混合加入搅拌罐中进行反应，生成固化剂。

(4) 配方

① A组分：聚醚 N330　100kg，TDI（80/20）　48kg，聚醚 N220　200kg，MR　13kg，合计：361kg。B组分：石油沥青100#　205kg，DBP　56kg，辅助

溶剂 264kg，CaCO₃ 100kg，膨润土 40kg，MOCA 3kg，助剂 2kg，催化剂 3kg，增溶剂 3.5kg。

② A组分：PPG-MDI预聚体 25kg。B组分：沥青 25kg，2,3-二苄基甲苯 2.2kg，BUFC树脂 25kg，聚合MDI 3kg。

(5) 沥青型聚氨酯防水涂料存在的问题

沥青型聚氨酯防水涂料的原材料TDI、MOCA在生产及使用过程中都有较大毒性，而且聚氨酯预聚体本身游离TDI的含量相当高，使得其成为环保产品值得商榷。另外其防水性能不如焦油型聚氨酯，以及其在组成、掺量、掺和方式、涂膜结构、长期性能等诸多问题，认识难以统一，影响其发展。

(6) 双组分焦油型与双组分沥青型聚氨酯防水涂料的区别

双组分焦油型聚氨酯防水涂料与双组分沥青型聚氨酯防水涂料由于外观颜色等相似，成分复杂，定量分析难度大，但采用物理方法和化学方法可进行区分，其中前者从气味、凝固点、加热收集小分子蒸发物和燃烧等方面着手，后者采用溶剂溶解法和观察混配时初期黏度变化的方法来区分。

① 气味

a. 焦油型 有严重的刺激性气味，涂膜有臭味。

b. 沥青型 仅有轻微气味或无味，涂膜无明显气味。

② 凝固点

a. 焦油型 取乙料（不加溶剂）放入0℃冰箱中恒温一定时间后，失去流动性。

b. 沥青型 乙料在0℃下恒温一定时间后，仍具有一定的流动性。

③ 加热收集小分子蒸出物的比较

a. 焦油型 乙料加热至120℃（需隔火加热）时，有挥发物质，用干纸（玻璃板）收集可得到有淡黄绿色结晶物（蒽、萘等升华物）。

b. 沥青型 乙料加热至120℃时，有少量的烟生成，用干纸（玻璃板）收集无明显的结晶物出现。

④ 涂膜燃烧法

a. 焦油型 将成型好的涂膜点燃，有刺激性气味，产生浓的黑烟并夹有黑色絮状物生成，且燃烧迅速。

b. 沥青型 将成型的涂膜点燃，有松香味或轻微气味，产生少量黑烟，燃烧速度慢，离开火源不燃。

⑤ 溶剂溶解法

a. 焦油型 用溶剂二甲苯浸泡涂膜（或溶解少量的乙料），显黑绿色；用白色纸条浸入溶液中片刻，取出、晾干，有明显的黄色印记（有蒽、萘析出）。

b. 沥青型 用溶剂二甲苯浸泡涂膜（或溶解少量的乙料），显黑色或略带蓝色；用白色纸条浸入溶液中片刻，取出、晾干，无明显的印记。

⑥ 混配法

a. 焦油型 甲乙料按比例混配时，初期黏度增大，即搅拌时有增稠现象。

b. 沥青型 甲乙料按比例混配时，黏度基本不变，无增稠现象。

通过上述六种方法基本能定性判断焦油型与沥青型聚氨酯防水涂料。

3.1.4.3 聚醚型聚氨酯防水涂料

聚醚型聚氨酯防水涂料也称纯聚氨酯型防水材料，基剂与固化剂双组分分别包装，现场施工时按比例配制后使用。固化剂、交联剂一般都使用多元醇，有时也使用芳香多胺类。基剂仍是一般预聚体，由多元醇与异氰酸酯反应后制成。聚醚聚聚氨酯防水材料一般又分为炭黑聚氨酯型与有色聚氨酯型两类。有色聚氨酯型主要是固化剂组分内再掺进除炭黑以外的无色填料、改性剂和颜料制成，一般有色聚氨酯除可作防水材料使用外，还可当作地板材料使用。

（1）聚醚型聚氨酯防水涂料的特点

① 聚醚型防水材料的优点 弹性良好，撕裂强度较大；老化后物理性质变化少；反应速度容易控制。

② 聚醚型防水材料的缺点 黏度较高，比焦油型聚氨酯防水材料施工难度大；容易受水分的影响。

（2）双组分聚醚聚氨酯防水涂料

① 原料 无焦油防水材料的配方因用途、施工条件的不同而有变化，但基本原料的组成大致相同，仅在配方中占的比例有所差异。

a. 无焦油防水材料的基剂是预聚体，一般采用环氧丙烷聚醚或共聚醚，最好是采用二官能团与三官能团的混合聚醚。异氰酸酯仍采用 TDI 或 MDI，游离异氰酸酯基控制在 $3\% \sim 4\%$。

b. 多元醇交联系用三官能团以上的聚醚或三羟甲基丙烷之类的多元醇，在固化剂组分中通常也是同二官能团聚醚混用。使用三官能团聚醚与用二官能团聚醚相比制成的防水材料，其伸长率降低，但硬度、拉伸强度提高，反应速度增加。因此，依据防水材料的物理性能的要求，在配方中要适当调整二官能团与三官能团聚醚的比例，一般选择聚醚的相对分子质量为 $1200 \sim 5000$。在实际配方中有时还采用醇与胺合用的交联方法，制得物理性能优良的无焦油防水材料。

c. 有色聚氨酯防水材料一般采用胺交联，其交联剂主要是固体 MOCA 或液体 MOCA，与多元醇交联比较，其硬度、拉伸强度、撕裂强度均可提高，不发黏时间也要延长，为缩短固化时间，可添加亚甲基二苯胺（MDA）。另外采用胺交联，其防水材料的耐热性能会有所提高。

d. 在固化剂组分中预先添加催化剂，常用的催化剂为 2-乙基己酸铅（亦称辛酸铅）、醋酸苯汞、丙酸苯汞、二月桂酸二丁基锡等，其添加量为多元醇的 $1\% \sim 5\%$。

e. 无焦油防水材料中都添加一定数量的填料，添加炭黑、二氧化硅可使防水材料的拉伸强度、撕裂强度提高。但黏度也要增加，可添加植物油、石油树脂、白焦油等进行稀释，以便于防水材料的施工。炭黑的规格：碘吸收量为 20～35mg/g、油吸收量为 20～70mL/100g 最好。采用含水硅酸镁填料（SiO_2 40％～65％，MgO 30％～40％，Al_2O_3 3％，$H_2O<11$％）制得防水材料也具有良好的物理与施工性能。着色剂采用无机类颜料为最好，如用有机类则要求不能与预聚体中游离异氰酸酯基起反应。配方中添加氧化钙或氢氧化钙可吸收填料与空气中的水分反应生成的二氧化碳，从而可消除防水材料施工时产生的气泡。

f. 多元醇交联的防水材料其耐热性能较差，一般都添加烷基苯酚类、硫脲类、苯并咪唑类等热稳定剂，例如防老剂 264、防老剂 1010，最好与 UV-327 等紫外线吸收剂合用效果更好，另外在聚醚多元醇中增加氧化乙烯链段（—OCH_2CH_2—）也能提高防水材料的耐热性能。

② 制造工艺　预聚体（甲料）的制造方法：将脱水的聚醚多元醇与多异氰酸酯混合，并加入缓凝剂，在聚合釜中进行反应后，即可制得预聚体。

固化剂（乙料）的制造制法：将聚醚、填料等脱水、烘干，混合加入搅拌罐中，并在混合物中加入交联剂和稀释剂，经反应后，即可得到固化剂。

③ 配方（质量份）

a. 甲料：炭黑　50 份，预聚体　100 份（聚醚-TDI 制成）。

乙料：硅酸镁（$MgSiO_3$ 62％，MgO 32％，H_2O 6％）　60 份，环氧丙烷甘油聚醚　100 份。

甲料：乙料＝1∶1 混合。

b. 甲料（预聚体）：聚氧化丙烯三醇（相对分子质量 4000）　480 份，聚氧化丙烯二醇（相对分子质量 2000）326 份，聚氧化丙烯一醇（相对分子质量 1000）　84 份，双酚 A-氧化丙烯加成物　34 份，TDI　174 份。乙料（固化剂）：石油树脂与操作油的软树脂　25 份，Urex17　125 份，水　10 份，水泥　15 份，熟石灰[$Ca(OH)_2$]　5 份，钛白粉（TiO_2）10 份，滑石粉　10 份，炭黑粉　0.2 份，分散剂　0.2 份。甲料：乙料按 1∶1 的比例混合。

c. 甲料：聚醚-TDI 预聚体（游离异氰酸酯基含量为 3.7％）　100 份。乙料：聚醚（羟值为 35mgKOH/g）　100 份，轻质碳酸钙　40 份，炭黑（碘吸收量为 25mg/g，油吸收量为 26mL/100g）　60 份。甲料：乙料按 1∶1 的比例混合

(3) 单组分聚醚型聚氨酯防水涂料

单组分聚醚型聚氨酯防水涂料与双组分聚醚型防水涂料相比，省去了施工前的配料工序，使用操作方便。含异氰酸酯基（—NCO）为端基的预聚体通过与空气中的湿气反应而固化成膜。由于预聚体黏度适中，因而无需用有机溶剂稀释，它可以在相对湿度 90％的条件下施工。因此单组分聚醚型聚氨酯防水涂料施工方便、无公害，有利于环保，价格合理，是聚氨酯防水涂料的发展方向。

① 配方（质量份） 聚氧化丙烯二醇（N-220） 330份，聚氧化丙烯三醇（N-330） 37份，TDI（80/20） 166.7份，触变剂（硅类） 3.5份，催化剂（锡类） 2.0份，填料 240份，消泡剂（进口） 4份。

② 制备工艺 将混合聚醚和催化剂加入反应器中，预热至50℃，逐步加入TDI，反应温度保持在70℃左右，反应1.5h后制得预聚体，加入助剂、填料（烘干），搅拌均匀后出料包装。

③ 产品技术指标 外观为乳白色黏稠液，固含量100%，黏度（20℃）15400mPa·s，—NCO含量4.0%～4.5%，贮存期6个月。涂膜的物理力学性能：拉伸强度3.6MPa，撕裂伸长率845%，低温柔性—30℃无裂纹，不透水性（0.3MPa、30min）不透水。

单组分聚氨酯防水涂料的关键技术是贮存稳定性。填料含有一定量的水分，与异氰酸酯基反应会降低体系的稳定性，因此填料需在高温下烘干4h除去水分。另外，填料密度高于胶料密度时也会降低涂料的稳定性，因为密度大的填料缓慢下沉。解决的办法是使用超细的填料及液体触变剂。超细填料密度小，并起到增稠的效果；触变剂能有效地改善填料和预聚体界面接合，提高体系的稳定性。

3.1.5 水性聚氨酯防水涂料

水性聚氨酯涂料是指聚氨酯溶于水或分散于水中而形成的涂料。由于其是一种无毒、不燃、不污染空气和水源并有利于保护生态环境的新型涂料，已经成为目前研究、开发的重点。

3.1.5.1 水性聚氨酯的分类和特性

水性聚氨酯涂料大体包括水溶性型聚氨酯树脂涂料、水乳化型聚氨酯树脂涂料、悬浮液型聚氨酯树脂涂料三类；水性聚氨酯涂料根据聚氨酯分子侧链或主链上是否有离子基团，可分为阴离子型、阳离子型、非离子型及混合型；按主要低聚物多元醇的类型可分为聚醚型、聚酯型以及聚烯烃型；按异氰酸酯的类型可分为芳香族异氰酸酯型、脂肪族异氰酸酯型、环脂族异氰酸酯型。

水性聚氨酯涂料是一种低污染、省资源、节约能源的新型聚氨酯树脂涂料，水性聚氨酯分子内部含有强亲水性的基团，能溶解于水或均一地分散在水中形成乳液。因此，水性聚氨酯涂料除具有油溶性聚氨酯涂料的一般性能外，还具有以下特性。

① 大多数水性聚氨酯无溶剂、无臭味、无污染，具有不燃、成本低等优点。

② 大多数水性聚氨酯中不含—NCO基团，主要是靠分子内极性基团产生内聚力和黏附力，水分挥发后固化。水性聚氨酯中含羧基、羟基等基团，也可以引入其他反应性基团，适宜条件下可参与反应，使涂料产生固化交联。

③ 影响水性聚氨酯黏度的因素除了外加高分子增稠剂外，还有乳液粒径、离子电荷及核壳结构等。聚合物分子上的离子及反应粒子（指溶液中的与聚氨酯主

链、侧链中所含的离子基团相反的自由离子）越多，黏度越大；而固含量（树脂质量分数）、聚氨酯树脂的分子量等影响溶剂型聚氨酯树脂黏度的因素对水性聚氨酯黏度的影响并不明显。固体含量欺上相同时，水性聚氨酯的黏度较溶剂型聚氨酯小。

④ 水的挥发比有机溶剂差，故水性聚氨酯涂料干性较慢，并且水的表面张力大，对表面疏水性的基材的润湿能力差。

⑤ 水性聚氨酯可与多种水性树脂混合，以改进性能或降低成本。此时应注意离子性水性胶的离子性质和酸碱性，否则可能引起凝聚。因受到聚合物间的相容性或在某些溶剂中的溶解性的影响，溶剂性聚氨酯只能与为数有限的其他树脂共混。

⑥ 水性聚氨酯涂料气味小，可用水稀释，使用方便，易于清理。且水性聚氨酯涂膜耐磨、高光泽、高弹性、粘接力强。

3.1.5.2　水性聚氨酯制备用原料

水性聚氨酯涂料所有的原料有多异氰酸酯、多元醇、扩链剂、成盐剂、乳化剂、溶剂、水等。

(1) 多异氰酸酯

制备聚氨酯乳液常用的二异氰酸酯有 TDI、MDI 等芳香族二异氰酸酯以及 IP-DI、HDI、HMDI 等脂肪族、脂环族二异氰酸酯。由脂肪族或脂环族二异氰酸酯制成的聚氨酯，耐水解性比芳香族二异氰酸酯制成的聚氨酯好，因此水性聚氨酯产品的贮存稳定性好。

(2) 多元醇

水性聚氨酯涂料制备中常用的多元醇，以聚酯二醇、聚醚二醇居多，有时还使用聚醚三醇、低支化度聚酯多元醇、聚碳酸酯二醇等。由于聚醚型聚氨酯低温柔顺性好，耐水性较好，而且常用的聚氧化丙烯二醇的价格较低，大多数流水性聚氨酯开发均以此为原料。由聚四氢呋喃醚二醇制得的聚氨酯机械强度及耐水性均较好，但因价格较高，限制了它的应用。

(3) 扩链剂

在水性聚氨酯制备中，需使用扩链剂，其中可引入离子基团的亲水性扩链剂尤为重要。这种扩链剂中常会有羟基、磺酸基及仲胺基等，当结合到聚氨酯分子中时，可使聚氨酯链段上带有能被离子化的功能性基团。

① 羟酸型扩链剂　羟酸型扩链剂主要有二羟甲基丙酸、二羟基半酯等多种。

二羟甲基丙酸，简称 DMPA，全称 2,2-二羟甲基丙酸，是聚氨酯乳液常用的一种亲水生扩链剂，该制品为白色结晶，熔点较高，贮存稳定，相对分子质量为 134。

二羟基半酯，半酯系由醇与二元酸酐反应的产物，一般醇与酸酐摩尔比为1：1，酸酐的一个羟基被酯化，而保留一个羧基。用于聚氨酯乳液的半酯类扩链剂制备中，所用的醇类化合物一般为低分子三元醇，如甘油、低分子量聚醚三元醇，使其生成含羧基的二羧基化合物。三元醇的相对分子质量选择在 100～2000 之间。用于制备半酯的酸酐有顺丁烯二酸酐、邻苯二甲酸酐、丁二酸酐、戊二酸酐等。

半酯化反应为：

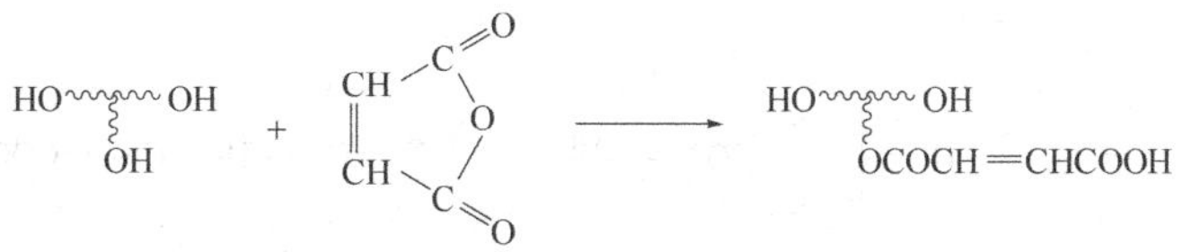

② 阳离子型扩链剂　含叔胺基的二羟基化合物是一种常用的阳离子型聚氨酯乳液扩链剂，通过季铵化反应或用酸中和链段中的叔胺生成季铵离子，具有亲水作用。其中以 N-甲基二乙醇胺最常用。二亚乙基三胺与环氧氯丙烷的反应产物也是一种特殊的阳离子型扩链剂。

③ 磺酸盐扩链剂　乙二胺基乙磺酸钠、1,4-丁二醇-2-磺酸钠及基衍生物等，可用作磺酸型水性聚氨酯的扩链剂。1,4-丁二醇-2-磺酸钠由 2-烯-1,4-丁二醇与亚硫酸氢钠加成而得。同样，2-烯-1,4-丁二醇的氧化乙烯或氧化丙烯缩聚物与亚硫酸氢钠的加成物也可用作扩链剂。

④ 其他扩链剂　除了上述三类亲水性扩链剂外，经常使用的扩链剂还有 1,4-丁二醇、乙二醇、一缩乙二醇、己二醇、乙二胺、二乙烯三胺等。由于胺与异氰酸酯的反应活性比水高，可将二胺扩链剂混合于水中或制成酮亚胺，在乳液水分散的同时进行扩链反应。

（4）成盐剂

所有谓成盐剂，已经能够形成离子基团的化合物。成盐剂是一种能与羧基、磺酸基团、叔氨基、脲基等基团反应，生成聚合物的盐（生成离子基团）的化合物。阴离子型聚氨酯乳液常见的成盐剂有氢氧化钠、氨水、三乙胺，其成盐反应式如下：

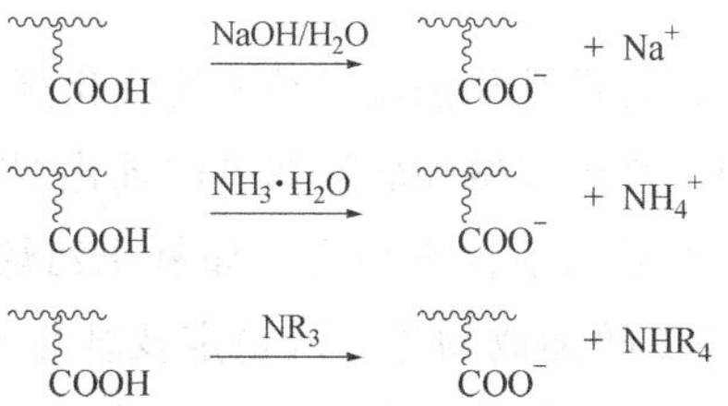

聚氨酯乳液的成盐剂有 HCl、CH_3COOH 等酸及 CH_3I、$(CH_3)_2SO_4$、环氧氯丙烷等烷基化试剂。成盐反应如下：

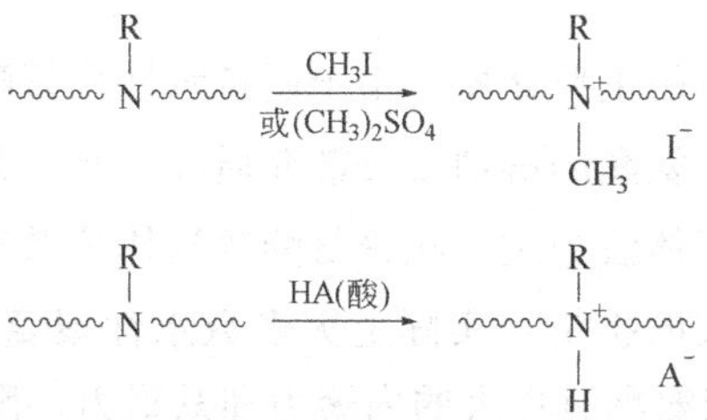

脲基与环状内酯、磺内酯、酸酐在碱性条件下反应时，能在聚氨酯链中接上磺酸盐基团或羟基，还可以通过磺甲基化反应或者氨甲基化的作用，制得带有离子基团的聚氨酯，其反应如下：

$$\text{NH} + \text{(酸酐)} \xrightarrow{\text{KOH}} \text{N}-\text{C}-\text{CH}_2-\text{CH}_2-\text{COO}^-\text{K}^+$$

$$-\text{NH}-\text{C}-\text{NH}- + \text{(磺内酯)} \xrightarrow{\text{HEt}_3} -\text{NH}-\text{C}-\text{N}-(\text{CH}_2)_3-\text{SO}_3^-{}^+\text{NHEt}_3$$

$$-\text{NH}-\text{C}-\text{NH}- \xrightarrow{\text{HCHO, NaHSO}_3} -\text{NH}-\text{C}-\text{N}-\text{CH}_2-\text{SO}_3^-\text{Na}$$

(5) 溶剂

在聚氨酯乳液制备过程中，有时预聚物黏度较大，难以搅拌，而预聚物在水中的乳化需剧烈地搅拌，黏度低有利于搅拌。提高温度可使聚氨酯预聚物黏度降低，但在高温条件下乳化，得不到稳定的微细粒乳液。为了利于预聚物的分散可加入适量的有机溶剂。主要采用丙酮、甲乙酮、二氧六环、N,N-二甲基甲酰胺、N-甲基吡咯烷酮等水溶性或亲水性有机溶剂和甲苯等憎水性溶剂，最常用的是丙酮和甲乙酮。

(6) 乳化剂

聚氨酯乳液的制备中，采用乳化法就必须使用乳化剂，在高剪切力下将聚氨酯或预聚体溶液分散于水中，用于聚氨酯乳液制备的乳化剂有非离子型、阴离子型和阳离子型等。而以非离子型表面活性剂为主，如氧化乙烯-氧化丙烯共聚物，双酚A-环氧氯丙烷-聚氧化乙烯二醇加成物等。从稳定及乳化剂残留影响考虑，其相对分子质量以1万～2万为宜，聚氧化乙烯（PEO）含量在60％以上，末端可为羟基，可与NCO基团反应。

(7) 水

水是水性聚氨酯涂料的主要介质，用于制备水性聚氨酯涂料的水一般是蒸馏水或去离子水。除了用作聚氨酯的溶剂或分散介质外，水还是重要的反应性原料，合成水性聚氨酯目前以预聚体法为主，在聚氨酯预聚体分散于水中的同时，水也参与扩链反应。由于水或二胺的扩链，实际上大多数水性聚氨酯是聚氨酯-脲乳液（分散液），聚氨酯-脲比纯聚氨酯有更大的内聚力和黏附力，脲键的耐水性比氨酯键好得多。

3.1.5.3　水性聚氨酯的制备

聚氨酯的水性化主要是通过乳化剂或聚氨酯高分子链上引入亲水基，所生成的聚合物主链上含有氨酯键的多重结构单元。由于聚氨酯树脂是疏水性树脂，临界表面张力为 $29 \times 10^{-5} N/cm$（20℃），不能直接溶解或分散在水中，更何况异氰酸酯是一类疏水性的和具有很高反应活性的化合物，—NCO 基团很容易和含活泼氢化合物发生亲核加成聚合反应，特别是与水反应生成脲，现时放出 CO_2 气体。对于如何将这种极易与水反应的化合物，转变成以水为介质的并具有稳定的满意性能的水性化的聚氨酯，其制备工艺与设备都有特殊的要求，水性聚氨酯的制备方法如下。

（1）外乳化法

外乳化法是以二异氰酸酯与聚酯（或聚醚）进行化学反应制成预聚体，以二元胺（或醇）进行扩链，制成聚氨酯溶液，添加乳化剂，在高剪切力的乳化设备中，用机械力进行乳化使其分散于水中而制得聚氨酯乳液。这种方法又叫做强制乳化法。产品粒径较大，一般大于 $1\mu m$。

预聚物的黏度越低，越易于乳化，分散所需的能量也愈低。但分散的稳定性却随分子量的增加而增加，加入少量的可溶于水的有机溶剂易于聚氨酯的乳化。在乳化剂的存在下，将预聚体和水混合，将它冷却到50℃左右，然后在均化器中使其分散成乳液。在大多数情况下，常将这种乳液和二胺扩链剂反应，以形成分子量更高的聚氨酯-聚脲乳液，反应如下：

$$
\text{HO}\sim\text{R}\sim\text{OH} + 2\text{OCN}\sim\text{R}'\sim\text{NCO} \longrightarrow
$$

$$
\text{OCN}\sim\text{R}'\sim\text{NHC}\overset{O}{-}\text{O}-\text{R}-\text{OCNH}-\text{R}'-\text{NCO}\sim\text{NCO} +
$$

$$
\text{H}_2\text{N}-\text{R}''-\text{NH}_2 + \text{OCN}\sim \longrightarrow \text{OCN}\sim\text{NHCNH}-\text{R}''-\text{NHCNH}\sim\text{NCO}
$$

这种聚氨酯乳液中的大部分—NCO 基仍保留相当长时间的稳定性，在低温时，用脂肪族二异氰酸酯预聚物可获得最佳效果。采用此法制备聚氨酯乳液的关键之一是选择合适的乳化剂，最常用的乳化剂有十二烷基硫酸钠、季铵盐类及磺丙酯等阴离子表面活性剂以及苯酚氧化乙烯、苯酚氧化丙烯等非离子型表面活性剂等。

（2）丙酮法

丙酮法是以有机异氰酸酯与聚酯（或聚醚）制成端基为—NCO 的高黏度预聚体，加入丙酮后降低黏度，加含离子基团（阴或阳离子）的扩链剂进行扩链，再加中和试剂成盐。在搅拌作用下将聚氨酯树脂分散于丙酮与水的混合溶剂中，形成连续的水相及被丙酮溶胀的不连续聚氨酯微粒相，最后蒸出丙酮，可制得粒径为 $0.03 \sim 100\mu m$ 的水系聚氨酯。

该反应需消耗大量的丙酮，生产率降低，因此是不经济的，但反应易控制、重复性好，乳液粒径范围大、性能好，其反应过程如下：

$$HO \sim\sim OH + OCN \sim\sim R \sim\sim NCO \longrightarrow$$
$$OCN \sim\sim R-NHCOO \sim\sim OOCHN-R \sim\sim NCO$$
$$\downarrow 二羟甲基丙酸$$
$$\overset{CH_3}{\underset{COOH}{\sim\sim OOCHN-R-NHCOO \sim\sim OOCHN-R-NHCOO \sim\sim}}$$
$$\downarrow 水$$
聚氨酯水分散体 $\longleftarrow \overset{除去丙酮}{\longleftarrow}$ 溶于水／丙酮的聚氨酯分散体

(3) 熔融分散法

用氨或脲与离子体封端的异氰酸酯预聚体反应生成端脲基或缩二脲基聚氨酯预聚体。在一定外加剪切力的作用下，将该预聚体分散于水中，然后加入醛基衍生物，在一定条件下进行反应，生成大分子的聚氨酯水乳液。例如，由苯酐-己二酸-乙二醇聚酯，相对分子质量为 1500～5000 及 N-甲基二乙醇胺和六亚甲基二异氰酸酯反应，制成带—NCO 端基的预聚物，并在 130～150℃，与熔融尿素进行反应生成缩二脲，再用 2-氯乙酰胺进行季铵化后，以甲醛进行羟甲基化而制得聚氨酯缩二脲，于 50～130℃分散于水中，即可形成稳定的交联型聚氨酯乳液。此法工艺简单，易于控制，不需任何特殊设备，需用有机溶剂，颇有发展前途。

(4) 预聚体混合法

预聚物混合法是先制备出带亲水基团的异氰酸酯基封端的预聚物，避免像丙酮法那样使用大量溶剂，亲水基团用有机胺中和后通过加水并使用高速搅拌即可分散（常温至 50℃），不需要外加乳化剂和高剪切力，但预聚体黏度必须严格控制，黏度过大将使分散步骤难以进行或无法进行，因此在分散过程中常需少量溶剂调节黏度以保证黏度在适合分散的范围内。分散体用二元胺扩链，并且是在分散过程中完成。

预聚物混合法工艺简单易行，且不限于特殊的 NCO 预聚物，可以从支链预聚物和多元胺出发，制成一定程度交联的病产品。离聚体（阴离子型）中含离子数是水分散的重要参数，离子量越多，则分散体（阴离子型）中含离子数是水分散的重要参数，离子量越多，则分散体离子粒径越小，分散体稳定性也好，但由此制成的涂膜耐水性下降，离子数要控制合适。该工艺虽然在减少溶剂等方面优于丙酮法，但产品质量稍逊色。

(5) 酮亚胺/酮连氮法

酮亚胺/酮连氮法就是用酮遮掩成酮亚胺的二胺，可与—NCO 封端的预聚物混合而不发生反应，将之与水混合制得聚氨酯水分散体，同时酮二胺水解成胺，引起链增长，可制成高相对分子质量水系聚氨酯。常用封闭剂有酸类、叔胺类、亚硫酸盐及低分子量的胺类和醋酸酯类。

(6) 固体自分散法

该法对于离子改型的聚氨酯低聚物具有突出的效能。如将高黏度的无—NCO基的聚氨酯离子体熔融体（相对分子质量3000～10000）冷却，粉碎固化物，在水中可产生自分散过程，形成分散体。这种分散体是透明的、热力学稳定的聚氨酯低聚物/水体系，可以100%的固体运输。在施工前加水再生成分散体，然后加交联剂涂覆在底材上，交联剂可采用三聚氰胺树脂或其他甲醛衍生物，以及封闭型异氰酸酯。

3.1.5.4 水性聚氨酯涂料的制备

聚氨酯涂料的研究方向在向水性化方向发展，因为NCO基会与水反应，制造热塑性水性聚氨酯分散体，这是NCO基反应完了的聚氨酯聚合物在水中的分散体，虽然成本较高，但与一般的丙烯酸酯等乳液相比有以下特点：耐磨等机械性能好；颗粒细度达10～100nm，容易成膜；耐低温性好，弹性好，一般可达550%～800%的伸长率。

制备聚氨酯分散体的主要原料所用的异氰酸酯有IPDI、HMDI、TMXDI。其中HMDI产品的水解性稳定，TMXDI的NCO基受空间位阻影响，反应缓慢，容易控制，它的毒性低，TMXDI的预聚体黏度低，制备分散体时需助溶剂如 N-甲基吡咯烷酮很少。

近年来发展的热固性双组分聚氨酯水性涂料，其一组分含活泼氢；另一组分含NCO基，可在常温或加温条件下交联成膜。

(1) 热塑性水性聚氨酯涂料

热塑性水性聚氨酯涂料的制备，先合成聚氨酯预聚物，然后将预聚物分散至水中，为了便于在水中分散，须降低聚氨酯预聚体的黏度，可采用的方法有：①先制成低分子量的聚氨酯预聚物，然后在水相中用酮亚胺或以预聚物混合的方法扩链；②将聚氨酯预聚物溶解在丙酮中，降低黏度，然后分散在水中，再抽出丙酮；③将聚氨酯预聚物加热熔融以降低黏度，便于分散在水中。上述诸法中，较好的是第二种方法，采用二羟基甲酸丙酸以合成聚氨酯离子体乳液的方法。如用IPDI和聚己内酯二元醇（相对分子质量为530～1250）及二羟甲基丙酸按NCO：OH＝1.6：1.0（摩尔）反应，形成端NCO基的预聚物，用三乙胺中和，在水相中单水合肼扩链，可制得热塑性的阴离子型水性聚氨酯涂料，应用于木器等。

(2) 热固性水性聚氨酯涂料

热塑性水性聚氨酯涂料不耐溶剂、不耐化学药品，遇热变软影响应用。所以水性聚氨酯涂料的研究趋向交联型水性聚氨酯涂料，以提高其性能，使其性能接近溶剂型双组分聚氨酯涂料。交联型水性聚氨酯涂料除了在水性聚氨酯乳液中配以甲醚化三聚氰胺、水性多异氰酸酯、水性环氧树脂、碳化二亚胺等外，重点开发水性双组分涂料。

交联型水性聚氨酯涂料，也就是热固性水性聚氨酯涂料。它是利用脂肪族二异氰酸酯如IPDT等与水反应缓慢的特点而开发成功的，其制备方法如下。

①多异氰酸酯组分的制备　采用计量的 HDI 三聚体（NCO 含量为 21.6%，平均官能度 3.3）加计量的聚乙二醇单丁醚（相对分子质量 1145），在 50℃反应，于 110℃加热 2h，冷却，所得产品可分散在水中。

②羟基组分的制备　先将二异氰酸酯与羟基二元醇及 DMPA 三者制成预聚物再用叔胺中和，分散于水中，然后用与—NCO 基反应的含羟基的封链剂如二乙醇胺等来封闭—NCO 基，制得可水分散而含端羟基的组分。

以上 NCO 组分与羟基组分，按 NCO∶OH＝2∶1，施工期限约 5h。

3.1.6　水性聚氨酯涂料的应用和发展趋势

水性聚氨酯分散体涂料比其他结构聚合涂料具有更多的优点，且符合现行环保要求，因而广泛地用于木器、塑料、金属、混凝土、皮革、纤维、建筑物、汽车等领域。

在建筑领域，水性聚氨酯涂料可作为外墙用涂料，由于具有良好的耐光、耐候、耐寒、耐碱等性能，通常用于建筑外墙涂装的水性聚氨酯涂料是采用缩二脲交联的双组分涂料体系。

水性交联聚氨酯涂料的综合性能已接近溶剂型聚氨酯涂料，但尚存在一些不足，特别是与耐水性相关的一些性能，有待加强开发研究工作。改进线型水性聚氨酯体系的耐水性能、耐化学性能、耐候性等，期待利用丙烯酸酯树脂、有机硅树脂改进的研究得到进一步的发展；开发水性双组分聚氨酯涂料，是主要的途径，特别是研究其固化组分的制备是关键所在，水溶性聚氨酯固化剂的开发研究为重点；水性聚氨酯的乳化剂研究也是一个十分重要的方面，特别是自乳化功能强又较少影响水性的扩链剂的研究和生产有待加快步伐。

3.2　聚合物乳液防水涂料

3.2.1　聚合物乳液防水涂料概述

3.2.1.1　聚合物乳液防水涂料的定义及分类

聚合物乳液建筑防水涂料（简称 PEW）是以各类聚合物乳液（如硅橡胶乳液、丙烯酸酯乳液、乙烯-醋酸乙烯酯乳液等）为主要原料，加入防老化剂、稳定剂、填料、色料等各种助剂，以水为分散介质，经混合研磨而成的单组分水乳型防水涂料。

聚合物乳液防水涂料按聚合物的品种主要可分为丙烯酸酯类乳液防水涂料、乙烯-醋酸乙烯乳液（VAE）类防水涂料等；按产品物理性能分为Ⅰ型和Ⅱ型两种，Ⅰ类产品不得用于外露场合。

3.2.1.2　聚合物乳液防水涂料的发展史

弹性涂料最早在欧美开始研究，Brynaetai 于 1964 年申报了美国专利。1982 年意大利 Settef S. P. A 公司的 Teviso 发明了高弹性丙烯酸乳液涂料，并申报了最新的美国专利。20 世纪 80 年代初日本也出现了弹性涂料的报道，如昭和 54-7439、昭和 54-138025 等专利，在我国 90 年代开始生产 VAE 乳液防水涂料，但因性能差，应用较少。国外高性能丙烯酸乳液的引入促使了这类涂料的发展。

国内聚合物乳液建筑防水涂料多以弹性聚丙烯酸酯乳液为主，但与国外产品比质量上还有差距，目前用途主要限于与其他防水材料复合防水，起增强和辅助防水功能。目前我国聚合物乳液建筑防水涂料执行标准为 JC/T 864—2008《聚合物乳液建筑防水涂料》，产品分Ⅰ型和Ⅱ型，Ⅱ型拉伸强度和低温柔性比Ⅰ型好，Ⅰ型产品不用于外露场合。该产品可在非长期浸水环境下的建筑防水工程中使用，但若用于地下及其他建筑防水工程，其技术性能还应符合相关技术规程的规定。

随着乳液聚合新技术如互穿网络聚合技术、核壳乳液聚合技术等不断出现，聚合物乳液防水涂料将朝着高性能、多功能、开拓新的应用范围的方向发展。如采用有机硅改性，提高耐候等性能；利用纳米技术改善涂料性能；如国外的铝粉乳液屋面反射涂料，使功能性聚合物乳液涂料将得到更好发展。

3.2.1.3　聚合物乳液防水涂料的基本组成材料

（1）聚合物乳液

聚合物乳液是涂料的主要成膜物质，提供涂料一系列优良的性能。不同种类的聚合物乳液其产品性能有差异，目前国内防水涂料生产厂都是外购乳液。

对聚合物乳液性能的基本要求是：机械稳定性好，对颜料填料的黏结力强；聚合度控制严格，乳液粒径分布较窄，残余单体含量低；涂膜吸水率低、耐水性好。

常用聚合物乳液有硅橡胶乳液、丙烯酸酯乳液、乙烯-醋酸乙烯酯乳液等。

（2）填料、颜料

填料主要起填充作用，可降低产品成本，改善涂料性能（如耐老化）；颜料主要赋予涂料装饰性。如重钙、滑石粉等。

（3）助剂

主要有消泡剂、分散剂、增稠剂、增塑剂、防霉剂等。

3.2.2　聚合物乳液防水涂料生产技术

3.2.2.1　生产设备

（1）混合分散设备：高速（盘式、桨叶、双轴）分散机。

（2）研磨分散设备：砂磨机、胶体磨、辊式磨。

（3）液体输送设备：泵。

（4）过滤设备：除去机械杂质，如过滤筐、振动筛。

（5）包装设备：大规模厂。

3.2.2.2　生产工艺流程

聚合物乳液防水涂料生产是纯物理过程，其具体生产流程如图 3.1 所示。

图 3.1 聚合物乳液防水涂料生产流程

3.2.3 聚合物乳液防水涂料的特性及应用

聚合物乳液防水涂料采用标准为 JC/T 864—2008《聚合物乳液建筑防水涂料》，本标准适用于各类以聚合物乳液主要原料，加入其他外加剂制得的单组分水乳型防水涂料。本标准适用的产品可在非长期浸水环境下的建筑防水工程中使用。若用于地下及其他建筑防水工程，其技术性能还应符合相关技术规定。

聚合物乳液防水涂料的物理力学性能指标见表 3.20 所列。

表 3.20 聚合物乳液防水涂料物理力学性能指标

项　　　目			性　能　指　标	
			Ⅰ 型	Ⅱ 型
固含量/%		≥	65	
断裂延伸率/%		≥	300	
拉伸强度/MPa		≥	>1.0	>1.5
粘接强度/MPa		≥	>1.0	>1.2
低温柔性(φ10mm 棒)			−10℃无裂纹	−20℃无裂纹
不透水性(0.3MPa,30min)			不透水	
涂膜表干时间/h		≤	4	
涂膜实干时间/h		≤	8	
处理后的断裂伸长率/%	加热处理	≥	200	
	碱处理	≥		
	酸处理	≥		
	人工气候老化处理①	≥	—	200
处理后的拉伸强度保持率/%	加热处理	≥	80	
	碱处理	≥	60	
	酸处理	≥	40	
	人工气候老化处理①	≥	—	80~150
加热伸缩率/%	伸长	≤	1.0	
	缩短	≤	1.0	

① 仅用于外露使用产品。

聚合物乳液建筑防水涂料具有以下特性。

112 防水涂料

① 以水为分散介质，无毒、无味、不燃，向大气排放极少 VOC（挥发性有机化合物），环保安全。

② 涂膜抗拉强度、弹性及延伸性好。断裂伸长率＞300％，一般在 300％～600％，抗裂性好。

③ 耐酸碱性良好，耐高低温性能好。产品－30℃不脆裂，80℃不流淌。

④ 耐老化性能优良，Ⅱ型产品可直接用于屋面等暴露场合，当施工至一定厚度时，寿命可达 10 年以上。

⑤ 可在潮湿基面直接施作，渗透性好，与基层黏结力强。产品与水泥基层黏结强度在 0.3MPa 以上。刷涂底涂料时可渗透到水泥基材料的孔隙中，堵塞了渗水通道，防水效果可靠。

⑥ 冷施工，操作简便，涂膜层具有一定的透气性。

⑦ 比溶剂型涂料成本低，每吨约减少一千元以上。

⑧ 产品色彩鲜艳，可制成彩色或白色涂料，兼备装饰和节能功能。白色屋面可反射太阳光，降低屋顶温度，彩色涂料可美化环境。

⑨ 部分牌号丙烯酸乳液制成的防水涂料，固化后的涂膜吸水率较大，涂膜未干透就覆盖，有可能产生返乳现象，影响耐水性。在长期浸水的环境中使用时应做长期浸水试验。

⑩ 涂料中含较多气泡，易使涂层产生不平整等缺陷。

在埋深较深的地下防水工程中，选用此类材料失败的案例很多。如某设计院在设计室内游泳池迎水面防水时，选用了单组分丙烯酸酯涂膜材料，结果还未竣工，做避水实验时，因丙烯酸酯涂膜长期耐水性不好，池内的防水层就大面积肿胀起鼓，根本没起到防水作用。出现问题的原因属于设计人员对材料的性能认识不足，造成选材错误，引起工程失败。

聚合物乳液防水涂料应贮存于清洁、干燥、密闭的塑料桶或内衬塑料袋的铁桶中。存放时应保证通风、干燥、防止日光直接照射，贮存温度不应低于 0℃，贮存期至少为 6 个月。超过贮存期，可按本标准规定项目进行检验，结果符合要求仍可使用。本产品为非易燃易爆材料，可按一般货物运输。运输时，应防冻、防雨淋、暴晒、挤压、碰撞、保持包装完好无损。

3.2.4 常用聚合物乳液涂料

3.2.4.1 聚丙烯酸酯防水涂料

(1) 定义

聚丙烯酸酯防水涂料是以纯丙烯酸树脂、苯乙烯与丙烯酸酯共聚物、硅橡胶与丙烯酸酯共聚物的高分子乳液为基料，加入适量的助剂、颜料、填料等配制而成的单组分水乳型防水涂料。

(2) 分类

① 按成膜物质分　纯丙型、苯丙型、硅丙型。

② 按弹塑性分　橡胶型、塑料型。

③ 按固化类型分　含水泥、不含水泥（单组分和双组分）。

④ 按用途分　屋面用、墙面用。

⑤ 按功能分　防水类、隔热防水类。

(3) 主要原材料

① 聚丙烯酸酯乳液　聚丙烯酸酯防水涂料以丙烯酸树脂为成膜物质，应选橡胶型丙烯酸酯。聚丙烯酸酯树脂无色透明，保色性好，光照不泛黄，耐冻耐候，光泽和硬度高。聚丙烯酸酯的结构如图 3.2 所示，其中的 R 为烷基。

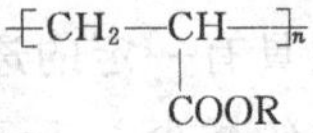

$$\{CH_2-CH\}_n$$
$$|$$
$$COOR$$

图 3.2　聚丙烯酸酯的结构

丙烯酸树脂的合成单体有丙烯酸甲酯、丙烯酸乙酯、丙烯酸丁酯，其结构如图 3.3 所示。

$$CH_2-CH \qquad CH_2-CH \qquad CH_2-CH$$
$$COOCH_3 \qquad COOCH_2CH_3 \qquad COO(CH_2)_3CH_3$$

丙烯酸甲酯　　　　丙烯酸乙酯　　　　　丙烯酸丁酯

图 3.3　丙烯酸树脂的合成单体结构

首先加热带有乳化剂的水溶液，然后滴入各种丙烯酸酯单体，加热反应数小时，即制得聚丙烯酸酯高分子乳液。

② 颜填料　聚丙烯酸酯防水涂料自身颜色为白色，可加入各种颜色配成彩色防水涂料，所选用颜料一般为耐候、耐碱、耐晒、不退色的氧化铁系列颜料。填料可选用可增加色质的碳酸钙、滑石粉、云母或石英等矿物微粉。颜填料加入量控制在 25%～30%。

③ 助剂　邻苯二甲酸二丁酯作增塑剂，改善其柔韧性，加入量在 5%～10%；丙二醇、乙二醇等作成膜助剂，在冬季可适量多加具有抗冻性的乙二醇，加入量在 1%～3%；氨水可用来调 pH 值；消泡剂可采用有机硅类，加入量在 0.5%～1%。

(4) 聚丙烯酸酯防水涂料配方及生产工艺

聚丙烯酸酯防水涂料配方见表 3.21 所列。

表 3.21　聚丙烯酸酯防水涂料参考配方　　　　　单位：质量份

成分	配方 1	配方 2	配方 3
丙烯酸酯乳液	50～70	100	25～45
增塑剂		10～20	8～14
增稠剂		0.5	适量

成分	配方 1	配方 2	配方 3
改性剂		10～20	
分散剂	1～2	1～3	2～4
消泡剂		0.5～1	0.2～0.6
防霉剂	适量		适量
成膜助剂		2～5	
钛白粉	10～20		
填料	40～60	200～300	20～40
水	10～20		

聚丙烯酸酯防水涂料生产工艺过程控制包括原材料质量控制、生产环节控制（计量、研磨、黏度测量）、产品性能检测（按标准检验）。具体生产流程如图 3.4 所示。

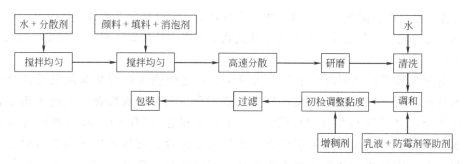

图 3.4 聚丙烯酸酯防水涂料生产流程

(5) 聚丙烯酸酯防水涂料特性及应用

聚丙烯酸酯防水涂料的特性见表 3.22 所列。

表 3.22 聚丙烯酸酯防火涂料的特性

优 点	缺 点
① 无毒、无味、不燃、无溶剂污染 ② 具有一定的透气性，不透水性强，耐高低温性好（−30～80℃），延伸性好（可达 250%），粘接性好，较优异的耐候性、耐热老化、紫外老化和酸碱老化性能（耐腐蚀，耐候性优于聚氨酯），使用寿命 10～15 年 ③ 刮涂 2～3 遍，膜厚可达 2mm ④ 可在各种复杂基层及潮湿基面施工，冷施工且施工维修方便 ⑤ 可制成多种颜色，保色及涂膜丰满，兼具防水及装饰效果 ⑥ 可做橡胶沥青类黑色防水层的保护层	① 施工中对基层平整度要求较高 ② 气温低于 5℃不宜施工 ③ 成本较高，固含量低，单位面积涂料使用量较大

丙烯酸防水涂料具有优良的耐候性、耐热性和耐紫外线照射性，在−30～80℃范围内性能无多大变化，储存稳定，断裂延伸性能好，能适应基层一定幅度的开裂

变形，但在水中浸泡后溶胀率较大，厚度和质量增加率较多，因此不宜用于长期在水中浸泡的工程。

丙烯酸酯乳液涂料目前主要有丙烯酸外墙防水装饰涂料、丙烯酸屋面防水涂料和丙烯酸厨卫间墙体防水涂料等系列弹性涂料，其适用范围如下。

① 现浇混凝土屋面、外墙的防水防潮，如屋面防水卷材面层、墙体的防水防潮装饰层。

② 地下室、卫生间、厨房间的防水防潮。

③ 旧建筑面的翻新补漏维修工程。

④ 屋面隔热防水，但需 2cm 左右厚，价格较高。

丙烯酸酯共聚乳液由于其优异的性能在高性能的防水涂料市场上占有重要地位，是现在防水涂料的重点发展方向之一，其技术开发和应用受到了广泛重视。为了改善共聚乳液的性能，在合成中常加入有机硅、氟等单体进行共聚合提高耐水性、耐候性、抗紫外老化性能等。20 世纪 80 年代中期，水性聚氨酯与水性丙烯酸酯接枝共聚获得成功，该方法得到的水性聚合物乳液比物理掺混的性能要好，改善了乳液的稳定性和耐水性。国内已生产出有机硅、氟或环氧共聚改性的水性丙烯酸酯类共聚物乳液，并已成功地应用于建筑物的高级水性装饰涂料，但在屋面防水涂料中尚未见应用。

国内外除了在共聚改性上做了大量研究，还围绕水性丙烯酸酯乳液的聚合技术开展了研究，目前已开发出核壳乳液聚合、无皂乳液聚合、有机无机复合乳液聚合、基团转移聚合（GTP）、互穿网络聚合（LIPN）、微乳液聚合等新技术。一些新技术如核壳乳液聚合、无皂乳液聚合、有机无机复合乳液聚合技术等已在国内外树脂及乳液生产中得到了广泛应用，产品性能有了很大的提高和改善。

3.2.4.2　VAE 防水涂料

(1) VAE 防水涂料定义

VAE 防水涂料是以醋酸乙烯-乙烯共聚乳液（VAE 乳液）为基料，或在基料中配入一定的改性剂，并加入适量的助剂、颜填料或等配制而成的单组分水乳型防水涂料。

(2) VAE 防水涂料主要原材料

① VAE 乳液　VAE 乳液是醋酸乙烯-乙烯共聚乳液（醋酸乙烯含量在 70%～95%）的简称，是以醋酸乙烯和乙烯单体为基本原料，与其他辅料通过乳液聚合方法共聚而成的高分子乳液。

VAE 乳液外观呈乳白色或微黄色，以它为主要原料，可配制单组分水乳型涂料，若添加彩色颜料，其涂膜除了防水外还兼有美化环境的作用。VAE 乳液中由于引入的共聚单体乙烯显著地增进了其内增塑性，因此，VAE 聚合物乳液成膜性好、成膜温度低、涂膜质软而强度高、耐磨，显著提高了涂膜的耐水性、耐碱性、耐候性和抗污性。

② 改性剂　加入7％～10％的聚丙烯酸酯乳液或其他弹性较高的乳液作改性剂，可提高涂膜的耐水性和抗老化性能。

③ 颜填料　选用稳定保色性好的无机颜料，如氧化铁红、铬绿、群青等；填料一般为碳酸钙、滑石粉、云母或石英等矿物微粉。

④ 助剂　助剂主要有乳化剂、分散剂、增塑剂等。

（3）VAE 防水涂料配方及生产工艺

VAE 防水涂料的配方见表3.23和表3.24所列。

表3.23　彩色VAE防水涂料配方

原料名称	质量份	原料名称	质量份
VAE乳液	600	交联剂	14
保护胶体	11	颜料	适量
湿润剂	1	偶联剂	适量
滑石粉	180	氨水	适量
分散剂	0.9	水	184

表3.24　高弹性彩色VAE防水涂料配方

原料名称	质量份	原料名称	质量份
VAE乳液	48～52	交联剂	14
高弹性乳液	7～10	无机颜料	2～6
乳化剂	0.5～2	分散剂	1～2
其他助剂	适量	水	10～20
填料	20～30		

先用一定量的水将保护胶溶解完全，备用；依次加入湿润剂、VAE乳液、滑石粉，经研磨后加入保护胶体水溶液，用氨水调节釜内物料至pH值为7，水浴加热到45～50℃，0.5h内慢慢滴加完毕交联剂，保温1h，降温至室温下加入颜浆料、偶联剂，搅拌0.5h后即可出料。

（4）VAE 防水涂料性能

VAE 防水涂料在水中浸泡后厚度和质量增加都较小，即在水中的溶胀率较小，耐水性、耐酸碱性和耐候性较好，价格也较便宜，但断裂延伸率较小，低温柔韧性能差，不适合基层变形较大的工程及北方较冷地区使用。

3.2.4.3　硅橡胶防水涂料

硅橡胶防水涂料是20世纪80年代防水涂料发展的新产品，我国冶金部建筑研究总院于1988年年底研制出用硅橡胶乳配制而成的乳液型防水涂料，作为解决地下工程、输水和水构筑物、屋面工程、卫生间等防水、防渗漏的理想材料，已在北京、河北、山东、河南、辽宁、福建等省市防水工程中得到应用。无论在严寒的北方地区还是在湿热的南方地区的防水工程中使用，均获得显著的防水效果及良好的经济效益和社会效益。

（1）硅橡胶防水涂料的定义

硅橡胶防水涂料是以硅橡胶乳液为主要成膜物质，配以无机填料及各种助剂配制而成的单组分水乳型防水涂料。

硅橡胶是含有

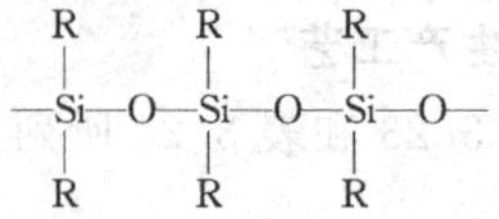

$$
\begin{array}{ccccccc}
 & R & & R & & R & \\
 & | & & | & & | & \\
-\!\!&Si&\!\!-O-\!\!&Si&\!\!-O-\!\!&Si&\!\!-O- \\
 & | & & | & & | & \\
 & R & & R & & R & \\
\end{array}
$$

无机主链且在 Si 原子上接有有机碳侧链的聚合物。由于主链 Si—O 的键能比一般的 C—C 键能高，因而具有较高的耐热性；硅橡胶主链上烷基侧链使其具有一定憎水性；由于有机硅分子间的作用力很弱，使它具有优异的耐低温性能，但同时使得机械强度较低，耐化学性稍差，一般通过加入其他高分子聚合物（如丙烯酸酯、聚氨酯等）改性后使用。

（2）硅橡胶防水涂料的主要原材料及配方

① 硅橡胶乳液　硅橡胶乳液的主要原料如图 3.5 所示。

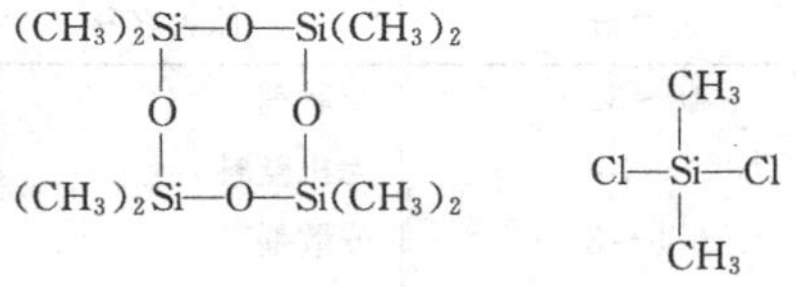

$$
\begin{array}{cc}
(CH_3)_2Si\!-\!O\!-\!Si(CH_3)_2 & \\
| \quad\quad\quad\quad | & CH_3 \\
O \quad\quad\quad\quad O & | \\
| \quad\quad\quad\quad | & Cl\!-\!Si\!-\!Cl \\
(CH_3)_2Si\!-\!O\!-\!Si(CH_3)_2 & | \\
 & CH_3 \\
\text{二甲基二氯硅烷} & \text{甲基硅烷}
\end{array}
$$

图 3.5　硅橡胶乳液的主要原料

硅橡胶乳液是由反应性硅橡胶生胶、交联剂、催化剂在一定条件下按一定配比混合而成。硅橡胶由双官能团的氯硅烷经水解缩聚或开环聚合可制得高分子量聚硅氧烷，线型的聚硅氧烷通过加入过氧化物或者采用催化剂在室温硫化可生成网状的硅橡胶分子，硅橡胶结构式及反应过程如图 3.6 所示。

硅橡胶防水涂料的基料是硅橡胶乳液。其乳液具有颗粒小、相对分子量大的等特点，硅橡胶乳液失水后在常温进行交联反应，形成网状结构的硅橡胶薄膜。硅橡

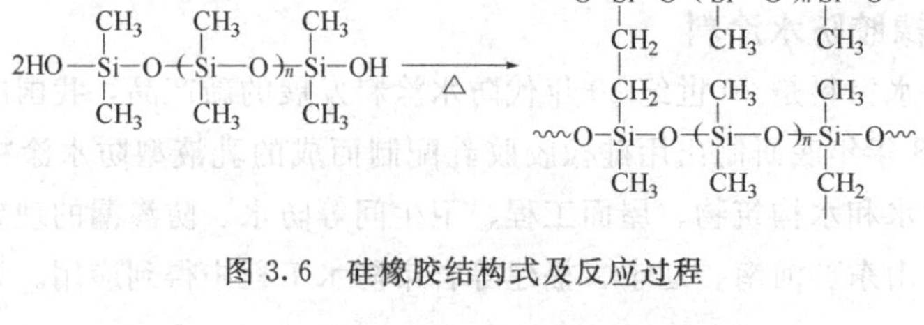

图 3.6　硅橡胶结构式及反应过程

胶膜对紫外线辐射、臭氧、水分抵抗能力很强，延伸率达800%～1200%，在150℃高温下强制老化一个月，其延伸率仍大于500%，在－40℃以下的低温下仍保持良好的弹性；具有良好的防水、憎水性和透气性，可避免因基层水分等原因带来的涂膜剥落。但价格较贵，对粉状填料选择性较强，使其在建筑工程上的应用受到限制。

② 颜、填料 硅橡胶防水涂料中加入粉状填料可增加涂膜厚度，提高涂膜强度，保持涂膜尺寸稳定性，降低成本，选择合适的填料还可提高防水性能。要求粉状填料在硅橡胶乳液中有良好的稳定性、颗粒细腻。如用10%～40%二氧化硅如白炭黑、高温烟灰等对硅橡胶增强，抗拉强度可提高40倍。

③ 助剂 为提高涂料的柔韧性，降低高分子材料的玻璃化温度，要选择合适的增塑剂。增塑剂用量少则改性效果不明显，用量多则涂膜变软且价格高。涂料中的气泡会使涂膜表面产生针孔和凹坑，降低涂膜防水性能，因此要加入0.05%～1%消泡剂。另外还可加入分散剂、增稠剂、防霉剂等，提高涂料综合性能。

硅橡胶防水涂料的配方见表3.25所列。

表3.25 硅橡胶防水涂料参考配方 单位：kg

材料	硅橡胶乳液	颜、填料	各种助剂	水
质量比	500	400	50	50

（3）硅橡胶防水涂料的防水原理

硅橡胶防水涂料是以水为分散介质的水性涂料。将涂料涂刷在各种基底表面后，随着水分的蒸发和渗透，颗粒密度增大而失去流动性；当干燥过程继续进行，过剩的水分继续失去，乳液颗粒渐渐彼此接触聚集，并不断地进行交联反应，最终形成均匀致密的网状结构橡胶弹性连续膜。

（4）硅橡胶防水涂料的技术性能

硅橡胶防水涂料的技术性能见表3.26所列，其主要特性见表3.27所列。

表3.26 硅橡胶防水涂料性能

项 目		技术指标	性 能
不透水性(0.3MPa,30min)		不透水	不透水
抗渗透性/MPa	迎水面		＞1.0
	背水面		＞0.2
断裂延伸率/%		＞420	720
断裂拉伸强度/MPa		＞1.0	1.1
干燥时间/h	表干	＜1	0.8
	实干	＜10	4

表 3.27 硅橡胶防水涂料的特性

优　　　点	缺　　　点
① 以水为分散介质,无毒、无味、不燃,安全可靠 ② 优良的成膜性、弹性及抗裂性,薄膜伸长率达 1200%,适应基层变形的能力强 ③ 对基面有一定的渗透性(水蒸气),渗透深度为 0.3mm,可配成各种颜色,装饰兼防水 ④ 黏结强度高,可在稍潮湿基层施工,可采用涂刷或喷涂或辊涂,施工方便并易于修补 ⑤ 良好的防水抗渗性,属涂膜材料中耐高低温、耐候性最优的产品,与聚氨酯涂料性能相当,但价格低得多	① 对基层平整度要求较高。施工温度要在 0℃以上 ② 膜层达要求厚度需多道涂刷,尤其在通风不良的情况下,施工时间较长 ③ 价格贵,固含量低

该涂料吸取了涂膜防水和渗透性防水材料的两者优点,具有优良的防水性、渗透性、成膜性、弹性、黏结性、耐水性、耐湿热和耐低温性(−30℃)。该防水涂料因含有大量的极性基因而具有能渗入基层表面,且使之与水泥砂浆、混凝土基体、木材、陶瓷、玻璃等建筑材料有很好的黏结性,这对于地下工程的防水层与结构层牢固地粘接成一体,能共同承受外力作用,抵抗有压力的地下水渗入,尤为重要。经实践证明,当涂到砂浆及混凝土基体上时,能渗透 0.3mm,并牢牢抓合,特别适合涂刷后外表面进行镶贴或抹灰面的工程,特别对地下室、洗浴室、厕所渗漏修补具有独到之处,这是其他防水材料无法比拟的。另外,该产品还解决铝合金阳台、窗户雨罩防水、防晒问题。

硅橡胶防水涂料可用于非封闭式屋面、厕浴间、地下室、游泳池、人防工程、贮水池、仓库、桥梁工程等防水、防渗、防潮、隔气等工程,其寿命可达 20 年。

硅橡胶防水涂料用密封桶包装,贮存温度不应低于 0℃,贮存期为 6 个月以上。本品无毒、不易燃、无腐蚀性,可按普通物品运输。但应注意气温低于 5℃或雨雪天时不宜施工。

(5) 硅橡胶防水涂料与其他防水涂料的性能比较

硅橡胶防水涂料与国内防水工程中应用较多且防水效果较好的聚氨酯类防水涂料的性能比较见表 3.28 所列。

表 3.28 硅橡胶防水涂料与聚氨酯防水涂料性能比较

原料名称	扯断强度/MPa	扯断伸长率/%	直角撕裂强度/MPa	不适水性/MPa 厚度 1mm	不适水性/MPa 厚度 2mm	抗裂性/mm	柔　性	黏结强度/MPa
硅橡胶	2.23	912	81.2	≥0.5	≥1.3	5.7	−30℃冰冻 10 天后绕 φ10 棒不裂	0.57
聚氨酯-1	≥0.7	≥400	40		≥0.2	3	−20℃冰冻 10 天后绕 φ10 棒不裂	≥0.2
聚氨酯-2	2.5	≥300	49		≥0.2	4	−20℃冰冻 10 天后绕 φ10 棒不裂	≥0.2

由表 3.28 可知，硅橡胶防水涂料除在扯断强度略低于聚氨酯-2 外，其他性能均比其高。众所周知，扯断强度与伸长率是相互关联相互制约的，虽然在扯断强度方面硅橡胶防水涂料比聚氨酯-2 低 11％左右，而伸长率却高出 2 倍以上。

（6）工程应用实例

解放军军体游泳馆是一个经常举行国际游泳比赛的国际级游泳馆，馆中游泳池尺寸为 50m×25m，深 2m，系 5 面悬空，侧壁有观察窗。该馆于 1986 年动工，由于设计选材、施工等隐患，造成游泳池池壁和池底出现 30 多条裂缝，其中有贯通裂缝，严重影响游泳池的使用，后来采用延伸率较好的硅橡胶防水涂料，涂刷 4 道，南北侧墙、底板和侧墙连接处用无纺布加固，抹上水泥砂浆保护层后，涂膜与砂浆黏结牢固，瓷砖马赛克铺设顺利，无一脱落的现象，水质检验也符合卫生标准。从 1988 年 5 月投入使用至今，仍无渗漏现象。

国家奥林匹克中心跳水池，原设计为混凝土结构自防水，建成后试水时发现渗水。经过承建单位北京建筑工程总公司第三建筑公司对全国所有的防水材料进行筛选比较，最后采用了硅橡胶防水涂料进行内防水处理，满足防水要求，保证了北京第 11 届亚运会比赛的顺利进行。

厦门市莲花新村住宅小区有上百栋楼房，楼房半地下室仅按"五层"（砂浆、防水砂浆、沥青卷材、防水砂浆、砂浆）做法施工。又因地下室是砖墙结构，致使楼房竣工后即发生不同程度的渗漏现象，有的楼房地下室常年积水 15～20cm，每年进行防水处理，收效却不理想。使用硅橡胶防水涂料对莲花新村住宅楼半地下室进行防水渗漏的全面综合整治，效果良好。

北京华北航空管理局住宅楼屋面原为两毡三油防水层，在出现大量的渗漏水后，用硅橡胶防水涂料重新铺设防水层，采用玻璃丝布作加强层的"一布四涂"施工工艺涂膜表面暴露在大气中，施工面积为 1500m²，自 1990 年 5 月竣工使用至今防水效果良好。

厦门市鹭林大厦系 11 层塔式建筑，建成后钢筋混凝土屋面产生三十多道裂缝，最大的裂缝宽度达 11mm 以上，造成严重的渗漏。1990 年 1 月，对所有屋面裂缝使用硅橡胶防水涂料进行了处理，至今已有两年多的时间考验，防水效果良好。

3. 2. 4. 4 有机硅-丙烯酸酯弹性防水涂料

有机硅化学性质稳定，憎水性很好，抗老化、耐久性也很好，乳液为水性，一般不会影响环境。加入有机硅改性丙烯酸酯乳液制备的弹性涂料，既具有优异弹性，又具有良好的防水性能、耐沾污性和耐老化性，特别适于外墙装饰和防水用。

（1）有机硅-丙烯酸弹性防水涂料的原材料及配方

见表 3.29 所列。

表 3.29　有机硅-丙烯酸弹性防水涂料配方

原材料	质量份	原材料	质量份
硅丙乳液	25～35	增稠剂	0.25
颜填料	25～40	流平剂	1
成膜助剂	5	消泡剂	适量
分散剂	2	去离子水	30～40

（2）有机硅-丙烯酸弹性防水涂料的生产工艺流程

有机硅-丙烯酸弹性防水涂料的生产工艺流程如图 3.7 所示。

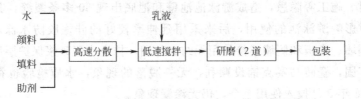

图 3.7　有机硅-丙烯酸弹性防水涂料的工艺流程

有机硅改性丙烯酸酯乳液共聚过程中，单体滴加方式对乳液及涂层性能有很大影响，用预乳化连续滴加法制备的乳液其综合性能优于用种子聚合法制备的产品，且操作方便。

填料用量和细度对该涂料性能影响很大，用量以 30％～35％为佳，细度以 50～80μm 最为适宜。用有机硅改性弹性乳液制备的涂料，其附着力不够理想，可通过刷硅溶胶作过渡层的方法解决。该涂料的拉伸强度可达 2.52MPa，断裂伸长率达 520％，涂膜−35℃不断裂，0.3MPa 水压下 30min 不透水。

上海华盛企业集团研制出的环保弹性有机硅-丙烯酸酯防水涂料，既有一般涂料的优点，又克服了多数涂料产品存在的容易开裂、不易清洗的症结，其综合性能接近国际先进水平。其 VOC 含量小于 5％，远远优于国家标准；卓越的弹性能有效密封 1.6mm 以下的隙缝；良好的耐候性、耐紫外线、耐臭氧、耐湿热、耐酸、碱、盐以及化学制品，耐各种油类、耐各种溶剂、耐极端恶劣温度−50～260℃。独特的透气性阻止了雨雪渗入外墙，而室内潮气可排至室外，产品施工迅捷、无需混合、直接使用、不需要底涂、成膜时间短，仅需要 4～8h。

3.2.4.5　VAE 乳液复合防水涂料

VAE 乳液复合防水涂料由聚丙烯酸酯和聚醋酸乙烯共聚乳液（VAE 乳液），添加适量助剂和填料复合而成。VAE 乳液复合防水涂料配方见表 3.30 所列。

表 3.30　VAE 乳液复合防水涂料配方

原料名称	质量份	原料名称	质量份
聚丙烯酸酯和聚醋酸乙烯共聚乳液	59	425 白水泥	10.5
磷酸三丁酯	0.6	石英粉	26
邻苯二甲酸二丁酯	3.3	滑石粉	0.25
FD-N-S 早强减水剂	0.1	钛白粉	0.25

VAE 乳液复合防水涂料配制方法：首先将上述无机原料研磨至小于 $40\mu m$ 后混合，采用常混配制工艺制得均匀分散的无机粉料，然后将两种乳液按等比例混合，再将两种配料用搅拌机混合即可。

VAE 乳液复合防水涂料防水性能优异，粘接力强，膜层延伸率大，富有弹性，可在潮湿或干燥的砖石、砂浆、混凝土、金属、木材、硬塑料、玻璃、石膏板、泡沫板、沥青、橡胶、SBS、APP、聚氨酯等基面施工，可用于滤水池、蓄水池、游泳池、屋面、地下、隧道、桥梁等防水工程，也可做粘接剂和内外墙装饰涂料。

3.2.5 聚合物乳液防水涂料性能比较研究

聚合物乳液目前市面上品种较多，有聚丙烯酸酯乳液、聚醋酸乙烯酯乳液、乙烯-聚醋酸乙烯（VAE）乳液、丁苯乳液、硅丙乳液、苯丙乳液、氯偏乳液等。从防水涂料对断裂延伸率和防水性能的基本要求而言，在实际应用中目前常用的是聚丙烯酸酯乳液和 VAE 乳液。

郑州大学翟广玉等对不同聚合物乳液防水涂料性能进行了比较研究，实验原材料及配方见表 3.31 所列。

表 3.31 原材料及参考用量

原材料名称	规格	产地	质量份
聚合物乳液	工业级	北京东方化工厂	20～70
成膜助剂	工业级	北京东方化工厂	5～20
分散剂	工业级	河南化工二厂	1～5
增塑剂	工业级	河南化工二厂	1～5
流平剂	工业级	开封化工三厂	1～5
增稠剂	工业级	北京	1～5
填料	工业级	河南	20～40
防腐剂	工业级	浙江	0.01～1
防霉剂	工业级	上海	0.01～1
消泡剂	工业级	上海	0.01～1
水	自来水		10～20

聚合物乳液防水涂料生产工艺流程为：

水→分散剂、防腐剂、防霉剂→填料→砂磨机研磨→聚合物乳液、成膜助剂、增塑剂、流平剂→增稠剂→消泡剂→检测→过滤→包装→成品。

（1）不同聚合物乳液对防水涂料性能的影响

在其他条件不变的情况下，使用不同的聚合物乳液配制防水涂料，其基本性能检测结果见表 3.32 所列。

由表 3.32 可知，以聚丙烯酸醋乳液、VAE 乳液或由聚丙烯酸酯和 VAE 乳液混合为基料配制的防水涂料，断裂延伸率都能符合行业标准要求。而 VAE 防水涂料低温柔性达不到行业标准。这就提示我们，用 VAE 乳液配制的防水涂料不适合在北方较冷地区使用。

表 3.32 不同聚合物乳液配制的防水涂料性能

项 目	断裂延伸率/%≥	低温柔性(φ10mm 棒)
JC/T 864-2000 标准要求	300	−10℃,无裂纹
聚丙烯酸酯乳液	750	−20℃,无裂纹
聚丙烯酸酯+VAE 乳液	450	−10℃,无裂纹
VAE 乳液	350	−10℃,断裂

注：测试数据由河南省建筑研究院防水涂料室检测。

(2) 乳液用量对防水涂料断裂延伸率的影响

在其他条件不变的情况下，以不同用量的丙烯酸乳液配制成防水涂料，试验结果表明：断裂延伸率随着聚合物乳液的增加而递增；当使用相同量的聚合物乳液时，3 种乳液中聚丙烯酸乳液的断裂延伸率最大，VAE 乳液最小，聚丙烯酸乳液与 VAE 乳液的共混物居中。这说明在某些变形性较大的工程中，应该首选丙烯酸防水涂料，而 VAE 防水涂料则达不到要求。

(3) 不同乳液对防水涂料储存稳定性的影响

按表 3.31 的原材料及配方 1、配方 2 的生产工艺配制的防水涂料，在室温下存放，观察其变化，储存稳定性结果见表 3.33 所列。由表 3.33 可知，聚丙烯酸防水涂料的储存稳定性最好，其次是聚丙烯酸乳液和 VAE 乳液共混配制的防水涂料，全部由 VAE 乳液配制的防水涂料随贮存时间的增长黏度逐渐变大，1 个月后就出现分层、沉淀的现象。

表 3.33 储存稳定性

聚合物乳液	放置 1 个月	放置 6 个月
聚丙烯酸酯乳液	无沉淀、分层	无沉淀、分层
聚丙烯酸酯+VAE 乳液	无沉淀、分层	分层
VAE 乳液	沉淀、分层	沉淀、分层

(4) 耐水性实验

按 GB/T 16777—1997 中 8.1.4 要求制作玻璃涂膜模具，按 JC/T 864—2000 中 5.4.2 要求制作涂膜试样，截取试验所需试件。在室温（23±2）℃，相对湿度 45%～70% 时，把试件放入水中浸泡，每隔一定时间取出，用干布擦干，称量并测量厚度。由各种乳液防水涂膜浸水后质量变化和厚度变化结果可以明显看出：VAE 乳液配制的防水涂膜在水中浸泡后厚度和质量增加都较小，浸泡 7 天质量增加 4.1%～6.4%，厚度增加 1.8%～3.9%，即在水中的溶胀率较小，它的耐水性、耐酸碱性和耐候性较好，价格也较便宜，但是它的断裂延伸率较小，不适合基层变形较大的工程；丙烯酸防水涂料的溶胀率较大，浸泡 7 天质量增加 12.7%～17.4%，厚度增加 6.2%～7.6%，因此不适合长期在水中浸泡的工程中应用。丙烯酸防水涂料的最大优点是具有优良的耐候性、耐热性和耐紫外线照射性，在

—30～80℃范围内性能无多大变化，断裂延伸性能好，能适应基层一定幅度的开裂变形；聚丙烯酸乳液和 VAE 乳液混合配制的防水涂膜溶胀率居中，浸泡 7 天质量增加 8.0％～11.3％，厚度增加 4.0％～5.3％，它具有聚丙烯酸乳液和 VAE 乳液的共同优点，又弥补了它们的不足，是一种性能优良的防水涂料。

从上述研究结论看出：丙烯酸防水涂膜断裂延伸率大，抗冻性能好，储存稳定，在水中浸泡后溶胀率较大，厚度和质量增加率较多，不适合长期在水中浸泡的工程；VAE 乳液防水涂膜断裂延伸率小，在水中浸泡后溶胀率较小，厚度和质量增加率较少，但是低温柔韧性能差，不适合在北方较冷地区使用；聚丙烯酸乳液和 VAE 乳液混合配制的防水涂膜性能居中，无污染，质价比优良，是有推广前景的一类水性防水涂料。

3.3　喷涂聚脲防水涂料

3.3.1　概述

随着科学技术的不断进步发展，聚氨酯防水材料在自身的应用的过程中，技术也在不断地得到完善和发展，涂喷聚脲防水涂料即是在涂喷聚氨酯的基础上发展而来的。

涂喷弹性体（包括聚氨酯、聚氨酯/聚脲、聚脲）技术是在聚氨酯反应注射成型（reaction injection molding，缩写 RIM）技术的基础上，于 20 世纪 70 年代发展起来的。它即成了 RIM 技术的撞击混合原理，却突破了 RIM 必须使用模具的局限性，将瞬间固化、高速反应的特点扩展到了一个全新的领域，极大地丰富了聚氨酯的应用范围，拓宽了人们对涂料、涂装技术的概念。正如 RIM 技术的发展经历了纯聚氨酯（PU）、聚氨酯/聚脲（PU/PUA）、纯聚脲（PUA）三个阶段一样，涂喷聚氨酯、聚脲弹性体技术也经历了三个阶段，见表 3.34 所列。

表 3.34　喷涂聚氨酯/聚脲弹性体技术的发展简史

阶　段	体　系	异氰酸酯成分	树脂成分	主要优、缺点
第一代	聚氨酯	MDI 基	EO 封端多元醇、二醇扩链剂、催化剂	优点：廉价 缺点：对水敏感，极易发泡；力学性能差
第二代	聚氨酯/聚脲	MDI 基	EO 封端多元醇、芳香二胺扩链剂、催化剂	优点：价格适中 缺点：发泡，力学性能一般
第三代	聚脲	MDI 基 m-TMXDI 基	端氨基聚醚、芳香二胺扩链剂	优点：对温度、湿度不敏感，力学性能好，耐老化性能突出 缺点：价高

图 3.8 是相对湿度在 85％条件下喷涂聚氨酯和喷涂聚脲弹性体材料密度随体系 NOC 指数的变化情况，从中可以看出，喷涂聚脲弹性体（以下简称 SPUA）材料对环境、湿度是有很强的容忍度，很受户外施工人员的欢迎。

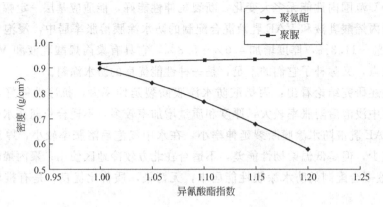

图 3.8　喷涂材料的密度体系 NOC 指数的变化

聚脲涂料产品是疏水性和自动催化的，产品具有较好的物理力学性能，拉伸强度、耐磨性能、抗冲击性、耐化学腐蚀性和防水性能良好，伸长率可高达 900％。聚脲涂料弹性体产品的优势在于异氰酸酯组分和胺基混合物之间的反应非常迅速，而且具有可预测性、快速反应性，可使涂料应用在需要马上恢复使用的地方。聚脲技术允许配置芳香族和脂肪族（光稳定）弹性体系统，故通过选择合适的异氰酸酯成分和氨基混合物，可以实现不同的系统反应，慢速反应系统可以适用于各种密封和填缝。凭借聚脲的这些特性聚脲弹性体系统可具有诸多的用途，就建筑防水而言，聚脲弹性体产品可广泛应用于屋面、混凝土基层、接缝密封等。

涂喷聚脲弹性材料是国内外近 20 年来发展起来的一类反应型、无溶剂污染的涂料产品，自问世以来，就以优异的理化性能、优良的公益性和环保性，充分显示出了传统防水技术，见表 3.35 所列，以其无可比拟的优越性得到了迅猛的发展，其产品的主要特点如下。

表 3.35　聚脲涂料与其他涂料的主要特点比较

项　目	高固体分涂料	水性涂料	紫外线固化涂料	粉末涂料	聚脲涂料
VOC 含量/(g/L)	50～150	0～150	0	0	0
施工方法	常规	常规	常规	专用设备	专用设备
防腐性能	好	一般	一般	良好	良好
适用底材	不限	不限	木材为主	金属	不限
施工场地	不限	不限	厂房内	厂房内	不限
一次成膜厚度/μm	<150	<100	<50	<800	无限制

① 不含催化剂，快速固化，可在任一曲面、斜面及垂直面上喷涂成型，不产生流挂现象，5s 凝胶，1min 即可达到步行强度。

② 对水分、湿度不敏感，施工是不受环境影响、湿度的影响。

③ 100％固含量，不含任何挥发性有机物（VOC），对环境有好。

④ 可按 1：1 体积比进行喷涂或浇筑，一次施工的厚度范围可以从数百微米到

数厘米，克服了以往多次施工的弊病。

⑤ 优异的理化性能，如拉伸强度、伸长率、柔韧性、耐磨性、耐老化、防腐蚀等。

⑥ 具有良好的热稳定性，可在 120℃ 下长期使用，可承受 150℃ 的短时热冲击。

⑦ 可以像普通涂料一样，加入各种颜料、燃料，制成不同颜色的制品。

⑧ 配方体系任意可调，手感从软橡皮（邵尔 A30）到硬弹性体（邵尔 D65）。

⑨ 原形再现性好，涂层连续、致密、无接缝、无针孔，美观实用。

⑩ 使用成套设备，施工方便，效率极高；一次施工即可达到设计厚度要求，克服了以往多层施工的弊病。

喷涂聚脲防水涂料按其是否使用溶剂可分为无溶剂聚脲防水涂料、溶剂型聚脲防水涂料、水性聚脲防水涂料；按其化学结构的不同，可分为脂肪族喷涂聚脲防水涂料和芳香族喷涂聚脲防水涂料；按其包装形式的不同，可分为单组分聚脲防水涂料和双组分聚脲防水涂料；双组分聚脲防水涂料按其化学成分的不同，又可分为涂喷（纯）聚脲防水涂料（其代号为 JNC）和聚氨酯（脲）防水涂料（其代号为 JNJ）；按其物理力学性能的不同可分为Ⅰ型喷涂聚脲防水涂料和Ⅱ型喷涂聚脲防水涂料。

德国、美国是喷涂弹性体技术的发源地，最早开发喷涂聚氨酯以及聚氨酯（脲）弹性体技术是 Bayer、BASF、Futura 和 Uniroyal 等公司。20 世纪 80 年代中期，Texaco（即现在的 Huntsman）公司在化学家 Dudley J. Primeaux Ⅱ 的带领下，在其 Austin 的实验室，率先研发成功喷涂聚脲弹性体（spray polyurea elastomer，简称 SPUA）技术，并于 1989 年首次发表了研究论文，引起轰动。1991 年该技术在北美地区刚一投入商业应用，立即显示出其优异的综合性能，受到用户欢迎；经过不断总结和提高，目前，北美地区已逐步淘汰喷涂聚氨酯、聚氨酯（脲）体系，正全面推广喷涂聚脲弹性体体系，在这方面比较有知名度的公司是 Specialty Products Inc.、VersaFlex、PCSI、Sherwin-Williams、Futura Co.、Huntsman Co.、Rhino Lining、Line-X 和 Madison Chemical Industries Inc. 等。澳大利亚于 1993 年引进该技术，日本和韩国也分别于 1995 年和 1997 年引进改技术，并相继投入商业应用。由于研发涂喷聚脲弹性体配方和工艺难度很大，澳大利亚及东南亚国家基本上采取了从设备到原料全盘进口或者与美方合资建厂的做法。

SPUA 材料的出现，打破了以往环氧树脂、丙烯酸树脂、聚氨酯统领天下的局面，为施工界提供给了一种非常先进、实用的技术。特别是它在高水分、高湿度环境下的容忍度，深受户外施工者的称赞。

在我国，海洋化工程研究院（青岛）于 1995 年开展了喷涂弹性体技术的前期探索研究，并于 1996 年组团赴美国考察设备，先后对 Binks、Graco、Gusmer 等公司制造的主机和喷枪进行了技术摸底、比较和分析。由于 SPUA 技术对设备的凝胶时间、混合精度、清洗方式有极为严格的要求，在这一点上，不同于喷涂聚氨酯弹性体及喷涂聚氨酯（脲）弹性体技术，更无法与通常的喷涂聚氨酯泡沫相提并论。简而言之，能够喷涂聚脲弹性体的设备，一定能够喷涂聚氨酯弹性体和聚氨酯（脲）弹性体；反之则不然。

在这三家著名的喷涂设备制造商中，唯有 Gusmer 公司以制造聚氨酯-聚脲 RIM 设备见长。20 世纪 80 年代中期，该公司为配合 Texaco 公司开发 SPUA 技术，对其原有的聚氨酯 RIM 设备进行了相应的设计改进，在继承其计量、混合原理的基础上，推出了第一代喷涂设备组合——H-2000 主机、GX-7-100 喷枪。由于其混合压力偏低，并没有使得 SPUA 技术产业化，但在聚氨酯泡沫领域取得了大量应用。随着 SPUA 技术在深入研究和开发，该公司又于 20 世纪 90 年代中叶，推出其第二代喷涂设备组合——H-3500 主机、GX-7-400 喷枪。经过全面考察，海洋化工研究院于 1997 年引进了 Gusmer 公司最新设计、制造的 H-3500 主机、GX-7-100 喷枪、GX-7-400 喷枪；1999 年购置了该公司最新推出的小输出量 GX-8 喷枪；2000 年又装备了性能更加卓越的 H-20/35 主机，并率先将喷涂机空压机、油水分离器等设备安装在专用施工车上，如图 3.9 所示。同时还对 Glas-Craft 公司的 MXⅡ 主机、Probler 喷枪和 LS 喷枪以及 Graco 公司的 Reactor E-XP2 主机、Fusion 喷枪进行了验证性试验，充分了解了各种喷涂设备的性能和特点，为国内用户采购提供了强有力的技术支持。

图 3.9　喷涂聚脲弹性体专用施工车

目前，SPUA 系列产品已经成为 Gusmer、Graco、Glas-Craft 设备的标准试机原料，质量稳定，性能可靠。面对蓬勃发展的 SPUA 技术，国内一些企业，如京华派克聚合机械设备（北京）有限公司、烟台振兴聚氨酯设备公司等也着手研制适合中国国情需要的专用喷涂设备。

鉴于海洋化工研究所在 SPUA 技术方面取得的开创性进展，打消了国内用户对原料、组合料尤其是设备和售后服务等方面的疑虑，自 2000 年以来，国内陆续有企业开始购置本土设备，用于产品设计和开发。

1999年是SPUA技术在我国投入商业应用的第一年，海洋化工研究院为青岛海豚表演馆（水池）、上海沪东制造厂（船舶淋浴间）、大连理工大学国家地震重点实验室（隔水密封圈）、沈阳BRIDGESTONE公司（码头护舷）等用户，进行了小规范施工。进过海洋化工研究院近5年的奋力开拓，SPUA技术逐渐被认可，也日益受到国家科学技术部和青岛市科技局的高度重视。科技部和青岛市分别下达了"500t/a喷涂聚脲弹性体工业化试验研究"等公关课题，为SPUA技术研究和产业化提供了强有力的支持，极大地鼓舞了科研人员的创新热情。2003年1月有国家经贸委组织专家对SPUA技术进行了鉴定，鉴定结论要点为以下几点。①SPUA材料具有力学强度高、耐磨、耐腐蚀、耐油、耐水、耐老化、耐交变温度（压力）等突出性能；在施工方面具有施工速度快、整体性能优异、环保性好等特点。该材料已申请多项国家发明专利，拥有自主知识产权，具有新颖性和先进性，成果属国内首创，达到国际先进水平。②海洋化工研究院针对不同底材和应用要求开发凝胶时间从几秒到几十分钟，有弹性体至刚性材料的系列产品及配套底漆、层间黏合剂、填充材料等，经大量工程应用表明，它能够很好地保护凝胶、混凝土、钢玻璃、EPS泡沫、木材、钢、铝等材料，施工工艺和材料配套成熟可靠，应用领域非常广泛，受到用户好评。③SPUA材料作为一种新型的保护材料，具有良好的应用前景，建议进一步加大研究、开发力度，为国民经济和国防建设做出更大贡献。

聚氨酯、聚脲技术体系的组成参见表3.36所列。

表3.36 聚氨酯和聚脲技术体系的组成

技术体系名称			异氰酸酯组分（甲组分）	树脂组分（胺类化合物、乙组分）
聚氨酯			异氰酸酯化合物、端羟基化合物	端羟基树脂、端羟基扩链剂、催化剂 颜色、填料、助剂
聚脲	聚氨酯（脲）		异氰酸酯化合物、端氨基或端羟基化合物	端羟基树脂、端氨基树脂、端氨基扩链剂、催化剂 颜料、填料、助剂
	（纯）聚脲	广义上的（纯）聚脲	异氰酸酯化合物、端氨基或端羟基化合物	端氨基树脂、端氨基扩链剂 颜料、填料、助剂
		狭义上的（纯）聚脲	异氰酸酯化合物、端氨基化合物	

异氰酸酯是一类高活性的化合物，其几乎可以与任何含活泼氢的化合物在常温条件下进行反应。当异氰酸酯与羟基化合物中的活泼氢发生反应时，生成氨基甲酸酯键，其合成高分子聚合物称为聚氨酯；当异氰酸酯与氨基化合物中得活泼氢发生反应时，便生成脲键，其合成高分子聚合物即被称为聚脲。一般而言，采用异氰酸酯与氨基化合物中的活泼氢进行化学反应，所制得的聚脲涂料，其特征是在配方组分中使用了端氨基聚醚作氨基化合物，这是聚脲涂料和聚氨酯涂料两大技术体系区别的关键所在。

聚脲涂料的原液一般采用双组分包装，甲组分为异氰酸酯预聚体，采用的多异氰酸酯通常为二苯基甲烷二异氰酸酯（MDI），也可采用多苯基甲烷多异氰酸酯（PAPI）、六亚甲基二异氰酸酯（HDI）等，但以 MDI 为基础的材料则具有更好的力学性能。乙组分是由端氨基聚醚及其他助剂的混合物组成的树脂成分，聚脲防水涂料所用的端氨基聚醚与聚氨酯技术体系中所采用的聚醚多元醇类似，其有不同的支化度和不同的分子量可供选择，支化度与分子量的关系是支化度越低，分子量越大，材料的弹性也就越大；反之，则材料的硬度和强度也就越大，在实际使用中，常常是几种端氨基聚醚配合使用。由于聚脲的反应速率极快，因此涂喷聚脲涂料在配方组分中不使用催化剂，采用胺基扩链剂通常是芳香族或脂环族的二元胺，其主要目的是增加位阻效应，以降低聚脲体系过高的反应活性，为了保证体系具有适当低的黏度以便于进行喷涂，故对填料的使用亦较为谨慎，至于颜料、助剂（如消泡剂、流平剂、防老剂等）则可根据需要适量加入。这类在乙组分中采用由端氨基树脂和氨基扩链剂组成胺类化合物的聚脲在我国称为（纯）聚脲（美国聚脲发展协会则称此类产品为聚脲）。

聚脲技术体系和聚氨酯技术体系是十分类似的，事实上，对于异氰酸酯与氨基化合物反应所生成的脲基结构，在聚氨酯化学中并不陌生，如在聚氨酯防水涂料组分中，常采用氨基化合物作扩链剂，以改善聚氨酯防水涂料的某些性能，这就会使聚氨酯的主链结构中出现脲基。如今，则是在更广的广泛实际应用中，端羟基聚醚和端氨基聚醚更是时常被复合使用，以适应不同的使用效果，这类在乙组分中采用由端羟基树脂和氨基扩链剂或者端羟基树脂加端氨基树脂和氨基扩链剂复合使用所组成胺类化合物的聚脲被人们称为聚氨酯（脲）。

基于我国喷涂聚脲发展和使用的实际情况，GB/T 23446—2009《喷涂聚脲防水涂料》国家标准所述的喷涂聚脲防水涂料则包含了"纯聚脲技术体系"和"聚氨酯（脲）技术体系"两大体系。

3.3.2　喷涂聚脲防水涂料的组成材料

喷涂聚脲弹性体用的原料主要由多异氰酸酯、有机多元醇化合物、溶剂、颜料、助剂。其中溶剂、颜料、助剂都是为了改善黏度、阻燃、抗静电、外观色彩、附着力等性能而添加的。

3.3.2.1　多异氰酸酯

多异氰酸酯是制备聚氨酯涂料最主要的原料之一。多异氰酸酯主要采用二苯甲烷二异氰酸酯和聚醚改性 MDI，脂肪族异氰酸酯（IPID）用于耐 UV 场合。标准的 MDI 预聚物的—NCO 含量为 $15\% \sim 16\%$，在这个范围内，反应活性和黏度较均衡。一般来说，低—NCO 预聚物，黏度较高，两组分反应较慢，涂层弹性较高；高—NCO 预聚物，黏度较低，有助于双组分的有效混合。

由芳香族异氰酸酯制得的聚氨酯涂料，其耐候性不好。在户外暴晒后，涂膜易于泛黄,因此有时也称它为"泛黄性异氰酸酯"。脂肪族异氰酸酯的户外耐候性最好,其涂膜经暴晒后,很少变黄,特称之为不泛黄色。芳脂族异氰酸酯和环脂族异氰酸酯的户外耐候性介于芳香族异氰酸酯的脂肪族异氰酸酯之间,而更接近于脂肪族多异氰酸酯,通常也把它归属于不泛黄性异氰酸酯之列。

表3.37所列为聚氨酯涂料工业中常用的多异氰酸酯。

表3.37 聚氨酯涂料工业中常用的多异氰酸酯

编号	名　称	结　构	简称
1	2,4-甲苯二异氰酸酯	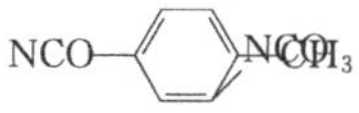 NCO—〇—NCO, CH₃	TDI-100
2	80/20-甲苯二异氰酸酯	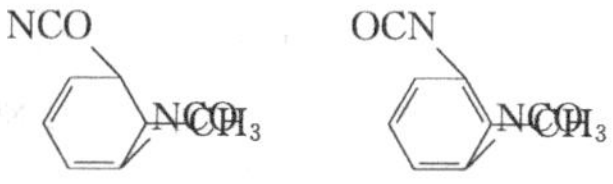 NCO 〇 NCOCH₃ 80%　　OCN 〇 NCOCH₃ 20%	TDI-80
3	65/35-甲苯二异氰酸酯	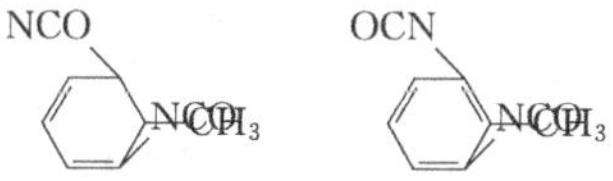 NCO 〇 NCOCH₃ 65%　　OCN 〇 NCOCH₃ 35%	TDI-65
4	4,4'-二苯基甲烷二异氰酸酯	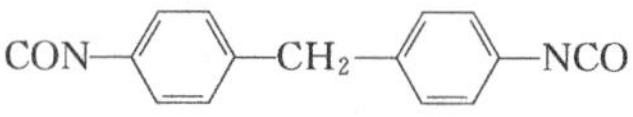 CON—〇—CH₂—〇—NCO	MDI
5	多亚甲基多苯基多异氰酸酯	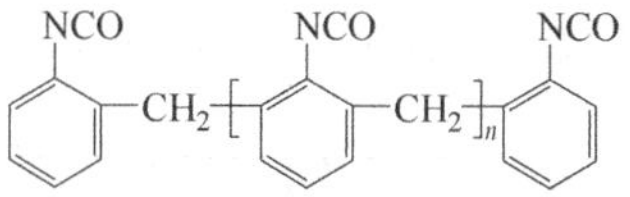 NCO 〇 CH₂ 〔 NCO 〇 CH₂〕ₙ NCO 〇	PAPI
6	苯二亚甲基二异氰酸酯	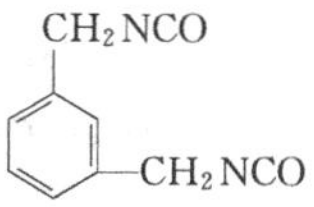 CH₂NCO 〇 CH₂NCO (有两种异构体间位和邻位)	XDI
7	六亚甲基二异氰酸酯	OCN—(CH₂)₆—NCO	HDI
8	2,6-二异氰酸基己酸甲酯	OCN—(CH₂)₄—CH—NCO, COOCH₃	LDI

131

编号	名　称	结　构	简称
9	二聚脂肪酸二异氰酸酯	$OCN{\displaystyle\frac{}{}}(CH_2)_{36}NCO$	DDI
10	反丁烯二酸二乙酯二异氰酸酯	$OCN(CH_2)_2OOC-CH \overset{CH-COO(CH_2)_2NCO}{\parallel}$	FDI
11	2,2,4-三甲基己二异氰酸酯	$OCN-CH_2-\overset{\overset{CH_3}{|}}{\underset{\underset{CH_3}{|}}{C}}-CH_2-CH-CH_2-CH_2-NCO \atop \qquad\qquad\qquad \underset{CH_3}{|}$	TMDI
12	异佛尔酮二异氰酸酯	结构见图	IPDI
13	萘-1,5-二异氰酸酯	结构见图	NDI
14	甲基环己基二异氰酸酯	2,4—HTDI　　2,6—HTDI	HTDI
15	二环己基甲烷二异氰酸酯	$OCN-\bigcirc-CH_2-\bigcirc-NCO$	HMDI
16	四甲基苯二亚甲基二异氰酸酯	结构见图	TMXDI

3.3.2.2　有机多元醇（胺）

在喷涂聚氨酯（脲）体系中，采用的低聚物多元醇（胺）有端伯羟基的低聚物、多元醇，如聚醚多元醇、聚酯多元醇以及端氨基聚醚。

① 制备聚氨酯涂料用的聚酯多元醇主要有两种类型，其一系由二元羧酸与二

元醇，或二元与三元醇混合脱水缩聚而成，通常用过量的二元醇，使端基为羟基的聚酯多元醇；其二是聚-ε-己内酯，ε-己内酯在起始剂存在下开内酯环，制得线型聚-ε-己内酯，端基为羟基的多元醇：

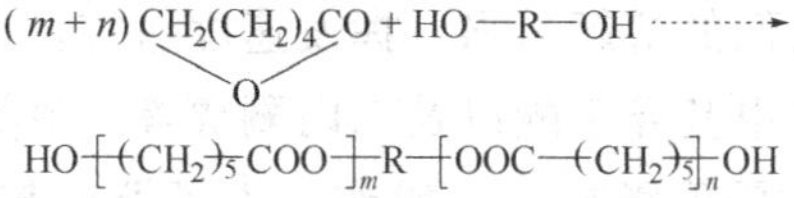

$$(m+n)CH_2(CH_2)_4CO + HO—R—OH \cdots\cdots\cdots \rightarrow$$

$$\underset{O}{|}$$

$$HO \left[CH_2 \right]_5 COO \right]_m R \left[OOC—\left(CH_2\right)_5 \right]_n OH$$

② 聚醚多元醇一般采用氧化丙烯二醇（PPG）高活性的端伯羟基为主的聚氧化丙烯-氧化乙烯多元醇、聚四氢二醇（PTMEG）等，其中相对分子质量 600～2000 的 PPG 多用于合成预聚体；高活性聚醚（M 在 5000 左右，官能度 3）既可用于预聚体，也用于活性氢组分。根据引发起始剂所含活泼氢原子数目，可制不同官能度的聚醚。利用二元醇可制得二元醇醚，三元醇可制得三元醇醚，用乙二胺可制得四官能度碱性聚醚，由于它存在叔碳原子，对 NCO 反应具有催化作用，可供配置快干的双组分聚氨酯涂料。

聚醚多元醇分子中以醚键连接，耐水性、耐化学腐蚀性、耐磨性等均较好。因为醚键的存在，在紫外线照射下容易氧化为过氧化物，使得漆膜降解老化，失光粉化，故户外保光性差。若外用则必须添加颜料或助剂进行屏蔽保护。紫外线对聚醚分子的破坏作用如下：

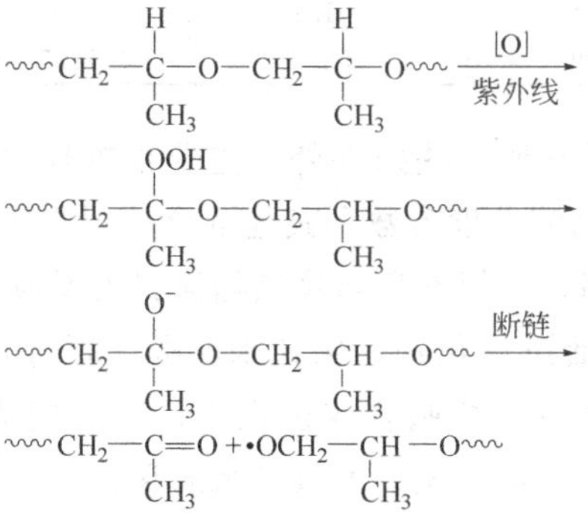

③ 聚醚胺（即端氨基聚醚）与异氰酸酯反应极快，不需要任何催化剂。聚脲涂料体系可用于立面喷涂，其力学强度较以聚醚多元醇为主要原料的产品高。端氨基聚氧化丙烯可使涂层具有较低的湿气透过率。碳酸丙二酯是聚脲的活性稀释剂（结构见表 3.37 所列），具有较高的燃点、低毒。

3.3.2.3 溶剂

聚氨酯涂料中的溶剂，有两种重要作用，其一，溶解聚氨酯树脂，调节涂料黏度，便于施工操作的挥发性溶液；其二，溶剂常常也是制造聚氨酯涂料树脂的反应介质。聚氨酯涂料溶剂的选择，出了同其他类型涂料有共性外，还必须考虑到聚氨酯涂料中含有 NCO 基的特征。因此，所使用的溶剂不能含与 NCO 基反应的物质，否则会使聚氨酯涂料胶化变质，故醇、醚醇类溶剂都不能采用。另外要考虑到所选的溶剂是否会对 NCO 基的反应性有影响。也就是所采用的溶剂对制造聚氨酯树脂过程和在聚氨酯涂料的使用过程中，涂料对 NCO 基的反应速率高低有影响。

聚氨酯涂料采用的溶剂，以酯类溶剂为最多，其次是酮类和芳烃类溶剂。例如酯类溶剂：醋酸丁酯、醋酸乙酯、醋酸异戊酯、醋酸异丁酯、乙二醇乙醚醋酸酯、丙二醇甲醚醋酸酯等。它们的溶解力强，挥发速度适宜，最适于应用。酮类溶剂的采用是环己酮、甲乙酮和甲基异丁酮以及二丙酮醇等，该类溶剂溶解能力强，但挥发速率较低，气味太大，严重影响施工操作。为了调整聚氨酯涂料适宜的施工黏度，特别是在聚氨酯树脂的制造中通常选用二甲苯、甲苯作为溶剂。

聚氨酯涂料常用溶剂的物理性质见表 3.38 所列。

表 3.38 聚氨酯涂料常用溶剂的物理性质

溶剂	溶解度参数 SP	沸点/℃	相对密度 d_4^{20}	折射率 n_D^{25}
甲苯	8.85	110.6	0.866	1.4967
二甲苯	8079	135~145	0.860	—
醋酸乙酯	9.08	77.0	0.902	1.3917
醋酸丁酯	8.74	126.3	0.8826(d_{20}^{20})	1.3591
丙酮	9.41	56.5	0.7899	1.3591
甲乙酮	9.19	76.6	0.8061	1.3790
环己酮	10.05	155.6	0.9478	1.4507
四氢呋喃	9.15	66.0	0.8892	1.4070
二氧六环	10.24	101.1	1.0329	1.4175
二甲基甲酰胺	12.09	153.0	0.9445(d_4^{25})	1.4269(n_D^{25})

当选用溶剂时，除了其他一些条件外，主要根据聚氨酯涂料溶解度参数 SP = 10 来选择相近似的溶剂的溶解度参数和其他混合的树脂的溶解度参数。

聚氨酯涂料用的溶剂，不但本身与聚氨酯涂料无反应性，而且要求溶剂中不含有能与—NCO 基反应的活泼氢化物，例如水、醇、氨等，同时也不能含有酸、碱等杂质。否则在制漆或聚氨酯树脂合成过程中，容易造成胶化损失。在选用溶剂时，通常工业级的溶剂中总是避免不了微量水的存在。

在聚氨酯的涂料配方中，经常采用芳香族溶剂和酯类、酮类溶剂的混合。前者起着稀释作用，后者起着强溶解作用。对于喷涂来说，可采用挥发性快的混合溶剂，而对于刷涂施工来说，可采用挥发性小的混合溶剂。为了更好地选择和使用溶剂，还应该了解它对异氰酸酯和醇类的反应速率的影响，这些均取决于溶剂的氢键特性和介电常数。

3.3.2.4 颜料

颜料是制备聚氨酯不可或缺的原料。颜料是一些彩色或白色细微粉末状态的物质，不溶于水、油以及溶剂等介质，但能均匀地分散于其中，与基料溶液混合经研磨分散后涂于物体表面，能形成不透明颜色色层，并能遮盖基底，并使涂膜增加耐久性、耐候性、防腐性及物理力学性能等。适用于聚氨酯涂料应用的颜料分述如下。

（1）填充颜料

填充颜料也叫体质颜料。体质颜料是一类不溶于基料和溶剂的固体微细粉末，体质颜料在加入涂料中后，对涂膜没有着色作用和遮盖力，由于这些颜料的折射率低，多与涂料中作成膜物质的油、树脂接近，将其放入涂料中既不能阻止光线的透过，也不能给漆膜添加颜色，但其能影响涂料的流动特性以及涂膜的力学性能、渗透性、光泽和流平性等，增加涂膜的厚度和体质以及耐久性，故称为体质颜料。有些体质颜料本身密度小、悬浮力好，可以防止密度大的颜料沉淀；有的可以提高涂膜的耐磨性、耐水性和稳定性；有的还可以作消光剂。适合聚氨酯涂料的填充颜料特性指标见表3.39所列。

表3.39　填充颜料的特性指标

填充颜料	密度 /(g/cm³)	吸油量 /(g/100g 颜料)	粒径形状 /μm	特　性
滑石粉（硅酸镁）	2.9	35～60	1～5,纤维状	难分散
滑石粉（硅酸镁）	2.9	25～45	1～3,扁平状	易分散
碳酸钙（水磨石灰石）	2.7	10～18	1～3,非球形	易分散和湿润，易于改善分散性和导热性
沉淀碳酸钙	2.7	20～50	＞0.2立方系针状体	易于湿润和分散，有助于改善分散，导热适中
白土	2.58	30～60	叠状片	湿润性好，易分散
云母	2.8～3.1	40～100	微细薄状片	分散性差，电绝缘好
石棉	2.4～2.57		纤维状,长度范围宽	导热性低
水磨细砂	2.65	22～32	斜方晶体	易分散，导热好
含硅藻土的氧化硅	2.0～2.3	130～190	硅藻土状	电绝缘好
氧化铝	3.8	—	层片状	电绝缘好，导热性高，热膨胀低
重晶石	4.4	5～12		无吸湿性，易沉降

（2）着色颜料

着色颜料又称着色剂，是一类不溶于涂料基料的微细粉末状的固体物质，将着色颜料分散在涂料中会赋予或增进涂层的某些性能，主要用来使涂料具有各种色彩和遮盖力。着色颜料按其化学成分可分为无机颜料和有机颜料两大类，这两大类颜料在性能和用途上有很大的区别，一般而言，保护性涂料多使用无机颜料，装饰性涂料则主要用有机颜料。

我国主要颜料的技术指标见表3.40所列。

聚氨酯弹性体的着色一般有两种方式进行加工。一种方式是将色料和增塑剂或低分子聚合物混合研磨，真空脱水为色浆，密封备用，色浆中颜料的含量约为20%～50%，色浆的加入量约在0.1%以下，若还需添加其他固体助剂，亦需同时

表 3.40　我国主要颜料的技术指标

产品名称	技术指标							
	着色力	含量	遮盖力	水溶物	水浸取pH值	吸油量	水分	筛余物
华蓝	≥95%	—	≤15g/m²	≤1%	5±1	40%~50%	≤4%	≤5%(60目)
中铬绿	≥95%	—	≤8g/m²	≤1.5%	6~7	15%~25	≤3%	≤1%(325目)
酞菁铬绿	≥95%	—	≤8g/m²	≤1.5%	6~7	15%~25	≤2%	≤1%
酞菁蓝	95%以上	—	≤15g/m²	>1%	7~8	35%~45%	>3%	—
中铬黄	≥90%	铬酸铅含量90%	≤55g/m²	≤1%	5~8	≤22%	≤1%	≤0.5%
浅铬黄	≥95%	铬酸铅含量48%	≤60g/m²	≤1%	4~7	≤20%	≤1.5%	≤0.5%
柠檬黄	≥90%	铬酸铅含量≥50%	≤95g/m²	≤1%	4~7	30%	≤3%	≤0.5%
钼铬橙	≥90%	铬酸铅含量≥60%	≤2g/m²	≤1%	4~7	≤30%	≤1.5%	≤0.5%
铁红	≥95%	氧化铁含量≥94%	—	≤0.3%	—	(15~25)g/102g	—	≤0.3%
铁黄	—	三氧化铁含量≥86%	—	0.5%	3.5~7	25%~35%	1%	0.5%
锶铬黄	锶含量≥43%	铬含量41%	≤150g/m²	氯根含量≤0.1%	硫酸盐含量≤0.2%	≤20%	≤1%	≤5%
锌铬黄	三氧化铬含量≥41%	氧化锌含量35%~40%	碱金属含量≤12%	—	水溶性氯化物含量≤0.1%	≤35%	≤1%	≤3%(200目)
四碱性锌黄	三氧化铬含量17%~19%	氧化锌含量67.5%~72%	—	—	水溶性氯化物含量≤0.1%	≤40%	≤1%	≤3%(200目)

将这些固体助剂一起加入到色浆中去，与颜料共同进行研磨。另一种方式是将所加颜料等助剂和端氨基聚醚、液体胺类扩链剂等研磨成色浆，经加热真空脱水，封装备用，使用时将少量色浆加入到乙组分中经搅拌均匀后再与甲组分反应而生成喷涂聚脲制品。

3.3.2.5　助剂

所谓涂料助剂，它是成膜物质、溶剂及颜料之外的涂料添加剂，在涂料配方中的用量很少，但是它能够显著地改善涂料或涂膜的性能、涂膜外观、使用性能、施工性能、储存稳定性或生产时碰到的问题。这些助剂包括扩链剂、催化剂、分散剂、流变剂、消泡剂等。对助剂的要求是：在最小用量下，有较好的技术要求，无毒性，在涂料体系中稳定，没有或者只有极小的副作用；新型助剂的要求是多功能性、使用方便和无副作用。不同类型的涂料有不同的助剂要求。在一个涂料配方中通常需要结合几种类型的助剂，需要做实验以确定助剂在涂料中的适用性，如有机硅树脂可以抗缩孔，但是过量的话，会造成层间附着力差。此外，还需要确认助剂间没有化学作用、没有絮凝产生。助剂的添加方式也需要进行试验。在一个涂料配方中助剂的选择原则是：确定助剂发挥作用的最佳用量，助剂的价格远高于其他组分，从降低成本角度出发，应尽可能少用助剂。在聚氨酯涂料中使用助剂甚多，其作用在于：①改善聚氨酯涂料的工艺过程；②提高聚氨酯涂料的贮存稳定性；③改善聚氨酯涂料的施工性能；④克服涂料出现的缺陷。总之采用不同的助剂可赋予聚氨酯涂料不同的性能，用以解决聚氨酯涂料生产、施工和应用中遇到的各种问题，有助于将聚氨酯涂料的生产和应用提高到一个崭新水平。主要的催化剂见表3.41所列。

表 3.41　主要的催化剂

化学名称	分　类	作　用
胺类催化固化剂	甲基二乙醇胺、甲基乙醇胺、三乙醇胺、二胺基乙醇、醇胺等	具有催化性能，还能参与涂膜的交联，既可促进涂膜的固化，又可以提高涂膜的韧性
有机金属类催化固化剂	二丁基二月桂酸锡、辛酸亚锡等	具有颜色浅、耐久性好、耐水性好等优势；而胺类催化剂具有较长的施工期限和能与芳香族溶剂一起使用的优势
金属环烷酸盐催化固化剂	钴、锰、铅、锌、铁、铜的环烷酸盐	吸氧能力强，能促进脲基甲酸酯生成和促进异氰酸酯的三聚体最用，能用于热聚合作用，促进涂膜里层固化，增进涂膜的硬度

（1）催化剂

在聚氨酯具备过程中（如合成预聚体）或成膜过程中，都是用催化剂。催化剂指的是合成预聚体时用的催化剂，有利于反应向设计的方向进行，缩短反应时间，而催化固化剂主要是指的是为了促进涂膜固化，改善和提高涂膜的物理力学性能，提高涂膜的耐水性、耐化学品性等。常用的催化固体剂有胺类催化固体剂、有机锡类催化固化剂、有机磷等。

①胺类催化剂　常用的叔胺类催化固化剂有三亚乙基二胺、二甲基乙醇胺、三乙醇胺、甲基二乙醇胺等。

叔胺类催化剂对促进异氰酸酯基与水反应特别有效，一般用于制备聚氨酯泡沫塑料，低温固化及潮湿固化型聚氨酯涂料也采用，也可以说是一种特殊的固化手段，但对胺类选择要做实验比较，其比较常用的胺类为位阻胺如 MoCA 等。胺类催化剂的品种繁多，故其选择的范围也是比较宽的。选择催化剂除了催化活性外，还要考虑到催化剂的蒸汽压、溶解度、气味及价格等因素。叔胺类催化剂的主要品种介绍如下。

a. 二甲基乙醇胺　相对分子质量为89，是无色透明液体，有刺激性氨味，其分子结构式为：

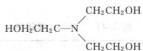

b. 三乙醇胺　催化活性较三亚乙基二胺小，能使涂料使用期延长，常和其他催化剂拼用。另一特点是分子中含有三个羟基，与异氰酸酯反应后成为结合的一部分，提高聚氨酯涂料的内在性能。三乙醇胺的分子式为 $C_6H_{15}O_3N$，相对分子质量为 149.19，无色黏稠液体，在空气中会逐渐变黄。有吸湿性，溶于水、乙醇和氯仿，微溶于乙醚和苯。相对密度（d_4^{20}）为 1.1242，熔点为 20～21℃，沸点 360℃，黏度 613.6mPa·s，闪点（开口）90.55℃，折射率（n_D^{25}）1.4850，其分子结构式为：

$$\text{HOH}_2\text{CH}_2\text{C—N}\begin{array}{l}\text{CH}_2\text{CH}_2\text{OH}\\[4pt]\text{CH}_2\text{CH}_2\text{OH}\end{array}$$

c. 三亚乙基二胺　三亚乙基二胺的国际商标品牌为 Dabco，化学名称为 1，4-二重氮双环（2.2.2）-辛烷，其结构式为：

$$\begin{array}{c}\text{CH}_2\!\!-\!\!\text{CH}_2\\[3pt]\text{N—CH}_2\!-\!\text{CH}_2\!-\!\text{N}\\[3pt]\text{CH}_2\!\!-\!\!\text{CH}_2\end{array}$$

亚乙基二胺的分子式为 $C_6H_{12}N_2$，相对分子质量为 112.17，是一种笼状化合物，两个 N 原子连接三个亚乙基，分子结构密集对称。

分子中 N 原子没有空间位阻影响，容易接受一对空电子，因此 Dabco 对异氰酸酯基（NCO）和活泼氢化合物有极高的催化活性。三亚乙基二胺为白色六角晶体，熔点 154℃，沸点 173℃，闪点（闭式）52℃，密度 $1.14g/cm^3$（25℃），蒸汽压 0.71kPa（38℃）。

叔胺类化合物对聚氨酯反应，其催化活性的大小主要取决于下列三个因素。其一，从表观上讲是叔胺的碱性，叔胺的分子结构和碱性对催化活性有很大的影响。当胺分子上带有斥电子取代基时，会使 N 原子上的电子云密度增加，即碱性增加因而其活性也提高；反之，如果胺分子连接的是吸电子取代基团时，则会使 N 原子上的电子云密度减少，碱性降低，其催化活性降低。其二，从分子结构上讲，N 原子上所带取代基的空间障碍越小，其催化活性则越高。其三，催化剂的浓度增加，催化活性亦增加。

② 有机锡类催化剂　有机锡化合物在聚氨酯合成的过程中，而有机锡类催化剂催化 NCO/OH 型反应比 NCO/H_2O 型反应要强，能极其有效地促进聚氨酯大分子链的增长，利用其与叔胺催化剂的配合使用，能很好地控制、调节聚氨酯泡沫生成过程中的发泡和凝胶两个主要反应间的平衡。常用的有机锡类化合物有二月桂酸二丁基锡、辛酸亚锡。

a. 二月桂酸二丁基锡　简称 DBTDL，二月桂酸二丁锡的生产由丁醇、碘、磷反应生成碘丁烷，碘丁烷与金属锡在微量镁催化下，以丁醇为溶剂直接反应生成碘丁基锡，精致后以烧碱处理得氧化二丁基锡，氧化二丁基锡和月桂酸缩合制成二月桂酸二丁基锡。其物理性质见表 3.42 所列。二月桂酸二丁基锡广泛应用于聚氨酯弹性体、高回弹泡沫塑料等。二月桂酸二丁基锡的毒性较大，操作时要注意保护工作，空气中最高容许浓度为 $0.1mg/m^3$，它可溶于多元醇和有机溶剂之中。二月桂酸二丁基锡的分子结构式为：

表 3.42 二月桂酸二丁基锡的物理性质

项 目	指 标	项 目	指 标
结构式	$(C_4H_9)_2Sn(OCOC_{11}H_{23})_2$	相对密度	1.07 ± 0.01
相对分子质量	631.56	凝固点/℃	$\leqslant -10$
外观	黄色液体	折射率	1.479 ± 0.009
锡含量/%	18.5 ± 0.5	黏度(25℃)/mPa·s	$\leqslant 80$
色度(Gardner)	$\leqslant 8$	闪点/℃	约200

b. 辛酸亚锡 分子式为 $[C_4H_9CH(C_2H_5)COO]_2Sn$，辛酸亚锡是 2-乙基己酸亚锡的简称，商品名 T-9。辛酸亚锡溶于多元醇和大多是有机溶剂，不溶于水和醇。辛酸亚锡无毒性、无腐蚀性。其物理性能见表 3.43 所列。

表 3.43 辛酸亚锡物理性能

项 目	指 标	项 目	指 标
外观	无色至淡黄油状物	凝固点/℃	-25
锡总含量%	28	折射率	1.4955
亚锡含量%	97	黏度(20℃)/mPa·s	450
色度(Gardner)	3	闪点/℃	142
相对密度	1.25 ± 0.02		

③ 有机磷类 用于异氰酸酯的二聚或三聚成环反应的催化剂，必须是具有亲核特性的化合物，如吡啶、甲醇钠、三乙基膦、三丁基膦、烷基锡、二茂铁、碱金属的醋酸盐、草酸盐等。尤其是采用有机磷化合物更为特效。在工业生产中为了降低游离 TDI 含量，往往有意识地加入微量催化剂以促进游离单体自聚，达到预期目的，但如果疏忽大意也会造成凝胶事故。

(2) 扩链剂

指能使分子链线型增长的一类化合物，通常是指具有双官能基的低分子化合物或低聚物。为了调节水分散性聚氨酯分子量及软、硬比例，改善材料性能，除了低聚物多元醇和二异氰酸酯外，合成预聚体或预聚体乳化时还常常用到小分子扩链剂，主要是多官能度醇类或胺类化合物，有时也加入少量的 TMP（三羟甲基丙烷）等，改善性能。

目前，聚氨酯工业所用的扩链剂和种类较多，按其化学结构基本上可以分为醇类和胺类化合物，随着聚氨酯工业的高速发展和应用领域、产品形式的不断扩张，其新品种也在迅速增加，在聚氨酯工业生产中使用的扩链剂其品种见表 3.44 所列。

表 3.44　聚氨酯常用的扩链剂

类别	典型品种	典型应用
多元醇类	乙二醇、丙二醇、1,4-丁二醇、一缩二乙二醇、丙三醇、三羟基丙烷	自结皮泡沫、弹性体、胶黏剂、半硬泡等
脂环醇类	1,4-环己二醇、氢化双酚 A	弹性体、胶黏剂
芳醇类	二亚甲基苯基二醇、对苯二酚双-β-羟乙基醚、间苯二酚羟基醚	弹性体
醇胺类	二乙醇胺、三乙醇胺、甲基二乙醇胺	半硬泡、高回弹泡沫、涂料、合成系
二胺类	3,3'-二氯-4,4'-二氨基-苯基甲烷(MOCA)、3,5-二甲硫基甲苯二胺、二乙基甲苯二胺、间苯二胺	弹性体、涂料、胶黏剂
其他	α-甘油烯丙基醚、缩水甘油烯丙基醚过氧化二异丙苯、硫黄	弹性体

在聚脲类涂料的合成中，扩链剂具有如下的功能。

① 低分子二元化合物和低分子三元或四元化合物能使聚合物反应体系迅速地进行扩链剂和交联。

② 聚脲用扩链剂应具有能与反应体系进行化学反应的特性基团，且分子量低、反应活泼，在整个反应原料体系中，对异氰酸酯和队员春体系结构较强的反应竞争概率，因此，他们能极其有效地调节反应体系的反应速率。在实际工作中，可以使用不同品种的交联剂及用量，调节反应物的黏度增长等工艺参数，使之适应加工工艺的要求。

③ 聚脲用扩链剂应参与反应并进入聚合物主链的行为，可以将其分子中的某些特性基团结构引入聚氨酯聚合物主链中，能对聚氨酯的某些性能产生一定的影响。

喷涂聚脲其合成工艺过程一般采用半预聚体法，即将二异氰酸酯和低聚物多元醇或氨基聚醚进行反应，先合成半预聚体，若要将预聚体加工成涂料制品，则还需要将加入扩链剂或氨基聚醚的混合物与之反应。在喷涂聚脲涂料生产中，大量使用的是二胺类低分子量化合物。

（3）流平剂

能改善湿膜流动性的物质称为流平剂。它的主要作用死降低涂料组分间的表面张力，增加流动性，是涂膜达到光滑、平整，从而获得无针孔、缩孔、刷痕和橘皮等表面缺陷，得到一种致密度高的漆膜。有机硅树脂、聚丙烯酸酯、醋酸丁酸纤维素、丁醇改性三聚氰胺甲醛树脂、硝化纤维素、聚乙烯醇缩丁醛和与涂料组分相匹配的混合机等也都可以作为聚氨酯涂料的流平剂。

部分流平剂产品介绍见表 3.45 所列。

表 3.45　部分流平剂产品介绍

商品名称	主要成分	性能特点	主要作用
Modaflow 树脂	丙烯酸共聚物	外观为黏稠、灰黄色液体；活性物 100%；黏度 60～160Pa·s；溶剂无；闪点 137℃；折射 1.47	改进流平剂和均涂性能；消除涂膜缩孔和"鱼眼"；减少涂膜橘皮和针孔；改善底材润湿；利于空气释放，保持或增加底材重涂和附着性；有助于颜料分散
Multiflow 树脂	丙烯酸共聚物	外观为淡黄色液体；活性物 50%；黏度<0.1Pa·s；溶剂二甲苯；不挥发分 47%～53%；闪点 27℃；折射率 1.5	改进流平剂和均涂性能；消除涂膜缩孔和"鱼眼"；减少涂膜橘皮和针孔；改善底材润湿；利于空气释放，保持或增加底材重涂和附着性；有助于颜料分散
流平剂 466	非离子改性硅油	外观淡黄色液体；活性分 50%；溶剂二甲苯-丁基溶纤剂；闪燃点约为 37℃	具有高度界面活性，对底层湿润性良好，可消除涂膜缩边，能显著提高光滑性，提高光泽
CAB-35-1	醋酸丁酸纤维素	外观为白色颗粒状；丁酰基含量 35%；水解度 0.5～1	消除涂膜缩孔，改善流平剂，增强涂层黏结力
Modaflow2100	丙烯酸共聚物	外观为灰黄色液体；活性物 100%；黏度 4～12Pa·s；闪点 137℃；溶剂无；折射率 1.5	改进流平剂和均涂性能；消除涂膜缩孔和"鱼眼"；减少涂膜橘皮和针孔；改善底材润湿；利于空气释放，保持或增加底材重涂和附着性；有助于颜料分散
CAB-381-0.1	醋酸丁酸纤维素	丁酸基含量 37%；乙酰基含量 13%；羟基含量 1.5%；游离酸（以醋酸计）0.03%；灰分 0.01%；相对密度 1.20；玻璃化温度 123℃；平均相对分子质量 20000	有助于消除涂膜缩孔；缩短干燥时间，改善颜料控制和涂层间黏结
CAB-381-0.5	醋酸丁酸纤维素	丁酸基含量 37%；乙酰基含量 13%；羟基含量 1.5%；游离酸（以醋酸计）0.03%；灰分 0.01%；相对密度 1.20；玻璃化温度 123℃；平均相对分子质量 30000	有助于消除涂膜缩孔；缩短干燥时间，改善颜料控制和涂层黏结
Pemol S4	聚硅氧烷	黏度 40mPa·s；固体含量 49.1%；有机挥发分 39.6%	提高涂膜的平滑性，改善抗擦伤性；防止缩孔，避免"鱼眼"、针孔

（4）消泡剂

在聚脲类防水涂料施工过程中，由于聚脲中的异氰酸酯基（—NCO）可与涂料组分中的含活泼氢的化合物产生反应，产生 CO_2 气体，加上搅拌因素，往往会产生气泡，因此为防止产生泡沫而加入的物质称为消泡剂，或者称为抗泡剂和防泡剂。常用的消泡剂大致可以分为低级醇（甲醇、乙醇、异丙醇、正丁醇等）、矿物油系、有机极性化合物系（戊醇、磷酸三丁酯、油酸、聚丙二醇等）、有机硅树脂系等。

(5) 增塑剂

增塑剂是用于增加涂膜韧性的一种涂料助剂。对于某些本身是脆性的涂料基料来说，要获得具有较好的柔韧性和其他力学性能的涂膜，增塑剂是必不可少的。增塑剂通常是低分子量的非挥发性有机化合物，但某些聚合物树脂也可作为增塑剂，具有增塑作用的树脂也称为增塑树脂，如醇酸树脂常用作氯化橡胶和硝酸纤维素涂料的增塑树脂。无论是增塑剂还是增塑树脂都必须与被增塑的树脂有较好的混溶性。常用的增塑剂可以分为两大类，一类是主增塑剂（溶剂型增塑剂），另一类是助增塑剂（非溶剂性增塑剂）。目前使用最多的增塑剂是苯二甲酸二丁酯、本二甲酸二辛酯等苯二甲酸酯类，常用的增塑剂的主要性能及特性见表 3.46 所列。

表 3.46　涂料常用增塑剂

名　称	主　要　性　能　特　征
磷酸二甲酚酯	产品是一种无色油状液体，加入漆内会变黄。见光易分解，不溶于水，可和溶剂以任何比例混合，可溶解硝化棉
邻苯二甲酸二丁酯 (DBP)	对各种树脂都有良好的混溶性，因而在涂料生产中使用较广，其对涂料的黄变倾向较小，但它的挥发性不是很低，所以涂膜经过一段时间使用后，会由于增塑剂的逐渐减少而发脆，这是它的不足之处。常用于硝酸纤维素涂料（用量为 20%～50%）和聚醋酸乙烯乳液涂料中（用量为 10%～20%，在乳液聚合时加入）。本品的主要技术性能指标如下 外观:无色液体 酯含量:≥99% 相对密度:1.044～1.048 酸值:≤0.20mgKOH/g 闪点(开口杯法):≥160℃
邻苯二甲酸二辛酯 (DOP)	性能和邻苯二甲酸二丁酯相似，但其挥发性较小，耐光性和耐热性较好。它常用于硝酸纤维素涂料和聚氯乙烯塑溶胶和有机溶胶涂料之中
氯化石蜡	主要用作氯化橡胶的增塑剂，它的加入量可高达 50%,而不会使氯化橡胶涂膜的抗化学性变差

为了改进喷涂聚脲涂膜的硬度，可加入少量的增塑剂以增加柔韧性及伸长率，但应注意应在不损失黏合强度的前提下确定加入量。

(6) 其他助剂

在聚氨酯涂料中，除较为广泛地应用上述五大类涂料助剂以外，其他助剂如阻燃剂、偶联剂、湿润分散剂、防沉淀剂、抗静电剂、抗氧化等，在聚氨酯涂料，尤其是高新技术型聚氨酯涂料产品的生产和使用中，都得到成功的应用。关于特种需要的助剂请读者查阅涂料助剂手册或有关公司推出的新品种，在此不再赘述。

3.3.3　聚脲化学反应原理

由于脲的生成反应与聚氨酯化学反应机理类似，物理现象也近似，而且两者的应用领域又密切联系，因此习惯上把含有聚脲结构的聚氨酯，甚至是全部含有聚脲结构的聚合物都归类于聚氨酯化学领域。聚氨酯是聚氨基甲酸酯的简称，聚氨酯是由多异氰酸酯与多元醇（包括含羟基的低聚物）反应生成的。

聚脲化学式以异氰酸酯的化学反应为基础，包括异氰酸酯与羟基化合物（预聚体的合成）及氨基化合物的反应。其中羟基化合物包括聚氧化丙烯醚多元醇、聚四氢呋喃、聚酯等；氨基化合物包括端氨基聚醚和液体胺类扩链剂。这两种反应均属于氢转移的逐步加成聚合反应，是由活泼氢化合物的亲核中心攻击异氰酸酯的正碳离子而引起，从而生成氨基甲酸酯基、脲基等化合物。

异氰酸酯的反应形式虽多，但主要体现为它的亲核加成反应和它本身产生的自聚反应。这些反应主要包括以下几个方面：①异氰酸酯与醇反应生成氨基甲酸酯；②异氰酸酯与水反应生成胺并放出二氧化碳；③异氰酸酯与胺反应生成脲；④异氰酸酯与酰胺反应生成酰基脲；⑤异氰酸酯与脲反应生成缩二脲；⑥异氰酸酯与氨基甲酸酯反应生成脲基甲酸酯；⑦异氰酸酯自聚反应生成二聚体和三聚体等。

异氰酸酯的化学反应原理可以从—NCO基的电子结构来理解，Baker 等提出—NCO 基具有如下的电子共振结构：

$$R—N^-—C^+\!\!=\!\!O \Longrightarrow R—N\!\!=\!\!C\!\!=\!\!O \Longrightarrow R—N\!\!=\!\!C^+—O^-$$

由上述共振结构可知，—NCO 基中带正电荷的 C 原子易受亲核试剂攻击，发生亲核加成反应；带负电荷的 N 原子和 O 原子易受亲电试剂的攻击，发生亲电加成反应。聚氨酯涂料的制备反应是逐步加成聚合反应，该反应在聚合反应中具有一定的特殊性，无论是否有低分子放出，凡—NCO 基团与各种亲核试剂反应，均称为加成聚合反应，这类型反应是逐步进行的，也称逐步加成聚合反应，简称为加聚反应。

3.3.3.1 半预聚体合成

在聚脲化学中，甲组分中异氰酸酯的 NCO 含量对区分预聚体和半预聚体有着重要的影响。预聚体的 NCO 含量一般在 12％以下；而半预聚体的 NCO 含量一般在 12％～25％之间。在喷涂聚脲弹性体中，甲组分一般采用的是半预聚体，主要原因有：黏度较低；固化产物的物理性能好；反应活性适中。

喷涂聚脲弹性体的配方多种多样，产品的应用也是十分广泛，但是其合成工艺过程一般使用一步半法。一步半法也叫半预聚物法或半预聚体法。也就是将二异氰酸酯和低聚物多元醇或氨基聚醚反应合成半预聚物。在合成半预聚物的过程中，有以下几种反应并存：①芳香族异氰酸酯同端羟基聚醚的反应；②脂肪族异氰酸酯与端氨基聚醚的反应；③异氰酸酯同端胺（或羟）基聚醚等原料中微量水分的反应；④异氰酸酯的自聚反应。采用预先合成预聚物的方法有助于喷涂弹性体总体性能的提高，使用半预聚物法的优点是：①对空气中水分的敏感性低；②生成的弹性体力学性能好；③生成—NCO 封端的含氨基甲酸酯基团的预聚物和二异氰酸酯的混合物，可以改善原料体系的相容性，而且对于控制反应物的黏度、反应活性、反应放热和聚合物的机构也是有利的。

在半预聚物的合成过程中，有以下几种反应。

（1）芳香族异氰酸酯同端羟基聚醚的反应

芳香族异氰酸酯同端羟基聚醚的反应是合成半预聚物最基本的化学反应，反应生成以氨基甲酸酯为特征结构的、—NCO 基封端的聚氨酯半预聚物。其反应实质是异氰酸酯与含羟基化合物的反应，反应机理如下：

$$R'—OH + nR—NCO \longrightarrow R—\boxed{NH—\underset{\underset{\text{氨基甲酸酯基}}{O}}{\overset{\parallel}{C}}—O}—R' + (n-2)R—NCO$$

常用的羟基化合物有聚氧化丙烯醚多元醇、聚四氢呋喃多元醇、聚 ε-己内酯多元醇、端羟基聚丁二烯等。其中最常用的是聚氧化丙烯醚多元醇，它的原材料来源广泛，价格低廉，合成的半预聚物黏度低，是 SUPA 技术应用最广的一种原材料，可以满足一般防水、防腐、耐磨等领域的要求。

异氰酸酯反应生成的氨基甲酸酯基团可以继续与异氰酸酯基进行反应，生成交联键，生成脲基甲酸酯缩二脲型交联结构。但发生反应必须给予一定的能量，异氰酸酯与氨基甲酸酯的反应活性比异氰酸酯与脲基的反应较低，当在无催化剂存在的环境中，常温几乎不反应，一般反应需在 120～140℃ 之间才能得到较为满意的反应速率，在通常的反应条件下，所得最终产物为脲基甲酸酯。异氰酸酯与脲基化合物的反应，在没有催化物的条件下，一般需要 100℃ 或者更高温度下才能反应，反应所得产物为缩二脲。

（2）脂肪族异氰酸酯与端氨基聚醚的反应

由于芳香族异氰酸酯同端氨基聚醚的反应活性很高，半预聚物合成只能在很低的温度下进行，并且对端氨基聚醚的加入方式和分散措施也要求很高，得到的预聚物黏度大、贮藏稳定性差，故常利用脂肪族异氰酸酯如 IPDI、TMXDI 等与端氨基聚醚的反应合成半预聚物。其反应机理如下：

$$nR—NCO + R—NH_2 \longrightarrow R—NH—\underset{O}{\overset{\parallel}{C}}—NH—R + (n-2)R—NCO$$

（3）异氰酸酯与水的反应

聚醚、聚酯等多元醇具有吸湿性，所以其中难免都含有微量水分存在，故在异氰酸酯与多元醇反应的同时，往往会伴随着异氰酸酯与水的反应。研究认为异氰酸酯与水进行如下反应，先生成不稳定的氨基甲酸，然后很快分解生成胺和二氧化碳。

$$\text{\textasciitilde}R—N=C=O + H_2O \longrightarrow \text{\textasciitilde}R—\underset{}{\overset{H}{N}}—\underset{\underset{\text{（氨基甲酸）}}{}}{\overset{O}{\underset{}{C}}}—OH$$

由于 R—NH₂ 与异氰酸酯的反应比水快，故 R—NH₂ 再进一步与异氰酸酯反应，形成缩二脲交联而使预聚体的贮存稳定性较低甚至凝胶。

$$\sim\!\!\!\text{R}-\text{NH}_2 + \text{OCH}-\text{R}\sim\!\!\!\longrightarrow \sim\!\!\!\text{R}-\overset{H}{\underset{}{N}}-\overset{O}{\underset{}{C}}-\overset{H}{\underset{}{N}}-\text{R}\sim$$
（取代脲基）

$$\text{R}'-\overset{O}{\underset{}{C}}-\text{OH} + \text{O}=\text{C}=\text{N}-\text{R}\longrightarrow \left[\text{R}'-\overset{O}{\underset{}{C}}-\text{O}-\overset{O}{\underset{}{C}}-\overset{}{\underset{H}{N}}-\text{R}\right]$$
（混合酸酐）

由上述反应可以看出，水可产生两种作用：一是生成脲基使预聚物黏度增大；二是以脲基为支化点还能进一步与异氰酸酯反应，形成缩二脲交联而使预聚物的贮存稳定性降低甚至凝胶。由此可见，如果对聚醚、聚酯等多元醇以及其他原料中的微量水分不加控制的话，势必会出现半预聚物黏度过大，造成供料困难，混合效果变差等不良后果。为了确保预聚物质量，必须严格控制低聚物聚醚多元醇或聚酯中的水分含量，必要时要进行脱水处理，保证所用聚合物多元醇或聚酯的水分含量低于 0.05%。

（4）异氰酸酯的自聚反应

异氰酸酯出除了亲核加成反应外，另一个重要的特点就是它的自聚反应。

异氰酸酯了发生自加聚反应，生成各种自聚物，包括二聚体、三聚体及各种多聚体，其中最重要的是二聚反应和三聚反应。目前，异氰酸酯二聚体的生成反应一般只有在芳香族异氰酸酯范围中，但对三聚体，在芳香族异氰酸酯和脂肪族异氰酸酯都可以经过反应获得。

$$2\text{R}-\text{N}=\text{C}=\text{O}\longrightarrow$$

二聚环化反应

$$3\text{R}-\text{N}=\text{C}=\text{O}\longrightarrow$$

三聚环化反应

MID 是聚脲技术中最常用的异氰酸酯，即使在低温条件下也能发生缓慢自聚，生成二聚体（脲二酮）。二聚体不稳定，在加热条件下又可分解成原来的异氰酸酯化合物。这就是 MID 最好在 −5～5℃ 贮运，并在保质期内尽快使用完毕。在合成半预聚物时，必须在较低的温度下进行，综合考虑生产效率及产品质量，合成温度一般控制在 60～80℃。

在三聚催化剂的作用下，芳香族异氰酸酯和脂肪族异氰酸酯都可以产生三聚化反应，生成三聚体（异氰脲酸酯），三聚反应是不可逆的反应。

在有机磷催化剂及加热条件下，异氰酸酯可发生自身缩聚反应，生成含碳化二亚氨基（—N═C═N—）的化合物，该反应是异氰酸酯三聚及二聚反应以外的另一种自聚反应。碳化二亚胺结构具有高度不饱和的双键，其化学性质活泼，能与水进行加成反应生成脲。

3.3.3.2 SUPA材料的生成反应

SUPA材料的特征反应是半预聚物同氨基聚醚与液体胺类扩链剂之间进行的，在高温时，还有半预聚物同脲基的副反应。

(1) 半预聚物与氨基聚醚及胺类扩链剂的反应

由于氨基聚醚活性很高以及N原子的碱性，反应不需要催化剂就可在极短的时间内固化。所以，这就是为什么喷涂聚脲弹性体可在极为苛刻的条件下施工，甚至很低的温度下（如−20℃）。聚脲材料的特性反应如下，半预聚物（异氰酸酯组分）与氨基聚醚及胺类扩链剂反应生成脲基。

$$\text{R}-\text{NH}_2+\text{R}'-\text{N}=\text{C}=\text{O} \longrightarrow \text{R}'-\overset{H}{\underset{|}{\text{N}}}-\overset{O}{\underset{|}{\text{C}}}-\overset{H}{\underset{|}{\text{N}}}-\text{R}$$
脲基

从分子结构分析，SUPA材料中的脲基呈现以C=O基团为中心的几何对称结构，比聚氨酯材料的氨基甲酸酯基稳定，所以聚脲材料的耐老化、耐化学机制、耐磨、耐核辐射和耐高温等综合性能优于聚氨酯。

在聚脲的生产中，常常会选用端氨基聚醚及伯氨基扩链剂与半预聚物反应，将端氨基聚醚应用于聚氨酯（脲），基于两个主要优点：其一，氨基化合物与异氰酸酯反应的速度比羟基快，可缩短反应时间；其二，由氨基化合物与异氰酸酯反应生成的聚脲，其极性要比羟基与异氰酸酯反应生成的氨基甲酸酯强得多。端氨基聚醚可分为芳香族和脂肪族两类。脂肪族端氨基聚醚以其更低的黏度和更高的活性，更适合SPUA工艺。

(2) 半预聚物同仲氨基聚醚及仲胺扩链剂的反应

芳香族异氰酸酯与常规的氨基聚醚、液体胺类扩链剂反应速度极快，通常凝胶时间小于3~5s，因而存在对底材的湿润能力弱、附着力低、层间结合不理想、涂层内应力大等一系列缺点。如果在SPUA配方中，加入一部分仲胺基（尤其是位阻型）扩链剂或仲胺基聚醚，可以把凝胶时间延长至30~60s，涂层具有更好的流平性及附着力，同时减少了涂层的内应力。

$$\text{R}'-\underset{\underset{\text{R}''}{|}}{\overset{|}{\text{N}}}-\text{H}+\text{R}-\text{NCO} \longrightarrow \text{R}-\overset{H}{\underset{|}{\text{N}}}-\overset{O}{\underset{|}{\text{C}}}-\underset{\underset{\text{R}''}{|}}{\overset{|}{\text{N}}}-\text{R}'$$

(3) 半预聚物的交联反应

为满足使用高要求，SPUA材料常常在大分子之间形成适度的化学交联，来提高材料的撕裂强度、耐介质性能以及压缩强度，降低压缩变形率，改善施工性能等。化学交联一般可以采用如下办法获得：①官能度大于2的多异氰酸酯合成的半预聚物；②官能度大于2的氨基聚醚与半预聚物反应；③过量的异氰酸酯与脲基反应生成缩二脲交联。

（4）半预聚物同脲的副反应

适合于喷涂作业体系中的异氰酸酯指数一般控制在 1.05～1.10，这将有利于减少各种微量水分对材料性能的影响，如果异氰酸酯指数超过 1.1，则多余的异氰酸酯会和空气中中的水分反应，生成分子量低的胺和二氧化碳，漆膜多气泡，拉伸强度降低，极易开裂，严重时则引起层间剥离。

半预聚物与氨基聚醚及胺类扩链剂反应生成脲基，在 100℃ 以上，异氰酸酯与脲基就有适中的反应速率，生成缩二脲支链或交联。缩二脲基团的生成，对弹性体的耐热性能、低温柔韧性以及力学强度等带来不利影响。

3.3.3.3　异氰酸酯结构的影响

（1）电子效应的影响

异氰酸酯基（—NCO）是以亲电中心——正碳离子与活泼氢化合物的亲核中心配位产生极化导致反应进行的，所以与—NCO 基连接的羟基（R）的电子效应对异氰酸酯活性的影响正好与 R 基对活泼氢化合物活性的影响相反，即 R 若是吸电子基（如芳环）则降低—NCO 基中 C 原子的电子云密度，从而提高—NCO 基的反应活性；若 R 是提供电子基（如烷基）则降低—NCO 基的反应活性。异氰酸酯基的反应活性按下列 R 基团的排列顺序递减：

$$O_2N—\text{⟨苯环⟩}— > —\text{⟨苯环⟩}— > H_3C—\text{⟨苯环⟩}— > H_3CO—\text{⟨苯环⟩}— > 烷基$$

因苯环是吸电子基，烷基是推电子基，所以芳族异氰酸酯的活性比脂肪族异氰酸酯大得多。就芳香族异氰酸酯而言，苯环上引入吸电子基（如—NCO_2 基等），会使—NCO 基中 C 原子的正电性更强，从而促进它与活泼氢化合物的反应。反之，苯环上引入供电子基（如烷基），则增加—NCO 基中 C 原子的电子云密度，使—NCO 基的活性降低。

（2）位阻的影响

除了上述苯环上的取代基的电子效应外，取代基的位阻效应同样会降低—NCO 基的活性，特别是邻位取代基的位阻效应影响更大。因此同种二异氰酸酯的不同异构体的反应活性也是不同的，如二苯基甲烷二异氰酸酯（MDI）的两种异构体 4,4′-MDI 和 2,4′-MDI，其结构式如下：

$$OCN—\text{⟨苯环⟩}—CH_2—\text{⟨苯环⟩}—NCO \qquad OCN—\text{⟨苯环⟩}—CH_2—\text{⟨苯环⟩}^{OCN}$$

4,4′-MDI　　　　　　　　　　2,4′-MDI

3.3.3.4　聚氨酯与聚脲分子结构上的异同点

聚氨酯是由含端异氰酸酯（—NCO）化合物与含多羟基化合物经过化学反应，形成具有氨酯键（—NHCOO—，又称氨基甲酸酯）的高分子材料。该反应需要一定的温度，并且需要催化剂。其所形成的高分子材料固化成膜后，高分子链上含有多种化学键，如碳碳键（—C—C—）、醚键（—O—）、酯键（—COO—）、氨酯键（—NHCOO—），也含有少量脲键（—NHCONH—）等。

聚脲是含端多异氰酸酯（—NCO—）化合物与端多元胺（包括树脂和扩链剂）化合物反应所形成的具有脲键（—NHCONH—）的高分子材料。它无需催化剂，也不需加热即可迅速反应。其固化后高分子链中含有碳碳键（—C—C—）、醚键（—O—）、脲键（—NHCONH—）、酯键（—COO—）、氨酯键（—NHCOO—）等。

聚氨酯固化成膜后和聚脲固化成膜后，分子链中所含的化学键种类是相同的或相似的。无论是聚氨酯还是聚脲，必须先制成含端基为异氰酸酯的预聚体或半预聚体或低聚物。也有人将聚脲称为一种特殊的聚氨酯或高力学性能的聚氨酯。

尽管聚氨酯和聚脲固化成膜后，所含化学键的种类相同或相似，但聚氨酯橡胶模中对其物理性能起关键作用的官能团为氨酯键，而聚脲固化后对其性能起关键作用的官能团为脲键。在聚氨酯和聚脲中都会有氨酯键和脲键，但由于在聚氨酯固化后的橡胶模中，氨酯键数量大大超过脲键，其性能主要由氨酯键所决定；而聚脲固化后的橡胶模中脲键的数量超过氨酯键数量，其性能主要由脲键所决定，脲键强度大大超过氨酯键强度，并且脲键很稳定。

3.3.4　喷涂聚脲防水涂料的配方设计与生产

3.3.4.1　配方设计原则

首先，制备氨酯油时，其配方设计一般采取异氰酸酯基与羟基之当量比略小于 1 或接近于 1。当 NCO/OH>1 时，产品中残留游离的 NCO 难以除去，使产品不稳定，贮存期短；当 NCO/OH<1 时，或远小于 1 时，产品中残留羟基过多，涂膜耐水性和干燥性较差。当 NCO/OH 接近于 1 时，产品性能全面提高，通常使其 NCO/OH 当量比值在 0.9～0.95。但特殊情况也有采用 NCO/OH＝1 的时候，或稍高一点，这就需要从试验求得答案。

其次，氨酯油的配方设计时，油度即油脂在树脂中的百分含量一般采用 60％～75％。油的种类应是以干性油或半干性油为主。这样在油度适量、油种合适的情况下，制得的氨酯化涂膜在光泽、强度、耐化学性能等方面均较好。

最后，由于一般制备氨酯油涂料所采用的二异氰酸酯单体为 TDI，故容易泛黄，若采用脂肪族二异氰酸酯和豆油等地醇解物反应制得改性氨酯油涂料基本不泛黄，但 HDI 在氨酯反应时活性低，需加入二丁基锡类催化剂，用量为反应物的 0.08％～0.1％，促进氨酯化反应。另外，需说明的是干性油与多元醇进行酯交换反应时，也需要加入催化剂，即采用环烷酸钙，钙含量为 4％，加入量为油量的 0.1％～0.3％，不宜用黄丹，否则黏度上升太快，易凝胶。醇解反应温度控制在 230～250℃之间 1～2h。氨酯化后，其氨酯油中仍残留极少量游离—NCO 基时，可加入少量甲醇或丁醇以除之，用量可根据测得的 NCO％量来计算。

3.3.4.2 配方体系中的影响因素

(1) 合成预聚体中异氰酸酯的选择

异氰酸酯是聚脲弹性体的主要原料之一。为了减少异氰酸酯的挥发对施工者、环境的影响和考虑到异氰酸酯反应活性，应多采用性能好、挥发性低、毒性小的二苯甲烷-4,4'-二异氰酸酯（MDI）及其衍生物。

(2) 预聚物异氰酸酯含量的选择

异氰酸酯组分分为预聚体和半预聚体是根据—NCO含量来确定的，一般把异氰酸酯含量低于12%的合成产物称为预聚物，把异氰酸酯含量介于12%～25%的合成产物称为半预聚物或假预聚物。游离的异氰酸酯单体的存在，起到稀释剂的作用，预聚物的黏度明显降低，所以在设计配方时应选择反应性适中、适合喷涂作业的半预聚物。

(3) 聚合物多元醇的选择

为了便于喷涂施工，多选用液体聚醚多元醇喷涂聚脲甲组分中聚合物多元醇，而不选用固体或者半固体的聚酯多元醇、聚四氢呋喃聚醚等原料。从耐水的角度考虑，在选用液体聚醚多元醇时，一般选用环氧丙烷封端，而不要选择环氧乙烷封端。除此之外还要控制所用聚合物多元醇的水分含量。

(4) 聚合反应的时间

随着反应的进行，预聚物体系中的羟基和异氰酸酯基含量逐渐减少，而氨基甲酸酯浓度则从零逐渐增加，在预聚反应完成后，羟基含量应为零；若达到终点时，继续延长反应时间则会导致异氰酸酯的副反应发生。

(5) 聚合温度的控制

由于MDI具有很强的自聚倾向，故甲组分的合成温度一般控制在60～80℃。在通常工艺条件下，氨基甲酸酯和—NCO是很难反应的，但在高温或催化剂（如强碱）存在的条件下会发生反应，生成脲基甲酸酯支链或交联。同时反应放热所引起的升温还应考虑。预聚物的整个合成过程中，温度一定不能超过100℃。

(6) 扩链剂的选择

扩链剂的种类不同，其活性也有很大的区别，选择适当的扩链剂可以控制凝胶时间，体系采用的二胺类扩链剂酰基化后，延长凝胶时间，大大降低了聚脲的反应速率。胺具有亲核性能，活泼氢化合物的亲核中心攻击异氰酸酯的正碳离子而引起反应，反应在比较活泼的—N＝C＝双键上进行，活泼氢化合物中的氢原子转移到—NCO基中的N原子上。上述结果表明，改性前胺基上的H^+活性很大，而改性后的新扩链剂，在结构上2个—$COCH_3$取代了原结构上的2个活泼H原子，本身活性降低，再有2个—$COCH_3$的存在产生较大的空间位阻效应，也使反应活性降低，从而延长了反应时间。

(7) 助剂的选择

在SPUA材料的生产和贮存的过程中，由于其自身的特征，往往需要添加多种助剂来改善其工艺和贮存稳定性，提高产品质量，扩大应用范围。下面介绍一下吸水剂。

吸水剂的加入能够有效地吸收原材料中的微量水分，防止喷涂时发泡。吸水剂通常选用的是分子筛，但是由于分子筛是粉状固体，在SUPA工艺中，固体材料易造成黏度增大、磨损设备，从而降低抽料泵的工作效率。而新型的吸水剂是一种多功能二噁唑烷液体，其稳定性较好，遇水解离成羟基或者仲氨基功能交联剂，参与异氰酸酯的快速反应，防止涂膜气泡和针孔现象发生，且其黏度不高，可以作为一种活性吸水剂，降低组分的黏度，并且不会像增塑剂一样在降低黏度的同时，还会随着时间的延长由于发生迁移现象而影响涂膜的层间附着力，其与多元醇有良好的相容性，在不同多元醇体系中对涂膜综合性能有所提高。

3.3.4.3 喷涂聚脲防水涂料的生产

虽然喷涂聚脲防水涂料在生产制备过程、在贮存过程、在施工过程、在涂料成膜固化后等环节都会出现病态，但是本节会着重介绍喷涂聚脲防水涂料的生产。

(1) 喷涂聚脲防水涂料的生产工艺

喷涂聚脲防水涂料甲组分的生产工艺流程为，首先混合聚醚多元醇经过反应釜高温真空脱水与混合异氰酸酯反应釜加热聚合生成半预聚体，半预聚体再和异氰酸酯以及助剂搅拌混合成为甲组分。而乙组分的生产工艺流程为由端氨基聚醚、颜料、混合胺类扩链剂、填料、助剂搅拌混合成为乙组分。

(2) 喷涂聚脲防水涂料的生产设备

从前面的介绍中可以看到，SPUA材料的综合性能十分突出，但是如果没有合适的喷涂设备对聚脲的快速化学反应进行有效控制的话，难以想象它还会有今天如此众多的应用领域。所以可以这样讲，聚脲专业涂料设备的发明是喷涂聚脲弹性体技术的关键。喷涂设备是喷涂聚脲技术的基础，也是喷涂技术推广应用的难点。SPUA需要专业化设备，必须具有平稳的物料输送系统、精确的物料计量系统、均匀的物料混合系统、良好的物料雾化系统及方便的物料清洗系统。物料输送计量通常称为主机，喷涂的混合雾化设备则是喷枪。喷涂设备连接图如图3.10所示。

① 物料输送系统　抽料泵是最常用的物料输送系统，其作用是为主机供应充足的原料。抽料泵必须满足双向送料及输出量能满足主机需求量等工作特点。隔膜泵是近几年在SPUA技术中开始采用的一种新型物料输送工具，它的优点是体积小、噪声低、不结露，对SPUA技术的进步起到了促进作用。

② 物料计量系统　物料计量系统通常称之为主机，SPUA技术多采用往复卧式高压喷涂机，主要由液压或气压驱动系统、比例泵（A、B两个组分）、控温、加压系统等组成。A、B物料经抽料抽出后进入主机进行计量、空温和加压。物料计量系统必须满足如下特点：可对A、B物料进行精确计量（误差小于0.3%）和温度控制；可产生高压使物料均与混合和良好雾化；维护和保养简单易行。下面从比例泵、主加热系统、长管加热系统三个方面加以介绍。比例的驱动方式有液压及

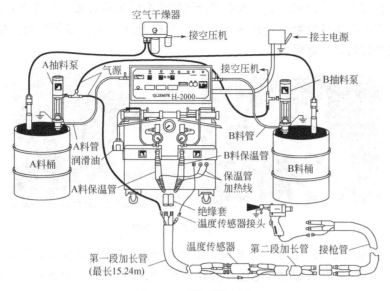

图 3.10　喷涂设备连接

气动两种，液压系统具有不依赖气源、压力稳定、使用可靠等优点，所以大多数设备采用液压驱动。液压驱动系统一般是通用型的，合上电源，打开液压电动机开关，会很快产生液压，该液压由液压油传递至一个缸体中，该缸再通过活塞轴把液压传递给 A、B 两个比例，使其获得高压。气压泵通常是气驱活塞型，利用机械式气体分配阀使气压泵连续运转。气压泵与液压泵一样，利用活塞两端大小面积差，低气压作用于气驱活塞大面积端，输出高压气体端活塞面积，流量也小。气压输出气体的压力取决于活塞面积比、驱动气体的压力及气体输出入口的预增压气体的压力；主加热器，物料经过比例精确计量后变成高压高速液流，流经主加热器。为保证高速运动的高黏度物料充分混合均匀，主加热器必须满足迅速平稳升温并且能完成自动化控制等要求，把室温或经预加热器预热后抽入的物料瞬间加热到设定的温度；长管加热器，为方便施工，通常在主加热器与接枪管之间配备有长管。物料经主加热器加热升温后，流经加热长管输送至喷枪加热。为防止主加热器加热后的物料在流经长管过程中冷却，长管一般具有保温和温度补偿功能，长管加热器如图 3.11 所示。

图 3.11　长管加热器

③ 物料混合、雾化系统　喷枪是撞击混合喷涂技术的关键设备之一。在聚脲弹性体喷涂领域，应用较多的是撞击混合型的喷枪（图 3.12）。喷枪有两种类型：一种是活动阀杆式机械自清洁喷枪；另一种是活动混合室的空气自清洁喷枪。对于聚脲来说，由于物料在混合室内就已混合均匀，所以不像聚氨酯等慢体系在雾化时仍然进行混合过程。其最终雾化的目的主

要是为了获得均匀平整的涂层，该类喷枪的雾化系统主要是通过主机产生的高压来实现的，在混合物料喷射经过模式控制盘（简称 PCD）时，必须开启气帽阀辅助雾化，以获得均匀的涂层。

图 3.12　撞击混合型喷枪

④ 物料清洗系统　在喷涂停止时，整个系统是全封闭体系，A、B 两股物料是各自独立的。只有在开枪时，才能在枪混合室内相互接触，因此在喷涂结束时，抽料泵和主机一般不需要清洗，只需清洗混合雾化系统即可。

3.3.5　喷涂聚脲在高铁中的应用

3.3.5.1　聚脲在高铁的应用概况

根据《中长期铁路网规划》的内容，我国近几年将有数条高速铁路建成，京津城际、京沪高速铁路、京石高速铁路、沪杭高速铁路等，使我国的高速铁路建设进入了高速发展的黄金阶段。

铁路混凝土桥梁桥面防水层是提高桥梁结构耐久性的重要技术手段，现有桥梁由于桥面防水失效造成桥面板渗水、钢筋锈蚀的事例很多，直接影响到结构的使用寿命。

京津城际作为我国第一条高速铁路，是 2008 年北京奥运会的重要配套工程，是环渤海京津冀地区城际轨道交通网的重要组成部分，也是沟通北京、天津两大直辖市的便捷通道。该线由北京南站东段出发，沿京津塘高速公路通道至杨村，后沿京山线至天津站，全长 115.4km，设计时速 350km/h，2008 年 6 月 26 日，实验测试最高时速达到 394km/h。京津城际轨道交通采用了 CRTS Ⅱ型无渣轨道板桥面的设计方案。由于该结构桥面防水层上不另设保护层且与后道工序连续施工，故传统的防水材料很难满足防水要求。经专家多次论证和现场试验，喷涂聚脲防水技术具有环保、力学强度高、附着力好、施工速度快、耐磨速度快、耐磨等优点，最终成为京津城际防水工程的最佳解决方案。

喷涂聚脲防水涂料率先在京津城际铁路工程中的应用，极大地完善和提高了高速公路铁路防水体系的技术水平，为我国在建的诸多高速铁路提供了成熟的应用经验。随后，京沪、京石、石武、沪杭、河蚌、津秦、沪昆等高速铁路也陆续采用了先进的喷涂聚脲防水层方案。

京沪高速铁路全长 1318km，总投资 2200 多亿元，设计时速 350km/h，是新中国成立以来，仅次于三峡工程的超大型基础设施建设项目。京沪高铁的路基聚脲防护工程分为 12 个标段，全线使用聚脲的总量高达到 20284t，脂肪族聚氨酯面漆用量达到 867t，成为聚脲技术自 1986 年在美国问世以来，全世界最大的基础设施聚脲防护工程。

3.3.5.2 铁路混凝土桥面防水层的材料

（1）喷涂聚脲防水涂料

喷涂（纯）聚脲防水涂料含有端氨基聚醚，其化学性较活泼，对环境适应性强，适合于复杂的气候、环境下施工，不含任何催化剂，耐老化性能优越；喷涂聚氨酯（脲）防水涂料仅合适于干燥、温暖环境中施工，其施工时温度宜在 10～35℃，相对湿度在 75％以下，若在此区间范围之外选择喷涂聚氨酯（脲）防水涂料施工时，应通过现场试喷来确认其适应性。喷涂聚脲防水涂料应选择除黑色以外的颜色，宜使用国标色卡 GSB05-1426-2001-71-B01 深灰色，施工前应对其双组分进行识别、检测或产地证明审核，确认其是否符合设计要求。

（2）基层处理底涂

底涂是用于黏结混凝土基层与聚脲防水涂层的，故要求其很好的黏结作用，同时还要求其应该具有良好的渗透力并且能够封闭混凝土基层的水分、气孔以及修正基层表面的细小缺陷，另外还要求固化时间短，可在 0～50℃范围内正常固化的性能。

底涂可采用环氧及聚氨酯等材料，一般可分为低温（0～15℃）、常温（15～35℃）以及高温（>35℃）三类型，选型时要根据实际防水施工所处的地域环境的气候条件确定，并且能适用于潮湿基层。

（3）脂肪族聚氨酯面层

聚脲产品若长期暴露在空气中会发生变色和粉化现象，尤其是白色、浅灰色等浅色聚脲产品的变色十分明显，并可影响使用效果，因此芳香族聚脲涂料仅使用在轨道底座板以下等有遮盖的区域，在轨道底座板以外等暴露的区域的桥面防水层，不单独使用芳香族聚脲涂料，而是在芳香族聚脲涂膜防水层表面喷涂弹性脂肪族保护层，如脂肪族聚氨酯面层等。脂肪族聚氨酯面层应选用除褐色外的其他颜色，宜使用国标色长 GSB05-1426-2001-72-B02 中灰色，每道干膜的厚度应不小于 $50\mu m$，宜应涂刷两遍以上，总厚度应大于 $200\mu m$。

（4）搭接专用黏结剂

防水层进行搭接施工时，若两次施工时间间隔超过 6h，应采用增加聚脲层间黏结力的一种溶剂型聚氨酯类黏合剂。

（5）部分防水层材料介绍

① JT-3 混凝土专用腻子　JT-3 混凝土专用腻子可用于混凝土基层的处理，其

具有干燥速率快、容易刮涂、施工性能好的特点，可在 5～50℃自干，固体含量高，涂膜干燥后无体积收缩，与混凝土基层具有良好的黏结性，对基层表面缺陷具有良好的填补性。

产品外观质量均为胶状流体，表干时间≤4h，黏结强度≥3.0MPa。该产品使用时，基料和固化剂按 5∶1 进行配料，采用手用电动搅拌机进行搅拌，搅拌均匀后即可施工。

② JT502 混凝土封闭底漆　JT502 混凝土封闭底漆为环氧改性聚氨酯底漆。该产品体系具有良好的渗透性能，能够封闭基层的水水分、气孔以及修正基层表面的细小缺陷；产品施工流动性好，固化速率快，对施工环境温度和湿度影响小，可以满足野外施工要求。

产品外观质量均为黏稠体，无凝胶和结块现象；表干时间为≤4h；潮湿基层黏结强度≥2.5MPa，干燥基层黏结强度≥3.0MPa。该产品使用时，基料与固化剂配合比为 3∶2，使用时先搅拌基料至光滑后，再把固化剂在连续搅拌的条件下加入基料中，搅拌均匀后，再放置 5～10min 即可进行施工。

3.3.5.3　京津城际铁路聚脲防护工程回顾

京津城际轨道交通工程采用的是德国引进的博格板技术，钢轨全程无接缝。为了释放轨道与混凝土预制梁基面在热胀冷缩和列车运行时所产生的巨大剪切力，要求轨道板与混凝土预制梁基面之间的防护材料必须满足：高强度、高弹性、耐磨损、抗冲击、耐老化等综合性能要求。而这一综合性能极为苛刻的技术要求，是众多功能单一的防水材料达不到的，初期的技术设计曾经考虑过采用其他方案，例如采用聚甲基丙烯酸甲酯（PMMA）喷涂工艺，后经验证发现：PMMA 的强度、断裂伸长率等关键指标不能满足京津城际轨道设计技术要求；PMMA 在施工时的异常气味会对周边环境和人身健康造成严重损害。为此，全线该用喷涂聚脲弹性体技术。只是对传统防水卷材、涂料的一次革命性升级，是对我国聚脲技术的一次大检阅。

京津城际轨道交通工程是我国第一条高速客运专线，全长 115.4km，预制梁宽 12.4m、长 32.6，两端防撞墙外电缆槽宽 1.5m，全线采用的是无砟轨道桥面，桥面板平整度控制在 3mm/4m 以内；聚脲防护层之上设置博格板滑动层，再在滑动层上安装轨道。两道轨道板下面的聚脲涂层，主要承受列车高速运行时产生的剪切应力和设计寿命高达 100 年的滑动疲劳磨损；其次，轨道板中间的暴露部位，需要承受 1400t 重载铺轨机械设备的上千次的往复碾压和投入运营后的防护层外露及自然老化。

（1）混凝土基材处理

实际的梁体预制过程中，桥面往往不是平整的，为了符合要求，必须使用机械磨盘式打磨机进行打磨，这种开放式的打磨工作，造成了严重的尘土飞扬现象。为避免粉尘污染，打磨工作面要求洒水保持湿润。

由于机械磨盘式打磨机磨盘的高速旋转，混凝土表面有许多的细沙和小石子被打了出来，造成桥面上有很多细小的孔洞；打磨完的混凝土梁面干燥后，打磨下来的粉尘在梁面形成一层很厚的白色浮浆层，需要后续的修补、找平和清洁工作。

（2）底漆施工

底漆起到封闭针孔、排除气体、增加聚脲与基面附着力的作用。在京津城际轨道交通聚脲工地使用的底漆有：溶剂型聚氨酯、水性环氧、溶剂型环氧等类型。在长达一年多的四季聚脲过程中发现：溶剂型环氧底漆在冬季以外的气候施工比较方便，但在5℃以下施工时，固化很困难。而溶剂型聚氨酯底漆是综合性能较好的材料。水性环氧底漆的适应性最差，气温低、湿度大时，干燥速率慢，影响工期；最为严重的是冬季接近零下20℃施工时，极易在混凝土表面结冰，形成假固化现象，造成来年天气转暖后，表面聚脲涂层起鼓和剥落。

（3）聚脲喷涂

底漆固化后，即可进行防水层施工。喷涂聚脲弹性体涂料是一种快速固化型双组分涂料，施工时必须采用双组分聚脲专用喷涂设备。施工前，使用气动或自动搅拌器对涂料的B组分进行搅拌，使之充分搅拌均匀。低温施工时需对物料采取预加热措施，通常使用喷涂设备配备的循环管路使物料通过管道加热器加热。在桥面板距离电缆槽位置8～10cm的距离进行遮挡，避免涂料喷涂到电缆槽需现浇的部分和预留钢筋上。

喷涂时按照聚脲喷涂设备的要求进行施工，涂膜厚度2mm。物料管道加热的最高设定温度为65～70℃，A、B组分的设定温度也可以不一致，根据实际物料的黏度决定。物料压力设定应不低于2000psi（1psi＝6894.76Pa），以利于A、B组分物料充分雾化和混合。喷涂过程中要求有约50%喷涂幅宽的交叠压枪，使喷涂后涂层外观连续平整。

涂膜施工完毕后，立即覆盖防尘保温棚，并在24h内应避免重物碾压。风力超过3级时应停止施工或采取必要的防风措施。风力过大会造成物料损失，飘飞的物料也会严重污染梁面。

（4）防水层的后期保护

由于施工工期限制，部分预制梁施工完聚脲防水层后很短的时间内就要通行1400t运梁车，再加上运梁车行走时车辆的转向剪切和摩擦力，防水层实际经受很大的考验。因此防水层施工后必须采取必要的保护措施。应保持防水层表面清洁，梁间伸缩缝处应设置盖板，预留混凝土浇筑位置的坑槽出应用细沙填平或设置盖板，以降低运梁车对防水层的破坏。在架桥机转移过程中会使用焊接操作，应采取防护措施，以避免焊渣溅落到防水层上烫坏防水层。

（5）链接和修补

在自然中断点，如伸缩缝、挡墙等处，聚脲涂层可以自然中断。在与已施工的聚脲防水层交界处或需要修补处，先用带钢丝圆盘的机械砂轮、钢丝刷或其他工具把需修补的表面打毛，增强机械黏结力。用专用黏结剂处理打毛的表面，从而除去所有灰尘或其他污染物，并软化现有表面。用手工聚脲或喷涂聚脲施工于所需区域。

（6）聚脲涂层的主要缺陷

由于第一次将聚脲技术大规模应用于高速轨道交通的施工，现场经验不足、对施工人员的培训不够、加上工程进度紧迫，在施工现场出现了起泡、针孔、孔洞、分层、剥落等非正常现象，值得在后续聚脲工程中改进提高。

作为我国第一条高速铁路的京津城际高速铁路，通过其以及其后的京沪高铁的大规模施工，中国聚脲界诞生了一大批组织能力强、技术娴熟、经验丰富的施工队伍，聚脲材料和配套材料也取得了长足的进展，这必将推动中国的聚脲事业更上一个新台阶，极大地促进聚脲技术在国内的蓬勃发展。

4 水泥基防水涂料

4.1 水泥基渗透结晶型防水涂料

水泥基渗透结晶型防水涂料，是由普通硅酸盐水泥、精细石英砂和多种特殊活性化学物质调配而成的浅灰色粉末状防水材料。经与水拌和可调配成刷涂或喷涂在水泥混凝土表面的浆料，亦可将其以干粉撒覆并压入未完全凝固的水泥混凝土表面。本产品含有的活性化学物质，通过表层水对结构内部的渗透，被带入了结构表层内部孔缝中，与混凝土中游离子交互反应生成不溶于水的结晶物，结晶物在结构孔缝中吸水膨大，由疏至密，使混凝土结构表层向纵深逐渐形成一个致密的抗渗区域，大大提高了结构整体的抗渗能力。

4.1.1 水泥基渗透结晶型防水涂料概述

4.1.1.1 水泥基渗透结晶型防水涂料的性能特点

水泥基渗透结晶型防水涂料在水的引导下，以水为载体，借助强有力的渗透性，在混凝土微孔的毛细管中进行传输充盈，发生物化作用，形成不溶于水的枝蔓状结晶体，其结晶体与混凝土结构结合成封闭式的防水层整体，堵截来自任何方向的水流及其他液体侵蚀。既达到长久防水、耐腐蚀作用，又起到保护钢筋、增强混凝土结构强度的作用。该产品的主要性能特点如下。

(1) 具有双重的防水性能

水泥基渗透结晶型防水涂料所产生的渗透结晶能深入混凝土结构内部堵塞结构孔缝，无论其渗透深度有多少，都可以在结构层内部起到防水作用；同时，作用在混凝土结构基面的涂层由于其微膨胀的性能，能起到补偿收缩的作用，能使施工后的结构基面同样具有很好的抗裂抗渗作用。

(2) 具有独特的自我修复能力

水泥基渗透结晶型防水涂料能长期承受强水压，在50mm厚的138MPa混凝土试件上涂刷两层基涂料，即可承受高达123.4m的水头压力（1.2MPa）；在混凝土试件表面涂刷此类涂料后，所产生的物化反应，逐步向混凝土结构内部渗透，将其试件放置在室外半年，其渗透深度可达10～15cm，且渗透深度会随时间逐渐增大。所形成的结晶体不会产生老化，经此类涂料处理的混凝土，即使在若干年后由于震动、沉降等原因而产生新的不规则裂缝，此类涂料也会自我修复，其中的催化剂遇水渗入便会激活此类涂料内部呈休眠状态的活性物质，从而产生新的晶体将缝隙密实，堵截渗漏水；凡是小于0.4mm的裂缝都可以填补，自我修复。

（3）具有防腐、耐老化、保护钢筋的作用

混凝土的化学侵蚀和钢筋锈蚀与水分和氯离子渗入分不开。水泥基渗透结晶型防水涂料的渗透结晶和自我修复能力使混凝土结构密实，从而最大程度地降低了化学物质、离子和水分的侵入，保护钢筋混凝土免受侵蚀。

水泥基渗透结晶型防水涂料产生的不溶于水的晶体不影响混凝土呼吸的能力，能保持混凝土内部的正常透气、排潮、干爽，在保持混凝土内部钢筋不受侵蚀的基础上延长了建筑物的使用寿命。同时，用水泥基渗透结晶型防水涂料处理过的混凝土结构还有效地防止了因冻融而造成的剥落、风化及其损害。

（4）具有长久性的防水作用

水泥基渗透结晶型防水涂料所产生的物化反应最初是在工作面表层或临近部位，随着时间的推移逐步向混凝土结构内部进行渗透。在通常情况下，所形成的晶体结构不会被损坏，且性能稳定不分解，防水涂层即使遭受磨损或被刮掉，也不会影响防水效果，因为其有效成分已深入渗透到混凝土结构内部，故其防水作用是长久的。

（5）符合环保标准、无毒、无公害

水泥基渗透结晶型防水涂料经世界上众多国家的卫生、健康、环保部门的检验为无毒，可安全地用于接触饮用水的混凝土结构等工程。

（6）具有施工方法简单，省工省时的优点

水泥基渗透结晶型防水涂料对复杂混凝土基面的适应性好，施工时对基面要求简单，对混凝土基面不需要做找平层，施工完成后也不需要做保护层，只要涂层完全固化后，不怕磕、砸、剥落及磨损。对渗水、泛潮的基面可随时施工，对新建或正在施工的混凝土基面，在养护期间即可同时使用。做底板防水则更为简单，只需将此类涂料的干粉按一定的用量撒在垫层上，一边浇注底板混凝土，一边撒其干粉即可。

4.1.1.2　水泥基渗透结晶型防水涂料的应用范围

水泥基渗透结晶型防水涂料可广泛应用于隧道、大坝、地下建筑、桥梁等工程。既可单独使用，也可以根据实际工程的需要，结合柔性防水涂料一起使用。

水泥基渗透结晶型防水涂料的适用范围大致如下：地下铁道、地下室、混凝土管道、水库、发电站、核电站、冷却塔、水坝、隧道、涵洞、船坞沉箱、电梯坑、废水处理厂、游泳池、污水池、桥梁结构、谷物仓库、高速公路、机场跑道、油池、运动场、混凝土路面、厨房、卫生间、喷泉、蓄水池、饮用自来水厂以及混凝土建筑设施的所有结构弊病的维修堵漏。

该产品是一种无机混合物，不含有任何容易老化的有机化合物，其防水涂层混凝土基面有很好的黏结力，施工后与结构基面不会产生诸如夹层、起壳的现象。常温下的初凝一般 20min 以后就开始了。在防水施工后即使有微量毛孔渗水，随着渗透结晶量逐步增加，水流中结晶物浓度加大，水流会由流淌或点滴逐步变成不淌不滴的凝水，湿面逐渐收小，常温下，15d 后水迹逐渐消失，基面基本达到干燥，时间越长则效果越明显。由于本产品借助渗透作用，能和混凝土结合为整体，可以达到长久性的防水、防潮和保护钢筋、增强混凝土结构强度的目的。

4.1.1.3 水泥基渗透结晶型防水涂料的发展趋势

随着我国城市化进程的不断加快，许多城市的轨道交通都在规划、建设和运营中，加上全国各大中城市的市政建设，包括环城公路、越江（河）隧道、桥梁、水库、新型城区、大学建设等，其对防水工程的要求以及对防水涂料的需求量也是与日俱增，而在这些需求之中，对水泥基渗透结晶型防水涂料的需求上升幅度会超过其他任何产品。

所有在防水、防潮、防渗、堵漏、防腐、补强等诸方面对防水涂料的特殊要求，都会让水泥基渗透结晶型防水涂料突现其涂料的独特优势。近年来，由于多种原因导致混凝土材料抗渗性降低的情况日趋严重，引起国内外工程界的极大关注。水泥基渗透结晶型防水涂料通过特有的活性化学物质，利用水泥混凝土本身固有的化学特性和多孔性，以水为载体，借助于渗透作用，在混凝土微孔及毛细管中传输，再次发生水化作用，形成不溶性的结晶并与混凝土结合成为整体，由于结晶体填塞了微孔及毛细管孔道，从而使混凝土致密，达到长久性防水、防潮和保护钢筋、增强混凝土结构强度的效果。因此可以预计水泥基渗透结晶型防水涂料将在水工混凝土建筑物地下防水工程和防渗、补强工程方面得到最广泛的应用。

4.1.2 水泥基渗透结晶型防水涂料的原材料

水泥基渗透结晶型防水涂料的材料组成主要是以水泥、精细石英砂、粉料、助剂、催化剂等材料组成。由于对母材的研究结果不同，对各种组分的配比也会不同。在此按国家标准 GB 18445—2001 的要求，以粉状产品为主介绍水泥基渗透结晶型防水涂料的材料组成。

4.1.2.1 水泥

水泥基渗透结晶型防水涂料选用的水泥品种主要有通用硅酸盐水泥和铝酸盐水泥。

(1) 通用硅酸盐水泥

① 通用硅酸盐水泥的分类及性能要求　　通用水泥中的硅酸盐水泥、普通硅酸盐水泥（即普通水泥）、矿渣硅酸盐水泥（矿渣水泥）、火山灰质硅酸盐水泥（火山灰水泥）、粉煤灰硅酸盐水泥（粉煤灰水泥）和复合硅酸盐水泥六大品种为硅酸盐水泥系列中的常见品种，其中前五种水泥为建筑工程常用的水泥品种，被称为建筑

工程"五大水泥"。

由硅酸盐水泥熟料、0~5%石灰石或粒化高炉矿渣、适量石膏磨细制成的水硬性胶凝材料，称为硅酸盐水泥。硅酸盐水泥分为两种类型。不掺加混合料的称为Ⅰ类硅酸盐水泥，代号P·Ⅰ；在硅酸盐水泥熟料粉磨时，掺加不超过水泥质量分数5%石灰石或粒化高炉矿渣混合材料的称为Ⅱ型硅酸盐水泥，代号P·Ⅱ。

凡由硅酸盐水泥熟料、6%~15%混合材料、适量石膏磨细制成的水硬性胶凝材料，称为普通硅酸盐水泥（普通水泥），代号P·O。掺活性混合材料时，最大掺量不超过15%，其中允许用不超过水泥质量分数5%的窑灰或不超过水泥质量分数10%的非活性混合材料来代替。掺非活性混合材料时，最大掺量不得超过水泥质量的10%。

凡是硅酸盐水泥熟料和粒化高炉矿渣、适量石膏磨细制成的水硬性胶凝材料称为矿渣硅酸盐水泥（简称矿渣水泥），代号P·S。水泥中粒化高炉矿渣掺量按质量百分比计为20%~70%。允许用石灰石、窑灰、粉煤灰和火山灰质混合材料中的一种材料代替矿渣，代替数量不得超过水泥质量的8%，替代后水泥中粒化高炉矿渣不得少于20%。

凡由硅酸盐水泥熟料和火山灰质混合材料、适量石膏磨细制成的水硬性胶凝材料称为火山灰质硅酸盐水泥，简称火山灰水泥，代号P·P。水泥中火山灰质混合材料掺量按质量百分比计为20%~50%。

凡由硅酸盐水泥熟料和粉煤灰、适量石膏磨细制成的水硬性胶凝材料称为粉煤灰硅酸盐水泥（简称粉煤灰水泥），代号P·F。水泥中粉煤灰掺量按质量百分比计为20%~40%。

通用水泥的标号如下。

硅酸盐水泥一般分为42.5、42.5R、52.5、52.5R、62.5、62.5R六个标号，近来也有72.5R标号的产品在市场上出现。

普通水泥一般分为32.5、32.5R、42.5、42.5R、52.5、52.5R六个标号，同样也已有62.5、62.5R标号的产品在市场上出现。

水泥基渗透结晶型防水涂料所采用的通用硅酸盐水泥品种主要有硅酸盐水泥、普通硅酸盐水泥。

② 硅酸盐水泥的凝结和硬化　水泥加入适量的水调成水泥浆后，经过一段时间，由于本身的物理化学变化，会逐渐变稠，失去塑性，但尚不具有强度的过程，称为水泥的"凝结"。随着时间的增加，其强度继续发展提高，并逐渐变成坚硬的石状物质水泥石，这一过程称为水泥"硬化"。水泥的凝结和硬化实际上是一个连续的复杂的物理化学变化过程，是不能截然分开的。

a. 硅酸盐水泥的水化　水泥加水后，其熟料矿物很快与水发生化学反应，即水化和水解作用，生成一系列新的化合物，并放出一定的热量。其中硅酸盐水泥与水作用后，生成的主要水化物有：水化硅酸盐和水化铁酸钙凝胶、氢氧化钙、水化铝酸钙和水化硫铝酸钙晶体。这些水化产物决定了水泥石的一系列特性。

b. 硅酸盐水泥的凝结硬化过程　当水泥加水拌和后，在水泥颗粒表面立即发生水化反应，水化产物溶于水中，接着水泥颗粒又暴露出新的一层表面，继而与水反应，如此不断，就使水泥颗粒周围的溶液很快成为水化产物的饱和溶液。在溶液已达到饱和后，水泥继续水化生成的产物就不能再溶解，就有许多细小分散状态的颗粒析出，形成凝胶体，随着水化作用继续进行，新生胶粒不断增加，游离水分不断减少，使凝胶体逐渐变浓，水泥浆逐渐失去塑性，即出现凝结现象。此后，凝胶体中的氢氧化钙和含水铝酸钙将逐渐转变为结晶，贯穿于凝胶体中，紧密结合起来，形成具有一定强度的水泥石。随着硬化时间的延续，凝胶体逐渐密实，水泥石就具有越来越高的胶结力和强度。另外，当水泥在空气中凝结硬化时，其表层水化形成的氢氧化钙与空气中的二氧化碳作用，生成碳酸钙薄层，称为碳化。

由此可看出，水泥的水化反应是从颗粒表面逐渐深入到内层的，开始进行较快，随后，由于水泥颗粒表层生成了凝胶膜，其水分的渗入也就越来越困难，水化作用也就越来越慢。实践证实若完成水泥的水化和水解作用的全过程，需要几年甚至几十年的时间。一般水泥在开始的37d内，水化、水解速度快，所以其强度增长亦较快，大致在28d内可以完成这个过程的基本部分，以后则显著减缓。

（2）铝酸盐水泥

① 铝酸盐水泥的分类及性能要求　凡以铝酸盐为主的铝酸盐水泥熟料，磨细制成的水硬性胶凝材料称为铝酸盐水泥，其代号为CA。铝酸盐水泥的化学成分按水泥质量百分比计应符合表4.1要求。

表4.1　铝酸盐水泥的化学成分　　　　　　　　单位：%

类型	Al_2O_3	SiO_2	Fe_2O_3	$R_2O(Na_2O+0.658K_2O)$	S(全硫)	Cl
CA-50	≥50，<60	≤8.0	≤2.5			
CA-60	≥60，<68	≤5.0	≤2.0	≤0.40	≤0.1	≤0.1
CA-70	≥68，<77	≤1.0	≤0.7			
CA-80	≥77	≤0.5	≤0.5			

铝酸盐水泥的物理性能要求如下。

a. 细度　比表面积不小于$300m^2/kg$或0.045mm筛余不大于20%，由供需双方商定，在无约的情况下发生争议时以比表面积为准。

b. 凝结时间（胶砂）　应符合以下要求：CA-50、CA-70、CA-80初凝时间不得早于30min，终凝时间不得迟于6h；CA-60初凝时间不得早于60min，终凝时间不得迟于18h。

c. 强度　各类型水泥各龄期的强度值不得低于表4.2的数值。

表 4.2　铝酸盐水泥胶砂强度

水泥类型	抗压强度/MPa				抗折强度/MPa			
	6h	1d	3d	28d	6h	1d	3d	28d
CA-50	20	40	50	—	3.0	5.5	6.5	—
CA-60	—	20	45	85		2.5	5.0	10.0
CA-70	—	30	40			5.0	6.0	
CA-80	—	25	30			4.0	5.0	

铝酸盐水泥属于早强型水泥，其1d强度可达普通硅酸盐水泥3d强度的80%以上，3d强度便可达到普通硅酸盐水泥28d的水平，后期强度增长不显著。主要用于工期紧急的工程、抢修工程、冬期施工的工程，铝酸盐水泥也可以用来配制水泥基渗透结晶型防水涂料。

铝酸盐水泥的水化热与一般高强度硅酸盐水泥大致相同，但其放热速度特别快，且放热集中，1d内即可放出水化热总量的70%～80%。其耐高温性好，可用于1000℃以下的耐热构筑物，耐硫酸盐腐蚀性强，抗腐蚀性高于抗硫酸盐水泥。

铝酸盐水泥由于在普通硬化后的水泥中不含有铝酸三钙，不析出游离的氢氧化钙，而且硬化后结构致密，因此对矿物水的侵蚀作用也具有很高的抵抗性。

② 铝酸盐水泥的水化和硬化　铝酸盐水泥的水化作用，主要是铝酸二钙的水化过程，其水化反应随温度的不同而不同。当温度<20℃时，其主要水化产物为 $CaO \cdot Al_2O_3 \cdot 10H_2O$；当温度在20～30℃时，主要水化产物为 $2CaO \cdot Al_2O_3 \cdot 8H_2O$；当温度>30℃时，主要水化产物为 $3CaO \cdot Al_2O_3 \cdot 6H_2O$。

铝酸盐水泥中的 CA_2 的水化与CA基本相同，但水化速度较慢，$C_{12}A_7$ 的水化反应很快，也生成 C_2AH_8。而 C_2AS 与水作用则极为微弱，可视为惰性矿物，少量的 C_2S 则生成水化硅酸钙凝胶。

水化物 CAH_{10} 或 C_2AH_8 为针状或片状晶体，互相结成坚固的结晶连生体，形成晶体骨架。同时所生成的氢氧化铝凝胶填塞于骨架空间，形成比较致密的结构。因此使水泥初期强度能得到迅速的增长，而以后强度增长不显著。

CAH_{10} 和 C_2AH_8 随着时间延长逐渐转化为比较稳定的 C_3AH_6，这个转化过程随着环境温度的上升而加速。晶体转化的结果，游离水从水泥石内析出，使孔隙增大，同时转化生成物 C_3AH_6 本身强度较低，晶体间的结合差，因而使水泥石的强度大为降低。晶体的转化会引起长期强度下降，特别在湿热环境中，强度降低显著（后期强度可能比最高强度值降低40%以上）。但只要正确使用、慎重对待、采取一定措施，能在一定程度上改善其不良性质。如可采取在水泥中掺加石膏或无水石膏、减小水灰比、降低养护温度等措施。

(3) 快硬硫铝酸盐水泥

① 快硬硫铝酸盐水泥的基本介绍　凡以适当成分的生料，经煅烧所得以无水硫铝酸钙和硅酸二钙为主要矿物成分的熟料，加以适量石膏磨细制成的早期强度高

的水硬性胶凝材料，称为快硬硫铝酸盐水泥。

快硬硫铝酸盐水泥是以 $3CaO \cdot 3Al_2O_3 \cdot CaSO_4$（简称 C_4A_3S）和 $2CaO \cdot SiO_2$（简称为 C_2S）为主要矿物组成的新品种水泥。由于硫铝酸盐水泥具有早期强度高、收缩小、抗冻和抗渗性能好等特点，已广泛地应用于水泥制品、抢修工程、防渗及负温工程。其标号以 3 天抗压强度表示，分为 42.5、52.5 和 62.5 三个标号。

硫铝酸盐水泥加水拌和时，将迅速发生水化反应，一般认为，其主要水化产物为钙矾石（$3CaO \cdot Al_2O_3 \cdot 3CaSO_4 \cdot 32H_2O$）、水化氧化铝凝胶（$Al_2O_3 \cdot 3H_2O$）和水化硅酸钙凝胶（C-S-H 凝胶）。

快硬硫铝酸盐水泥早期强度高，密度较硅酸盐水泥高得多，初凝 25～50min，终凝 40～180min，水化热约为 190～210kJ/kg。硫铝酸盐水泥的两个特点是负温硬化和碱度低，在低温（-15～-25℃）下，仍可水化硬化，这对加速模板周转或冬季施工的各种混凝土制品和现浇混凝土工程有重要意义，对水泥基渗透结晶型防水涂料产品在使用时早期强度上也能起到很好的作用。

② 快硬硫铝酸盐水泥主要特性

a. 早期强度高　在标准条件下快硬硫铝酸盐水泥 1 天胶砂抗压强度相当于同标号硅酸盐水泥 7 天强度，3 天高压强度相当于硅酸盐水泥 28 天的强度。

b. 微膨胀与低收缩性能好　快硬硫铝酸盐水泥在水中养护，体积有微量膨胀，但膨胀产生在 14 天以前，以后膨胀基本消失，体积保持稳定。在空气中仍有收缩，但收缩率很小，与硅酸盐水泥相比，4 个月的干缩率仅为 1/3。因具有以上性能，用快硬硫铝酸盐水泥配制的混凝土有良好的抗裂性和抗渗性能，是理想的抗渗和接头接缝的材料。

c. 低碱性　快硬硫铝酸盐水泥水化介质碱度较低，其 pH 值为 10.5～11.5。由于碱度低，所以，对配有钢筋混凝土中的钢筋锈蚀影响不大。

d. 抗冻性和抗渗性能好　该水泥耐低温性能较好，特别是用它配制的砂浆或混凝土立即受冻后，再恢复正常养护，最终强度基本不降。在-5℃以下时，不必采取任何特殊措施就可以正常施工。抗渗性能好，经过试验加压至 3MPa 的试件没有出现渗漏。

e. 长期强度的稳定性　经过 6 年的强度数据表明，快硬硫铝酸盐水泥的强度不但无回缩现象，反而还有一定幅度的增长。

③ 快硬硫铝酸盐水泥物理性能

a. 比表面积　不得小于 350m²/kg。

b. 凝结时间　初凝时间大于 25min；终凝时间小于 180min。

c. 强度　见表 4.3 所列。

4.1.2.2　硅砂

二氧化硅含量在 98.5% 以上的称石英石，二氧化硅含量在 98.5% 以下的称为

表 4.3　快硬硫铝酸盐水泥的强度　　　　　　　　　单位：MPa

标　号	项　目	龄　期	内控范围	建材标准
42.5级	抗折强度	1d	6.5～7.0	≥6.5
		3d	7.0～7.5	≥7.0
		28d	7.5～8.0	≥7.5
	抗压强度	1d	34.5～40.0	≥34.5
		3d	44.5～46.0	≥42.5
		28d	48.0～52.0	≥48.0
52.5级	抗折强度	1d	7.0～7.5	≥7.0
		3d	7.5～8.0	≥7.5
		28d	8.0～8.5	≥8.0
	抗压强度	1d	44.0～48.0	≥44.0
		3d	54.5～58.0	≥52.5
		28d	59.0～65.0	≥59.0
62.5级	抗折强度	1d	7.5～8.0	≥7.5
		3d	8.0～8.5	≥8.0
		28d	8.5～9.0	≥8.5
	抗压强度	1d	52.5～55.0	≥52.5
		3d	64.85～65.0	≥62.5
		28d	68.0～70.0	≥68.0

硅石。石英石经粉碎后称为石英砂，分为精制、半精制、普通三种，硅石经粉碎后称为硅砂，其细度也分三种。石英砂颜色呈乳白色，硅砂颜色略有泛黄。

（1）硅砂的矿石类型

我国开采应用的天然硅砂主要有两种类型：一种是滨海沉积石英砂，包括滨海沉积矿和滨海河口相沉积矿；另一种是陆相沉积砂矿，包括河流冲积含黏土质石英砂矿和湖积石英砂矿。

海砂矿物组成较简单，一般质量较好。主要矿物为石英（占90%～95%），另含少量长石（占0～10%）及重矿物和岩屑。少部分矿区含有黏土类矿物。

河流冲积含黏土质砂矿中主要矿物石英含量变化较大，多含黏土类矿物，其次为长石、云母、铁及其他重矿物。湖积砂矿中主要矿物为石英，另含有长石、岩屑、石榴石及少量铁矿物和其他重矿物等。

（2）硅砂的矿物性质

硅砂是以石英为主要成分的砂矿的总称。以天然颗粒状态从地表或地层中产出的硅砂，以及石英岩、石英砂岩风化后呈粒状产出的砂矿称为"天然硅砂"。与此对应，将块状石英岩、石英砂岩粉碎成粒状则称"人造硅砂"。

硅砂主成分石英为滚圆、次圆或棱角颗粒状，其颜色为无色或白色。相对密度为 2.65，莫氏硬度为 7，其化学性质稳定，且耐高温。

（3）硅砂的主要用途

天然硅砂是一种重要的工业矿物原料，其用途基本同石英砂岩。对于优质天然硅砂，因其富含 SiO_2，而且加工过程中不需要破碎磨矿，具有天然的滚圆粒形和均匀的粒度，因此被广泛地应用于玻璃、铸造、研磨、冶金、化工、陶瓷及其他工业部门。对于一般的天然海砂、河砂、山砂，用量最大的则是在各种工业与民用房屋、建筑物中作为混凝土、钢筋混凝土和预应力混凝土中的细骨料。

（4）石英砂

石英砂是由天然石英石或硅藻石除去杂技后，经湿磨或干磨、水漂或风漂而制成的粉状物料。其主要成分为 SiO_2，系结晶型粉末。其结构为三方晶系，常呈六方柱和六方双锥形晶体。其性能较稳定，耐酸、耐磨，吸油量小，不溶于酸，但能溶于碳酸钠中。其缺点是不易研磨，容易沉底。常在耐酸和耐磨涂料中作为填料使用。其主要为白色或灰色粉末，含水量≤0.5%，吸油量为 15%～25%。

4.1.2.3 助剂

水泥基渗透结晶型防水涂料应用的助剂主要有催化剂、速凝剂、缓凝剂、减水剂、微膨胀剂、增强剂等。

（1）催化剂

由于混凝土本身的内部结构，导致工程不能满足耐久性的要求。而其根本原因主要有以下几点。

① 在混凝土施工过程中，用水量大，水灰比高，导致混凝土的孔隙率比较高，约占水泥石总体积的 25%～40%。特别是其中毛细孔占相当大部分，毛细孔是水分、各种侵蚀介质、氧气、二氧化碳及其他有害物质进入混凝土内部的通道，引起混凝土耐久性的不足。

② 水泥石中的水化物的稳定性不足。而且在水化物中还有数量很大的游离石灰，其强度极低，稳定性极差，在侵蚀条件下，是首先遭到侵蚀的部分。

因此，要提高混凝土的耐久性，必须降低混凝土的孔隙率，特别是毛细管孔隙率，主要的方法是降低混凝土的拌和用水量。而这又会导致捣实成型工作困难，同样造成混凝土结构不致密，甚至出现蜂窝等缺陷，不但混凝土强度降低，而且混凝土的耐久性也同时降低。水泥基渗透结晶型防水涂料以水为载体，通过表层水对结构内部的侵蚀，被带入结构内部孔隙中，并在结构孔缝中吸水膨大，由疏至密，有效降低了混凝土的孔隙率，大大提高了结构整体的抗渗能力。

催化剂在水泥基渗透结晶型防水涂料各组分中占有非常重要的地位。它所起的作用就是在水的作用下，与混凝土中的游离氧化钙交互反应生成不溶于水的硫铝酸钙结晶物，而且这种交互反应在有水的环境下不断地进行着，又通过表层毛孔向结构内部渗透。由于这种被钙化了的结晶物质很容易与混凝土中的 C-S-H 凝胶团相结合，从而也就更进一步加强了结构的密实度，也增强了结构自身的抗渗能力。

(2) 速凝剂

高效速凝剂专用于硫（铁）铝酸盐水泥及由此水泥配制的砂浆或混凝土。其特点是促进硫（铁）铝酸盐水泥的早期水化、使水泥凝结硬化加快、提高水泥的早期强度，且后期强度不倒缩。

该产品无氯、不燃不爆、对钢筋无锈蚀。也适用于以硫（铁）铝酸盐水泥为胶结材料配制的砂浆或混凝土用于抢修及堵漏等工程。

高效速凝剂一般为粉剂，其推荐掺量一般为水泥用量的 1%～3%，最佳掺量应根据具体使用要求，通过试验确定。

(3) 缓凝剂

高效缓凝剂专用于硫（铁）铝酸盐水泥及由此水泥配制的砂浆或混凝土。其特点是能延缓凝结时间，减小混凝土坍落度损失，明显改善混凝土的工作性，对各龄期制品均有较好的增强作用，同时显著改善混凝土的耐久性。

高效缓凝剂一般为粉剂，推荐掺量为水泥用量的 0.5%～1.5%，最佳掺量应根据具体使用要求经试验确定。

缓凝剂能延缓混凝土凝结硬化时间，便于施工；能使混凝土浆体水化速度减慢，延长水化放热过程，有利于大体积混凝土温度控制。缓凝剂会对混凝土 1～3 天早期强度有所降低，但对后期强度的正常发展并无影响。缓凝剂对水泥砂浆、混凝土作用的主要技术性能如下。

掺入胶材（水泥＋掺和料）质量的 0.13%～0.2% 的缓凝剂可达到以下性能：

① 减少用水量 5%～10%；

② 与基准混凝土比较，可提高混凝土抗压强度 5%～10%；

③ 当混凝土抗压强度和坍落度与基准混凝土基本相同时，可减少水泥用量 5%～10%；

④ 在 20℃时，可延长混凝土凝结时间 4～8h，初凝时间＞90min；

⑤ 能改善混凝土和易性（流动性、黏聚性和保水性），提高其密实性、耐久性；

⑥ 降低混凝土泌水率，提高混凝土匀质性，泌水率比≤100%，28 天收缩率比≤135%。

(4) 减水剂

减水剂是一种能减少混凝土中的单位用水量，并能满足规定的稠度要求，提高混凝土和易性的外加剂。

减水剂又称为分散剂或塑化剂，由于使用时可使新拌混凝土的用水量减少，因此而得名，在混凝土坍落度基本相同的条件下，能减少拌和用水量小于 10% 的外加剂，称普通减水剂。属木质素类，系阴离子表面活性剂，基本组分是苯甲基丙烷衍生物。

减水剂的主要作用有以下几个方面：增加水化效率，减少单位用水量，增加强度，节省水泥用量；改善尚未凝固的混凝土的和易性，防止混凝土成分的离析；提高抗渗性，减少透水性，避免混凝土建筑结构漏水，增加耐久性；增加耐化学腐蚀性能，减少混凝土凝固的收缩率，防止混凝土构件产生裂纹；提高抗冻性，有利于冬季施工。

减水剂是一种阴离子表面活性剂，就是分子中具有亲水和憎水两个基团的有机化合物，加入水溶液后，这些化合物能降低水的表面张力和界面张力，起表面活性作用。这些物质吸附于水泥颗粒表面使水泥颗粒带电，颗粒间由于带相同电荷而互相排斥，水泥被分散，呈悬浮状态，从而释放出被水泥凝聚团中包裹的多余水。

减水剂掺入混凝土内混合之后，水泥水化速度就加快，水化充分，能够在保持混凝土工作性能相同情况下，显著地减少拌和用水，降低混凝土的水灰比，使水泥石结晶致密强度提高。

掺有减水剂的混凝土，改善了和易性，大幅度减少拌和水，使混凝土的孔隙率减少、混凝土的密实度增加，提高了混凝土结构的抗渗性和耐久性，达到防水的效果。

减水剂中的高效水泥减水剂具有减水率、大流动性、早强等特点，在配制早强混凝土、液态混凝土、防水混凝土，道路、桥梁、港口及水土混凝土、管柱混凝土、油田固井等方面均有广泛应用。

4.1.2.4 粉料

在普通混凝土中掺入活性矿物的目的，在于改善混凝土中水泥石的胶凝物质的组成。活性矿物掺料（炭灰、矿渣、粉煤灰等）中含有大量活性 SiO_2 及 Al_2O_3，它们能和硅酸盐水泥水化过程中产生的游离石灰及高碱性水化硅酸钙，从而达到改善水化胶凝物质的组成、消除游离石灰的目的。有些超细矿物掺料，其平均粒径小于水泥粒子的平均粒径，能填充于水泥粒子之间的空隙中，使水泥石结构更为致密，并阻断可能形成的渗透路径。此外，还能改善集料与水泥石的界面结构和界面区性能。

（1）粉煤灰

粉煤灰又称飞灰、灰粉，是从煤粉炉烟道气体中收集的粉末，以二氧化硅和氧化铝为主要成分，含有少量氧化钙，具有火山灰性，呈浅灰色或黑色的细小粉状物，相对密度为 1.9～2.4，松散的表观密度为 $500～800kg/m^3$，主要以玻璃体存在。粉煤灰的活性主要决定于玻璃体的含量以及无定形的氧化铝和氧化硅的含量。

粉煤灰粒形圆整、表面光滑、粉度较细、质地致密，可以有效降低水泥浆体的需水量，减水率可达 4%～11%，同时，保水性和匀质性增强，初始结构得到改善。但当粉煤灰呈多孔粗粒状、含碳量过高时，粉煤灰往往丧失其形态优越性，使需水量增大。因此，要通过各种途径除去炭粒、提高细度、改善粉煤灰的形态效应。

粉煤灰是以酸性氧化物为主的玻璃相物质，它在水泥的水化产物形成的碱性环境中逐渐受到腐蚀，发生火山灰反应，形成C—S—H凝胶，该反应减弱了—OH的浓度，这反过来又促进水泥的水化反应，两者相互促进，对水泥石强度的增长起了重要作用。

粉煤灰的主要作用如下。

① 节约混凝土中水泥用量20％～30％，降低混凝土成本，更多地使用工业废料，节约自然矿产资源，节约能源，控制和减少污染，控制环境负荷，保护环境，保护资源。

② 水泥用量的减少而降低混凝土水化热，减少温度应力，抑制温差产生裂缝。

③ 还可以在抑制碱-骨料反应、抵抗硫酸盐侵蚀等方面大显身手。

④ 粉煤灰以微骨料的形式存在于混凝土中，改善混凝土的孔结构，使孔径得以细化和匀化，既提高了混凝土的抗渗性、冻融性，也提高了耐久性。

⑤ 具有火山灰作用，能增加混凝土的抗压、抗拉、抗弯、抗剪强度。

⑥ 在用水量不变的情况下，可配制流动性（塑性）混凝土，避免因钢筋密集、振捣不善而发生质量通病。

粉煤灰在用于下列混凝土时，应采取相应措施：粉煤灰用于要求高抗冻融性的混凝土时，必须掺入引气剂；粉煤灰混凝土在低温条件下施工时，宜掺入对粉煤灰混凝土无害的早强剂或防冻剂，并应采取适当的保温措施；用于早期脱模、提前负荷的粉煤灰混凝土，宜掺用高效减水剂、早强剂等外加剂。

(2) 石膏

石膏是非金属硫酸盐类中的硫酸钙矿物，其应用领广泛，主要用于建筑材料方面，可作水泥缓凝剂，建筑用石膏制品及胶结材料等；在农业中用作土壤改良剂、肥料及农药；还可应用于造纸、油漆、橡胶、陶瓷、塑料、纺织、食品、工艺美术、文教及医药等方面；在缺乏其他硫资源时，也可作为制造硫酸、硫酸铵的原料。

石膏可泛指石膏和硬石膏两种矿物。石膏为二水硫酸钙（$CaSO_4 \cdot 2H_2O$），又称二水石膏、水石膏或软石膏，理论成分 CaO 32.6％，SO_3 46.5％，H_2O 20.9％，单斜晶系，晶体为板状，通常呈致密块状或纤维状，白色或灰、红、褐色；硬石膏为无水硫酸钙（$CaSO_4$），理论成分 CaO 41.2％，SO_3 58.8％，斜方晶系，晶体为板状，通常呈致密块状或粒状，白、灰白色。

一般石膏产品技术参数如下：细度（120目筛余物）≤5％；拉伸黏结强度≥1.0MPa；剪切黏结强度≥5.0MPa；凝结时间3～6min。

4.1.3　水泥基渗透结晶型防水涂料的反应机理

水泥基渗透结晶型防水涂料的粉料以适当的比例与水混合后，以灰浆的形式涂刷到混凝土基层表面，在水泥基渗透结晶型防水涂料中的活性化学物质与混凝土接触后，呈水饱和状态的混凝土有足够的水使活性物质运动到混凝土孔隙中。在有水的情况下，进入混凝土中的活性物质会与未水化的水泥颗粒发生反应，形成水化晶体，生成的大量晶体则会填充、封堵混凝土的孔隙和毛细管，使水无法进入混凝土中而达到防水的目的。混凝土干燥时，该活性化学物质处于休眠状态，当混凝土被水渗入时，该类物质则继续水化而生成新的结晶进行自动修补，从而达到永久防水的作用。

水泥基渗透结晶型防水涂料的化学反应机理主要有以下三条。

① 水泥基渗透结晶型防水涂料是混凝土结构背水面防水处理的理想材料，其作用机理是"渗透功能"，即高盐分的溶液通过混凝土的毛细管向低盐分的溶液渗流。

② 游离氧化钙和湿气是水泥基渗透结晶型防水涂料的两个重要的反应要素，鉴于游离氧化钙遍布于混凝土中，而任何混凝土结构只要出现渗漏水，就必有湿气，由此可见这两个条件是容易具备的。此外，将干燥混凝土表面的毛细管路畅通，均系启动水泥基渗透结晶型防水涂料化学反应的必需条件。

③ 湿气、游离氧化钙和承压水盐分中的化学物质是水泥基渗透结晶型防水涂料结晶形成并增长的基本条件，湿气和游离氧化钙这两个要素如在混凝土的毛细管中始终存在，则水泥基渗透结晶型防水涂料的结晶形成会不间断地进行。若两个要素缺一，则化学反应中止，而活化了的结晶体则潜伏在混凝土的毛细管中。一旦渗漏水再次侵入混凝土，则活化了的结晶体会恢复结晶体增长的化学反应过程，不断填充着混凝土中的毛细通路，从而使混凝土致密，增强其抗渗水的性能。

4.1.4 水泥基渗透结晶型防水涂料的配方设计

4.1.4.1 配方设计

水泥基渗透结晶型防水涂料的产品配方设计，由于所使用的活性化学物质配方设计不同，水泥基渗透结晶型防水涂料的成品生产配方设计也因料而异。

由于不同厂家的配方设计，对主料和辅料的选择都会有所不同。具体配方设计必须按照催化剂提供商所规定的原料和配比进行采购和生产。以下提供几种配方设计仅供参阅。具体见表4.4～表4.8所列。

表4.4 防水涂料生产配方设计（一）

序 号	原 辅 料	比例/%	说 明
1	催化剂（进口母材）	4～6	纯进口母材
2	硅酸盐水泥	32	
3	石英砂	41	80～100目
4	增黏剂	0.8	
5	微膨胀剂	2.5～3.5	
6	固体消泡剂	适量	
7	无机填料	适量	根据产品用途适量添加速凝剂或缓凝剂

表 4.5　防水涂料生产配方设计（二）

序　号	原　辅　料	比例/%	说　明
1	催化剂（进口母材）	3～5	纯进口母材
2	波特兰水泥	45～50	
3	石英砂	35～40	80～100 目
4	石膏	2.5～3	
5	早强剂	1～2	无水亚硝酸钙等
6	其他辅料	5～6	根据产品用途适量添加速凝剂或缓凝剂

表 4.6　防水涂料生产配方设计（三）

序　号	原　辅　料	比例/%	说　明
1	催化剂（进口母材）	13～15	纯进口母材
2	普通硅酸盐水泥	55～60	
3	石英砂	20～25	70～100 目
4	粉煤灰	3～5	
5	其他辅料	3～4	柠檬酸等

表 4.7　防水涂料生产配方设计（四）

序　号	原　辅　料	比例/%	说　明
1	催化剂（进口母材）	1～2	纯进口母材
2	普通硅酸盐水泥	40～45	
3	精细硅砂	30～35	80～100 目
4	快硬硫铝酸盐水泥	15～20	
5	石膏	2～3	
6	微膨胀剂	1～2	
7	其他辅料	2～3	根据产品用途适量添加速凝剂或缓凝剂

表 4.8　防水涂料生产配方设计（五）

序　号	原　辅　料	比例/%	说　明
1	催化剂	10～15	进口母材混合物
2	波特兰水泥	45～50	
3	精细石英砂	25～30	70～100 目
4	石膏	2	
5	粉煤灰	5	
6	其他辅料	3～5	根据产品用途适量添加速凝剂或缓凝剂

4.1.4.2　工艺流程

水泥基渗透结晶型防水涂料的生产工艺流程包括以下几个环节。

① 选料　以选择高标号、高质量的原辅材料为宜，严格按催化剂供应商的要求执行。

② 进料　进料应注意时间、环境等多方面因素，不要过早进料，进料后必须及时生产；避免在梅雨季节进料，以免原料受潮、结块；进料时必须检查供料厂家的质保书和产品检测情况；进料后应小批量进行生产试验，以免原料不合格而选成

大批量生产产品的报废。

③ 称量　只需用一般称量工具即可，但应注意称量的准确，以保证生产配比的正确、稳定性。

④ 搅拌　搅拌应由专人负责，控制好搅拌速度、时间，保证搅拌的均匀性。

⑤ 检验　成品生产出来后，须做产品试验，包括匀质性指标试验报告，抗渗压力或渗透压力比试验报告。

⑥ 包装　生产过程中的包装应注意包装材料的质量、外观；净重不可包含包装材料的重量。

⑦ 入库　入库时必须堆放整齐，不同类型与不同生产日期的产品应分别堆放。

⑧ 出厂　产品出厂时，必须随附产品合格证。

4.2　聚合物水泥防水涂料

聚合物水泥防水涂料（简称 JS 防水涂料）是建筑防水涂料中近十年来发展起来的一大类别，是以丙烯酸酯、乙烯-乙酸乙烯酯等聚合物乳液和水泥为主要原料，加入填料及其他助剂配制而成，经水分挥发和水泥水化反应固化成膜的、适用于房屋建筑及土木工程涂膜防水用的一类双组分水性防水涂料。聚合物水泥防水涂料是聚合物乳液和水泥均匀共混搅拌，经无机粉料的水化反应以及水性乳液交联固化复合形成高强坚韧的防水涂膜。其主要特点为：①能在潮湿或干燥的多种材质基面上直接施工；②对基层的微裂缝追随性强，涂层坚韧高强；③涂层耐水性、耐候性、耐久性优异；④可加颜料，以形成彩色涂层；⑤无毒、无污染、施工简单，工期短；⑥与外层水泥砂浆及各种黏结材料结合牢固。而且其生产和使用都较方便、安全，且生产成本较低，顺应了防水涂料绿色环保的大趋势，符合建筑涂料的可持续发展理念。其问世以来得到了迅速的发展和广泛的应用。此类涂料产品现已发布了 GB/T 23445—2009《聚合物水泥防水涂料》国家标准。

4.2.1　聚合物水泥防水涂料的组成

聚合物水泥（JS）防水涂料的组成物质大致分为基料、颜料、填料、溶剂（水）以及助剂等类型。这些是组成聚合物水泥防水涂料的众多原材料，按其在涂料中的性能和作用可以概括为主要成膜物质、次要成膜物质、辅助成膜物质三大组成部分。

（1）主要成膜物质

主要成膜物质是决定涂膜性质的主要因素，可以单独成膜，也可以黏结颜料等物质成膜，所以主要成膜物质又称为基料、胶黏剂。

基料不仅是涂料的必不可少的基本部分，它是整个涂料组分的基础。JS 防水涂料是由两部分组成的，即液相物和干粉组合物。液相物主要是指聚合物乳液，它是防水涂料的主要成膜物质，是影响涂料性能好坏的首要因素，它不仅关系到涂膜的耐水性、硬度、柔韧性等，也关系到对底材的黏结强度等性能，因此，选择一种理想的聚合物乳液作为基料是十分重要的。

（2）次要成膜物质

次要成膜物质的作用是使涂膜增加硬度、呈现颜色和遮盖力、减缓紫外线破坏及提高涂料的耐久性。

JS防水涂料的干粉混合物主要有水泥、碳酸钙、石英砂、颜料等，粉剂对涂料的光泽、耐碱性、耐候性、分散性、有一定的影响，是次要成膜物质。

（3）辅助成膜物质

JS防水涂料的辅助成膜物质包括水（溶剂）和助剂。

辅助成膜物质不能单独成膜，只是对涂料形成涂膜的过程或涂抹性能起辅助作用。JS防水涂料所用的助剂主要有湿润分散剂、消泡剂、成膜助剂、增塑剂、增稠剂、流平剂、防腐防霉剂等多种。

4.2.2 聚合物水泥涂料常用的乳液类型

乳液就是一种物质以粒子形式均匀地分散在另一种液体中而形成的稳定物系。用于建筑涂料的乳液主要是各种高分子聚合物均匀地分散于水中的这类乳液，其中的聚合物粒子在 $0.1\sim10\mu m$ 的范围内。

聚合物水泥防水涂料是将一定比例的有机聚合物乳液（如丙烯酸酯胶乳、丁苯胶乳等）及各种助剂与无机粉料（如高铝水泥、石英粉及各种添加剂）均匀共混搅拌，经无机粉料的水化反应以及水性乳液交联固化符合形成高强、坚韧的防水涂膜。聚合物水泥防水涂料所选用的乳液品种、性能及用量对涂膜的性能起着决定性的作用。应用的聚合物水泥防水涂料的聚合物乳液种类很多。

4.2.2.1 醋酸乙烯-乙烯共聚物乳液（VAE乳液）

VAE乳液是以醋酸乙烯和乙烯单体为基本原料，与其他辅助材料经过高压乳液聚合而成，呈乳白色或微黄色乳液状态的，醋酸乙烯含量在 $70\%\sim95\%$ 范围内的一类共聚物水分散体系的合成高分子材料。

国产VAE乳液的质量性能指标见表4.9所列。

采用VAE乳液为基料的防水涂料，具有优良的耐候性、耐酸碱性和耐紫外线性，可应用于异型屋面的防水处理，旧屋面的修补和彩色屋面的施工，亦可用于卫浴防水涂层。VAE乳液加入水泥中不仅可以大幅度提高水泥的强度，而且在修补混凝土及蓄水池的防渗处理中，可以达到优异效果。

4.2.2.2 丙烯酸酯乳液

丙烯酸酯是丙烯酸及其同系物酯类的总称，比较重要的有丙烯酸甲酯、丙烯酸乙酯、丙烯酸丁酯以及甲基丙烯酸甲酯、甲基丙烯酸乙酯、甲基丙烯酸丁酯等。丙

表 4.9　部分国产 VAE 乳液的质量性能指标

项　　目	牌　　号				
	BJ701	BJ705	BJ706	BJ707	BJ710
外观	白色均匀乳状液	白色均匀乳状液	白色均匀乳状液	白色均匀乳状液	白色均匀乳状液
固含量/%　　＞	54.5	54.5	54.5	54.5	50～52
黏度/mPa·s	1700～2500	1500～2200	2300～3300	500～1000	200～400
pH 值	4.0～5.5	4.5～5.5	4～5	4～5	4.5～5.5
沉淀率/%　　＜	3.5	3.5	3.5	5	5
残留 VCA/%　　≤	1	1	1	1	1

烯酸酯能够自聚或和其他单体共聚，丙烯酸酯是生产丙烯酸酯乳液的主要原料。

丙烯酸酯乳液的固体含量一般在 40%～50% 的范围内，丙烯酸酯乳液具有涂膜光亮、柔韧的特点，其黏结性、耐水性、耐碱性和耐候性等性能均较为优异，其应用范围主要是防水涂料、外墙涂料和内墙高档装饰涂料。

4.2.2.3　丁苯胶乳

苯胶乳是由丁二烯与苯乙烯乳液共聚而得的，简称 SBRL，丁苯胶乳的丁二烯-苯乙烯共聚物的分子结构如下：

$$\left\{\!CH\!-\!CH_2\!\right\}_m \left\{CH_2\!-\!CH\!=\!CH\!-\!CH_2\right\}$$

丁苯胶乳相对密度为 0.9～1.05，结合苯乙烯的量为 23%～85%，大量生产的丁苯胶乳结合乙烯的量在 23%～25%，而高苯乙烯胶乳（SBR-HSL）结合苯乙烯的量则高达 80%～85%。一般方法制得的丁苯胶乳总固含量为 40%～50%，而高固胶乳总固含量则在 63%～69%，丁苯胶乳的耐热性优于天然胶乳，老化后不发黏、不软化，但却变硬。

部分国产丁苯胶乳的质量性能要求参见表 4.10 所列。

表 4.10　部分国产丁苯胶乳的质量性能指标

项　　目	牌　　号			
	丁苯-50	丁苯-5050	丁苯-5060	丁苯-5050P
总固体含量/%≥	43	44	44	44
黏度/mPa·s	20～150	20～60	20～60	≤100
pH 值	10～13	≥10	≥10	≥8

4.2.2.4　氯丁胶乳

氯丁胶乳是由 2-氯-1，3-丁二烯经乳液聚合而制得的橡胶乳液，简称为 CRL。其结构式如下：

$$\sim\sim CH_2-\underset{\underset{Cl}{|}}{C}=CH-CH_2\sim\sim$$

氯丁胶乳由于具有优异的综合性能,如较强的黏结能力,成膜性能较好,湿凝胶和干胶膜均具有较高的强度,且又有耐油、耐溶剂、耐热、耐臭氧老化等性能,因而应用广泛。但氯丁胶乳也有不足之处,如耐寒性较差,其室温下是流动性液体,冷至 10℃以下即黏度增大,接近 0℃时成膏状,0℃以下胶乳即冻结,乳化剂破坏、凝固,再加热也不能恢复到原来的胶乳状态。

4.2.3 聚合物乳液在聚合物水泥防水涂料中的应用

聚合物乳液在水分散的常态下,具有良好的流动性和分散性,很容易对其进行某些物理性能的改性。就建筑防水涂料而言,乳液的水分散形态会使其便于生产加工,可将其十分方便地分散,包容填料,也可将其十分容易地分散在其他体系中,同时聚合物乳液的成膜性能有是其防水应用和材料改性的基础,使其以防水涂料的形态在施工现场固化成膜。

与各类溶剂型防水涂料的最大的不同特点是聚合物胶乳型防水涂料均为水基产品,一般不含挥发性有毒溶剂。在双组分的聚合物水泥防水涂料中,聚合物乳液与水泥协同作为成膜物质,使其防水涂膜耐老化性能、力学性能均十分优良,并具有防水透气、环保安全、施工便利、应用广泛等优点,使之迅速成为这几年发展较快的一类新型建筑防水涂料。

4.2.4 聚合物水泥防水涂料添加助剂

涂料助剂可以改进涂料的生产工艺、提高涂料的质量、赋予涂料特殊功能、改善涂料的施工条件。助剂作为涂料的辅助成膜物质是涂料必不可少的组成部分。根据助剂对涂料和涂膜的作用的不同,可以分为以下四种类型。

4.2.4.1 对涂料生产过程发生作用的助剂

这些助剂一般有湿润分散剂、消泡剂。

湿润分散剂:凡能改善颜料、填料在分散介质(水和有机溶剂)中的分散稳定性的物质。起其主要作用是将颜料、填料的二次粒子(凝聚粒子)解聚和分散成一次粒子,并保持其不再凝聚。

水性涂料常用的湿润分散剂见表 4.11 所列。

水性涂料在生产过程中极易产生气泡,涂料的泡沫不仅会给生产和施工带来麻烦,而且还会是涂膜的质量首要严重的影响,所以在涂料生产的过程中必须设法抑制泡沫和消除泡沫,最常用的就是加入消泡剂。消泡剂既要求其具有消泡能力,无严重的副作用,又要求其经济实用、贮存稳定、易于释放活性成分以及效力持久、无毒、对环境友好。要求一种化合物同时具备消泡剂的所有条件是很困难的,因此现在的消泡剂大多为在主剂的基础上与一种或多种助剂组成复合物。

表 4.11　水性涂料常用的湿润分散剂

商品名称	组　成	制造公司	离子型	状　态	浓度(质量分数)/%	主要用途
DA 系	聚羧酸盐		特种阴离子型	液体	40	对钛白、高岭土、碳酸钙、硫酸钡、滑石粉、氧化铁、氧化锌、立德粉等有良好分散效果
TD-01	聚丙烯酸钠盐		阴离子型	液体	40	对钛白、高岭土、碳酸钙、硫酸钡、滑石粉、氧化铁、氧化锌、立德粉等有良好分散效果
PD	苯磺酸钠的缩合物		具有活性基的高分子化合物	粉末		用于苯丙乳胶漆中炭黑的分散
SN-Dispersant-5040	聚羧酸钠盐	Henel 公司	特种阴离子型	浅黄色透明黏稠液体	40	乳胶涂料中钛白及体积颜料的湿润分散
Lomar D	萘磺酸盐缩聚物	Henel 公司	具有活性剂的高分子化合物	棕色粉末	84	用于炭黑、碳酸钙等颜料的分散
Tamol 731	二聚异丁烯顺丁烯二酸钠盐	Rohm & Hass 公司	阴离子型聚电解质	液体	25	可用于多种颜料的湿润分散
SMB	苯乙烯顺酐丁醇半酯化合物		低分子量的化合物	白-浅黄色粉末		对氧化锌等碱性颜料具有较好的分散效果,还可用于各种颜料
六偏磷酸钠	$(NaPO_3)_6$		聚电解质	白色粉状结晶		用于乳胶漆中的颜料分散

消泡剂的主要组成物质见表 4.12 所列。

表 4.12　消泡剂的主要组成物质

种　类	名　称
低级醇系	甲醇、乙醇、异丁醇、仲丁醇、正丁醇等
有机极性化合物系	戊醇、二丁基卡必醇、磷酸三丁酯、油酸、松浆油、金属皂、HLB 值低的表面活性剂(如缩水山梨糖醇月桂酸单酯、缩水山梨糖醇月桂酸三酯、聚乙二醇脂肪酸酯、聚醚型非离子活性剂)、聚丙二醇等
矿物油系	矿物油的表面活性剂配合物、矿物油和脂肪酸金属盐的表面活性剂配合物等
有机硅树脂系	有机硅树脂、有机硅树脂的表面活性剂配合物、有机硅树脂的无机粉末配合物

4.2.4.2 对涂料贮存过程发生作用的助剂

贮存过程中使用的助剂主要有防结皮剂、防沉淀剂等。

引起气干型涂料在使用和贮存过程中的结皮的原因是，溶剂的挥发和表面氧化聚合而凝胶。初期的凝胶尚可通过搅拌恢复原有的流动状态，但是当皮膜最终成为固态时就无法恢复，所以必须采用适宜的防结皮剂在不损害材料的情况下使用。防结皮剂一般有两类：酚类和肟类，但酚类对涂料的干性有影响，用量稍大就会造成涂膜不易干燥，而且酚类化合物易使涂膜泛黄，并与铁反应呈棕色，还有刺激味，因此涂料一般不采用酚类防结皮剂。常用的肟类防结皮剂有甲乙酮肟、丁醛肟和环己酮肟等，其防结皮作用是由于肟类化合物具有抗氧化作用。

常用的防沉淀剂有有机膨润土、气相二氧化硅、硬脂酸锌、硬脂酸铝、聚乙烯蜡等。主要品种及性能见表 4.13 所列。

表 4.13 防沉淀剂主要品种及性能

商品名	成 分	性 能 与 用 途
TF4604A TF4604B 有机土	有机膨润土	灰白色粉末，可用于各种色漆及底漆，具有触变、防沉作用。用量为总漆量的 0.1%~1.0% 动力黏度：TF4604A 为 300Pa·s；TF4604B 为 500Pa·s
TF4611 有机土	有机膨润土	灰白色粉末，可用于各种溶剂型漆，具有触变、防沉作用。用量为总漆量的 0.1%~1.0% 动力黏度为 1200 Pa·s
801 有机膨润土	有机膨润土	灰白色粉末，可用于各种溶剂型漆，具有触变、防沉作用。用量为总漆量的 0.1%~1.0%
881 有机膨润土	有机膨润土	白色或灰白色粉末，可用于各种溶剂型涂料。具有触变、防沉作用。用量为颜填料量的 1%~5%
B2P 膨润土	有机膨润土	浅灰白色粉末，用于各种溶剂型涂料，具有触变、防沉作用。用量为总漆量的 0.1%~1.0%
40 鹏通	H 型有机蒙脱土	白色粉末，可用于各种溶剂型漆，具有触变、防沉作用。用量为总漆量的 0.1%~1.0%
GT-100 超细氧化硅凝胶	—	流动性白色粉末，可用于环氧、环氧沥青等原浆型涂料的增稠、防沉、触变，用量为总漆量的 2%~3%
GP-88 防沉剂	磷酸酯	为棕色黏稠液体，适用于溶剂型涂料，可用于无机颜料润湿、分散，用量为颜填料量的 0.6%~1.2%
硬脂酸锌	硬脂酸锌	为白色粉末，可用于溶剂型涂料的润湿防沉剂和平光剂
硬脂酸锌	硬脂酸铝	为白色粉末，可用作润湿防沉剂和消光剂
防沉剂 201	聚乙烯酯	为半透明白色流动糊状物，用于油性漆各种溶剂型的气干、烘干涂料，特别适用于浸渍涂装，用量为总量的 1.0%~6.0%

4.2.4.3 对涂料施工成膜过程发生作用的助剂

成膜过程常用的助剂有流平剂、pH 值调节剂。

涂料经涂装后能够达到平整、光滑涂膜的特性称为涂料的流平性，改善涂料流平性的助剂称为流平剂。这类助剂一般均具有消除涂膜的缩孔，改善底材湿润性，改进涂料流平性能和均涂性能。

pH值调节剂的作用是将涂料的pH值调节至7～8，以利于涂料与pH值呈碱性的水泥砂浆或石灰基层稳定黏结。常用的pH值调节剂有氢氧化钠、氨水、碳酸氢钠等。

4.2.4.4　对涂膜性能发生作用的助剂

对涂膜性能发生作用的助剂有增塑剂、减水剂、防霉杀菌剂、光稳定剂、增稠剂、成膜助剂等。

增稠剂是用于增加涂膜柔韧性的一种涂料助剂。增塑剂的增塑作用是通过降低基料树脂的玻璃化温度而实现的。玻璃化温度是树脂由硬脆的固体状态转变成为橡胶状的高弹体状态的温度。增塑剂通常可分为两类：一类是主增塑剂（溶剂型增塑剂），另一类是助增塑剂（非溶剂型增塑剂）。增塑剂应当毒性低微，在增加涂膜柔韧性的同时应尽可能少地降低涂膜的硬度，也不应当使涂膜变色，尤其是涂膜在户外使用时要不易变色。增塑剂的类型和用量取决于涂料中基料树脂的不同以及涂料的使用要求。增塑剂的性能及特征见表4.14所列。

表4.14　常用的增塑剂的主要性能及特征

名　称	主要性能及特征
磷酸二甲酚酯	本品是一种无色油状液体，加入涂料内会变黄，见光易分解，不溶于水，可和溶剂以任何比例混合，可溶解硝化棉
氯化石蜡	主要用作氯化橡胶的增塑剂，它的加入量可高达50％，而不会使氯化橡胶涂膜的抗化学性变差

稠剂能明显提高涂料的表现黏度并赋予涂料的触变性等。增稠剂又称流变助剂。增稠剂在建筑涂料生产中可以分为有机系列和无机系列两大类。有机系增稠剂主要有两类：纤维素类和合成聚合物类。纤维素类包括甲基纤维素、羧甲基纤维素、羟乙基纤维素及其各种纤维素衍生物。纤维素类有机增稠剂常用品种及性能特征见表4.15所列。

表4.15　纤维素类有机增稠剂常用品种及性能特征

品　种	性能特征
甲基纤维素	甲基纤维素又称纤维素甲醚，外观为灰白色纤维状粉末，能溶于冷水，不溶于乙醇、乙醚和氯仿，溶于冰醋酸。耐热约至300℃，对光稳定
羟甲基纤维素钠	外观为白色粉末，吸湿性强，能溶于水，对涂膜的耐水性有不良影响，易生霉
羟乙基纤维素	具有良好的增稠效果，且其溶液具有假塑性流动，使用方便，对乳液涂料中各组分的混溶性好，故广泛用作乳液合成时的增稠和保护胶体以及用作乳液涂料的增稠剂，此外，对涂膜的耐水性影响较小

成膜助剂主要在乳液类建筑涂料中使用，这类助剂能够促进乳液中聚合物粒子的塑性流动和弹性变形，使之能在较宽的温度范围内成膜，即降低乳液的最低成膜温度。成膜助剂若使用不当，则容易引起乳液的破乳现象，故应根据其性能的不同，采用不同的加入方法。成膜助剂的加入方法有直接加入、预混合加入和与乳化

加入三种方式。

直接加入法就是在涂料的生产过程中直接将成膜助剂加入涂料中，也可以在乳液加入前加入预混合物。

预混合加入法是指将成膜助剂与分散剂或增稠剂预先混合好，然后再加入涂料中，这主要是针对直接加入成膜助剂会使乳液破坏的情况而采用的加入方法。

预乳化加入法主要是对罩光剂以及某些颜料体积浓度很低的有光乳胶漆等类乳液型建筑涂料而言的，在这类情况下，可在成膜助剂加入前对其进行预乳化处理，即将助剂同水、增稠剂和分散剂等一起进行乳化处理，然后再加入。

涂料生产常用的成膜助剂见表 4.16 所列。

表 4.16　涂料生产常用的成膜助剂

产品名称	性 能 特 征
松节油	松节油是一种精油，外观为无色至棕色液体，具有特殊气味，由烃的混合物所组成。松节油溶于乙醇、乙醚、氯仿等有机溶液，可用作溶剂型涂料的溶剂和乳液型涂料的聚合物的成膜助剂
双丙酮醇	双丙酮醇的分子式是 $CH_3COCH_2C(CH_3)_2OH$，外观为无色液体，有芳香气味，相对密度 0.9385，沸点 164～166℃（分解），溶于水、乙醇、氯仿等。双丙酮醇的性质不稳定，与碱作用或在常压蒸馏时即分解
乙二醇	乙二醇的分子式是 $HOCH_2CH_2OH$，俗名甘醇，是一种有甜味的无色液体，无气味，相对密度 1.113，沸点 197.2℃，凝固点−12.6℃，很易吸湿，能与水、乙醇和丙酮互溶，能大大降低水的冰点，微溶于乙醚，有一定的毒性
乙二醇丁醚	乙二醇丁醚的分子式是 $HOCH_2CH_2O(CH_2)_3CH_3$，俗称丁基溶纤剂，是一种无色液体，相对密度 0.903，沸点 171.1℃，溶于水和矿物油中

由于建筑涂料中含有利于微生物生长的成分，因而只要是环境温度等外在条件适合的情况下，微生物就会大量繁殖，使产品的原有性质遭到破坏、产品质量下降，甚至腐败变质而报废。因而在水性涂料或其他容易受微生物侵蚀的涂料中必须加有能阻止和抑制微生物生存的防霉、杀菌剂。

涂料常用的防腐杀菌剂见表 4.17 所列。

减水剂是一种能减少混凝土中必要的单位用水量，并能满足规定的稠度要求，提高混凝土和易性的外加剂。减水剂掺入到混凝土内混合之后，水泥水化速率加快，水化充分，能够在保持混凝土工作性能相同情况下，显著减少拌和用水，降低混凝土的水灰比，使水泥石结晶致密，强度提高。掺有减水剂的混凝土，改善了和易性，大幅度减少拌和水，使混凝土的孔隙率减少，混凝土的密实度增加，提高了混凝土结构的抗渗性和耐久性，达到防水效果。

向涂料中添加光稳定剂可延缓或抑制涂料老化的进程，提高涂膜的耐候性，延长涂料的有效使用期限，这对于外墙建筑涂料来说意义十分重要。常用的光稳定剂可分为紫外线吸收剂、紫外线猝灭剂、紫外线屏蔽剂三类。

紫外线吸收剂能有选择地强烈吸收紫外线，并能把所吸收的能量转变成热能或

表 4.17 涂料生产中常用的防腐杀菌剂

产品名称	性 能 特 征
五氯酚钠	五氯酚钠的分子式为 C_6Cl_5NaO,外观为白色粉末,微溶于水,溶于碱液。对真菌有杀灭功效,并能防治藻类生长
醋酸苯汞	醋酸苯汞又称塞力散,分子式为 $H_5C_6(HgOCOCH_3)$,外观为白色而有光泽的斜方形晶体。难溶于水,稍溶于乙醇和苯,易溶于醋酸和丙酮,有剧毒。加工成红色粉剂,含量为 $2.5\%\sim$ 2.77%。用量为涂料量的 0.05%
BIT	BIT 称为 1,2-苯并异噻唑啉-3-酮,固体粉末,熔点 156℃,在 25℃ 水中的溶解为 0.14%,90℃时溶解为 1.5%,但其钠盐易溶于水。该产品具有较高的热稳定性。它对酸、碱都较为稳定,在广泛 pH 范围内均能使用。BIT 为系列产品,例如适用于合成乳液及其涂料的 BTG、适用于水性涂料的 BTC 和通用型制剂 PT 等 BIT 属低毒,无恶性气味,防霉、杀菌效率高,具有广谱性;通常渗入 5×10^{-7} 即可起到很好的效果,它安全性好,可用于涂料和食品中。BIT 与 ZnO 或 TBZ 复合使用的效果最好
TBZ	TBZ 的化学名称为 2-(4-噻唑基)苯并咪唑,俗名赛霉灵,属低毒,抗霉菌效能高,对人体毒性低,适用于涂料及食品工业。TBZ 外观为浅灰色粉末,稳定性高,一般不与其他物质反应,耐热 300℃,耐酸,难溶于水,在水中溶解度仅为 30×10^{-6},在有机溶剂中溶解度也非常小,一般为 1% 以下。在水性涂料中一般添加 $0.2\%\sim0.5\%$。另外,TBZ 可与其他防霉杀菌剂并用,达到更佳效果
BCM	BCM 的化学名称为苯并咪唑氨基甲酸甲酯,俗名多菌灵。毒性低,对大部分霉菌显示良好的抗菌效果,但在高湿环境下效果不佳。BCM 外观为淡褐色粉末,熔点 180℃,分解温度 300℃,热稳定性高,不溶或难溶于一般有机溶剂中,能溶于无机酸和醋酸,形成相应的盐类,不同的 pH 值范围内均显示良好抗菌效果。在涂料中用量为 $0.5\%\sim1.0\%$
TPN	TPN 称为 2,4,5,6-四氯间苯二腈,俗名百菌清,属非汞型广谱杀菌剂,毒性极低,蒸汽压低,有刺激性气味;在水中的溶解度极低,约 0.5×10^{-6};对化学试剂基本上不反应;在乳液类涂料的使用范围内,具有水解稳定性;对金属没有腐蚀作用;具有优良的耐紫外线及热稳定性能。在涂料中用量 $0.5\%\sim1.5\%$

次级辐射能消散出去,但本身不会因吸收紫外线而发生化学变化。这类产品有邻羟基二苯甲酮类、水杨酸酯类和邻羟基苯并三唑类等。

紫外线猝灭剂的作用不在于吸收紫外线,而是在光化学反应发生之前把聚合物中受紫外线照射激发而处于激发态分子的能量转移掉,使该分子再回到稳定的基态,因而避免了聚合物的光老化。常用的猝灭剂是有机镍化合物。

紫外线屏蔽剂是能够在紫外线辐射危害聚合物之前吸收、散射和反紫外线的物质,涂料中常使用的各类颜料,例如氧化锌、氧化铁、氧化铬、炭黑、酞菁系列的颜料等都能起到这一作用。

4.2.5 聚合物水泥防水涂料的配方设计

(1) 基本配方以及各组分的作用

双组分聚合物水泥防水涂料有液料部分和粉料部分两部分组成。液料部分有聚合物乳液、增塑剂、助剂组成,常用的乳液有 VAE 乳液、纯丙乳液、苯丙乳液、丁苯胶乳、氯丁胶乳以及它们的混合物。粉料部分则有水泥、石英粉、粉煤灰、石灰、填料及助剂等构成。JS 防水涂料的基本配方见表 4.18 所列。

表 4.18　聚合物水泥防水涂料的基本配方

组分	用量/质量份	组分	用量/质量份
乳液	100	pH 调节剂	适量
分散剂	0.1～2	消泡剂	适量
增塑剂	2～10	水泥	80～100
成膜助剂	2～10	填料	20～40

常用的助剂主要有分散剂、增塑剂、消泡剂及水泥外加剂。分散剂的加入可使双组分混合时粉料较易分散，水泥的分散度越大则水化反应速率越快。液料与粉料比率确定后，若水分太少，就不足以在固相表面形成吸附水层，水泥粒子就无法依赖热运动作用下的相互碰撞而凝聚，从而造成和易性差及乳液很快破乳的结果。如采用外加水的方法则会使涂料制品的性能变得很不稳定，故宜在粉料中加入减水剂。

(2) 配方设计的机理

从复合防水涂料的原材料选材上可以看出，JS 复合防水涂料的配方设计机理是基于有机聚合物乳液失水而成为具有黏结性和连续性的弹性膜层，水泥吸收乳液中的水而硬化，从而使柔性的聚合物膜层与水泥硬化体相互贯穿而牢固地黏结成一个坚固而有弹性的防水层，柔性的聚合物填充在水泥硬化体的空隙中，使水泥硬化体更加致密而又富有弹性，涂膜具有较好的延伸率；水泥硬化体又填充在聚合物相中，使聚合物具有更好的户外耐久性和更好的基层适应性。因此聚合物水泥防水涂料是一种高强、坚韧、耐久的弹性涂膜防水层。

(3) 决定聚合物水泥防水涂料性能的因素

决定 JS 防水涂料性能的因素主要有以下几个方面。

聚灰比是决定聚合物水泥防水水泥涂料刚柔变化的重要参数聚灰比是指乳液中的固体含量与水泥质量比，聚灰比越大，即 JS 防水涂料中的有机组分含量越大，其涂膜的柔性也越好；反之，聚灰比越小，涂膜的柔性则越差。随着聚灰比的增大，JS 防水涂层的拉伸强度和断裂延伸率也随着发生明显的变化。

聚粉比是指聚合物与粉料（粉料是指水泥和填料的质量之和）的质量比，即聚合物和粉料比例的确定。聚粉比直接关系到 JS 防水涂膜断裂延伸率的大小，所以在水灰比不变的情况下，聚粉比发生较大的变化时，JS 防水涂料的性能也会发生显著变化，即填料增加，涂膜的拉伸强度提高，断裂延伸率则降低。

涂料的固体含量决定了 JS 涂料的液料-粉料比。即使当 JS 涂料的聚灰比和聚粉比都确定后，也不能最后确定其配方，只有在液料-粉料比确定后，才能固定涂料的基本组分，不会发生影响涂料主要性能的变动。

聚灰比、聚粉比以及液料-粉料比是确定 JS 防水涂料性能的主要参数，但其对具体的聚合物乳液有效，若聚合物乳液的具体品种发生变动时，那么相同配方的 JS 防水涂料其性能亦将发生较大的差别。

在涂料配方中适量的使用湿润分散剂，以提高其分散性能。由于 JS 防水涂料中会存在气泡，故在配方中考虑使用消泡剂。

4.2.6 聚合物水泥涂料的生产

聚合物水泥防水涂料的生产，其工艺大体可概括为基料的制备（聚合物乳液的合成）和涂料的配置两部分。

4.2.6.1 基料的制备

聚合物水泥防水涂料所采用的基料（聚合物乳液）品种有丙烯酸酯乳液、乙烯-醋酸乙烯乳液（VAE 乳液）丁苯乳液、氯丁胶乳等，其中最常用的是 VAE 乳液和丙烯酸醋乳液。本节以丙烯酸酯乳液的生产为例，介绍聚合物水泥防水涂料聚合物的聚合工艺和制备方法。

丙烯酸主要用于合成丙烯酸酯和聚丙烯酸，应用于丙烯酸酯涂料产品的则主要是丙烯酸酯。丙烯酸系聚合物是丙烯酸聚合物、丙烯酸酯聚合物和聚丙烯酸聚合物的总称。

丙烯酸及丙烯酸酯的分子结构如下：

$$H_2C=CH-\overset{\overset{\displaystyle O}{\|}}{C}-OR$$

式中，R＝H，即为丙烯酸。R 可以是 1～18 个碳原子的烷基，也可以为带有各种官能团的结构，统称为丙烯酸酯。

R＝—CH_3（甲基），则为丙烯酸甲酯（MA）；

R＝—CH_2CH_3（乙基），则为丙烯酸乙酯（EA）；

R＝—CH_2CH_2CH_2CH_3（正丁酯），则为丙烯酸正丁酯（BA）；

R＝—CH_2CH(C_2H_5)CH_2CH_2CH_2CH_3（2-乙基己基），则为丙烯酸 2-乙基己酯（2-EHA），亦称丙烯酸辛酯。

丙烯酸酯类按其分子结构与应用可分为通用丙烯酸酯和特种丙烯酸酯。丙烯酸甲酯（MA）、丙烯酸乙酯（EA）、丙烯酸正丁酯（BA）和丙烯酸 2-乙基己酯四种丙烯酸酯为通用丙烯酸酯，其都有大规模的工业化生产装置生产。

丙烯酸制备技术的研究发展至今，已经出现了很多种方法，如氯乙醇法、氰乙醇法、高压 Reppe 法、改良 Reppe 法、烯酮法、甲醛-乙酸法、丙烯腈水解法、乙烯法、环氧乙烷法、丙烯氧化法、丙烷气相催化法等。上述多种方法中丙烯氧化法有大规模丙烯酸生产工厂，已经成为丙烯酸的主流生产方法，大型的丙烯酸生产装置均采用丙烯氧化法生产。

丙烯氧化法又称丙烯直接氧化法，丙烯氧化法可分为一步法和两步法。

一步法反应：

$$H_2C=CH-CH_3 \xrightarrow{O_2} H_2C=CH-COOH \xrightarrow{ROH} H_2C=CH-COOR$$

二步法反应如下。

第一步丙烯酸氧化生成丙烯醛，具体反应式为：

$$H_2C=CHCH_3+O_2 \longrightarrow H_2C=CHCHO+H_2O$$

第二步丙烯醛进一步氧化生成丙烯酸，具体反应式为：

$$H_2C=CHCHO+\frac{1}{2}O_2 \longrightarrow H_2C=CHCOOH$$

伴随着两步主反应，还有若干副反应的发生，并生成醋酸、丙酸、乙醛、糠醛、丙酮、甲酸、马来酸（顺丁烯二酸）等副产物。

丙烯酸生产的主要原料是丙烯和氧化，辅助原料主要是水、有机溶液和作为阻聚剂使用的化学品以及氧化催化剂。

目前丙烯酸酯一般采用丙烯酸与醇在酸性催化剂存在下，直接经酯化反应生成丙烯酸酯和水，其化学反应如下所示。

$$H_2C=CHCOOH+ROH \underset{70\sim80℃}{\overset{催化剂}{\rightleftharpoons}} H_2C=CHCOOR+H_2O$$

反应按下述机理进行：

$$H_2C=CH-\overset{\overset{O}{\|}}{C}-OH + ROH \rightleftharpoons H_2C=CH-\overset{\overset{OR}{|}}{\underset{|}{\underset{OR}{C}}}-OH \rightleftharpoons H_2C=CHCOOR$$

其中 $R=CH_3$、C_2H_5、C_4H_9、所得产物相应为丙烯酸甲酯、丙烯酸乙酯和丙烯酸丁酯等单体物料。

丙烯酸树脂的聚合方法有乳液聚合法、溶剂聚合法、本体法、悬浮法以及非水分散法。其中以乳液聚合尤为重要。表 4.19 为上述几种聚合方法中所需组分的比较；表 4.20 为溶液聚合和乳液聚合所合成聚合物的主要性能比较。

表 4.19 几种聚合方法中组分比较

聚合方法	组　　分
本体法	单体＋引发剂
溶剂聚合法	单体＋引发剂＋溶剂＋链转移剂等材料
悬浮剂	单体＋引发剂＋水＋悬浮剂
非水分散法	单体＋引发剂＋有机液体＋稳定剂
乳液聚合法	单体＋引发剂＋水＋乳化剂和保护胶体＋链转移剂等辅助材料

表 4.20 溶液聚合物和乳液聚合物主要性能比较

性　能	溶　液　法	乳　液　法
相对分子质量	10000～50000	100000～1000000
黏度	与分子量关系大	与分子量关系不大
流变性	牛顿流体	假塑性流体
膜的溶解性	交联前溶解	不再分散

乳液聚合是在乳化剂的作用下并借助于机械搅拌，使单体在水中分散成乳状

  防水涂料

液，由引发剂引发而进行的聚合反应。乳液聚合是高分子合成过程中常用的一种合成方法。乳液聚合也是丙烯酸酯最重要、用途最为广泛的聚合物产品的实施工艺，其聚合过程主要是在水相介质中进行，在水溶性或油溶性引发剂的作用下，生成乳状液体的产物。

乳液聚合体系至少由单体、引发剂、乳化剂和水四个组分构成，一般水与单体的配比（质量）为 70/30～40/60，乳化剂为单体的 0.2%～0.5%，引发剂为单体的 0.1%～0.3%；工业配方中常另加缓冲剂、分子量调节剂和表面张力调节剂等。所得产物为胶乳，可直接用以处理织物或作涂料和胶粘剂，也可把胶乳破坏，经洗涤、干燥得粉状或针状聚合物。

（1）单体

单体一般在乳液配方中约占 50%，其为构成乳液聚合物的基础，单体的品种和组成对乳胶漆涂膜的物理、化学及力学性能起着决定性的影响，因此正确地选择单体及其比例尤为重要。

广义的丙烯酸单体包括丙烯酸、丙烯酸酯、甲基丙烯酸及其酯以及它们的衍生物。丙烯酸酯类单体常用的有丙烯酸甲酯（MA）、丙烯酸乙酯（EA）、丙烯酸丁酯（BA）和丙烯酸 2-乙基己酯（EHA）等，与其共聚的单体有甲基丙烯酸酯、苯乙烯、丙烯腈、丙烯酰胺、丁二烯和醋酸乙烯等。这些单体基本上都是由一种以上单体经共聚生成具有各种用途的共聚产物。表 4.21～表 4.23 列举了单体品种作用、特点。

表 4.21 单体在聚合物中的作用

单 体	在聚合物的作用
甲基丙烯酸甲酯,苯乙烯,丙烯腈,丙烯酸,甲基丙烯酸,甲基丙烯酸异冰片酯	硬度,附着力,抗污染性
丙烯腈,丙烯酸,丙烯酰胺	耐油,耐溶剂型
丙烯酸乙酯,丙烯酸丁酯,丙烯酸-2-乙基己酯,丙烯酸十八烷基酯	柔韧性
丙烯酸十二烷基酯,丙烯酸十八烷基酯,苯乙烯	耐水性
甲基丙烯酰胺,丙烯腈	耐磨性,抗划伤性
甲基丙烯酸酯	耐候性,透明性
甲基丙烯酰胺,丙烯酰胺,羟甲基丙烯酰胺,丙烯酸羟乙酯,甲基丙烯酸缩水甘油酯,丙烯酸,甲基丙烯酸	功能性单体,提高硬度、附着力、耐水性,耐油性、涂膜强度等
甲基丙烯酸芳香酯	增加光泽

表 4.22 丙烯酸乙酯、丙烯酸丁酯和丙烯酸异丁酯的性能比较

物理性能	性能比较
硬度	丙烯酸异丁酯＝丙烯酸乙酯＞丙烯酸丁酯
增塑效果	丙烯酸异丁酯＝丙烯酸乙酯＜丙烯酸丁酯
拉伸强度	丙烯酸异丁酯＝丙烯酸乙酯＞丙烯酸丁酯
耐水性	丙烯酸异丁酯＝丙烯酸丁酯＞丙烯酸乙酯

物理性能	性能比较
伸长率	丙烯酸异丁酯＝丙烯酸乙酯＜丙烯酸丁酯
耐芳烃性	丙烯酸异丁酯＝丙烯酸丁酯＜丙烯酸乙酯
耐碱性	丙烯酸异丁酯＝丙烯酸丁酯＞丙烯酸乙酯

表 4.23　乳胶漆常用单体的优缺点

单 体	优 点	缺 点
甲基丙烯酸甲酯	户外耐久性、硬度,耐沾污	脆、需增塑
苯乙烯	硬度、耐沾污、降低成本	耐紫外线性差、质脆、耐冲击性差
丙烯酸丁酯	耐韧性、耐水性	易沾污
醋酸乙烯酯	硬度、降低成本	耐水性和耐碱性较差、耐紫外线性差
乙烯	耐韧性、降低成本	聚合需高压、聚合时间长
C_{10} 叔碳酸乙烯酯	良好的耐碱和耐紫外线性	价格较高
丙烯酸、甲基丙烯酸	功能团、硬度、附着力、稳定性	影响耐水性和耐碱性

由于丙烯酸酯与甲基丙烯酸酯的均聚物的性能很难满足涂料、防水涂料成膜物的要求，所以作为涂料的主要成膜物质，丙烯酸树脂通常采用的是共聚物，该如何选择适合的单体来制备涂料用的树脂就尤为重要。各类聚合物涂层物理性能见表4.24所列。

表 4.24　各类聚合物涂层物理性能

物理性能	甲基丙烯酸甲酯	甲基丙烯酸丁酯	丙烯酸乙酯	丙烯酸丁酯	丙烯酸-2-乙基己酯
黏性	没有	微软,有一定	有	很黏	极黏
硬度	硬	塑性	软,有塑性	很软	有软无塑性
拉伸强度	高	低	低	很低	异常低
伸长率	低	高	很高	异常高	异常低
附着力	低	良好	优良	还好	低
耐溶剂性	耐汽油好	良好	很好	还好	低
耐湿热性	低	优	劣	一般	优
保光性	优	很好	良好	尚可	劣
抗冷冻性	很坏	低	坏	良好	优
抗紫外线	优	很好	尚可	良好	良好

在聚合物中添加少量丙烯酸、甲基丙烯酸、丙烯酸二甲氨基乙酯等可以改进涂料与底材的附着力。在聚合物中引进功能性单体，则可以得到特定功能的丙烯酸酯共聚物。

(2) 引发剂

乳液聚合几乎完全是按自由基聚合历程进行的。目前在胶黏剂工业中应用最多的是自由基型，它表现出独特的化学活性，在热或光的作用下发生共价键均裂而生成两个自由基，能够引发聚合反应。乳液聚合常用的引发剂有两类：一类为热分解引发剂，引发剂分子本身受热分解产生自由基；另一类为氧化还原引发剂，有氧化剂和还原剂两种物质组成，通过电子转移机理产生自由基。

热分子引发剂的主要品种有：过氧化氢、过硫酸盐、有机过氧化物、二酰基过氧化物、过氧化酸、过氧化酸酯、偶氮化合物等多种。

许多乳液体系对 pH 值比较敏感，pH 值的变化会影响乳液的稳定性，为使体系保持稳定，通常可加入 pH 值调节剂和 pH 值缓冲剂，控制乳液体系的 pH 值非常重要，但是缓冲剂是电介质，对乳胶离子的大小和乳液的稳定性会有影响。通常加入量为单体量的 0.5% 左右。

氧化还原引发剂，过氧化物引发剂和偶氮类引发剂分解温度较高（50～100℃），限制了在低温聚合反应的应用。氧化还原引发体系是利用氧化剂和还原剂之间的电子转移所生成的自由基引发聚合反应。因此氧化还原引发剂较热分解引发剂具有可以在较低温度（0～50℃）下引发聚合反应的优点，可以提高反应速率、降低能耗。可构成氧化还原体系的有过氧化苯甲酰/蔗糖、叔丁基过氧化氢/雕白块、叔丁基过氧化氢/焦亚硫酸钠、过氧化苯甲酰/N,N-二甲基苯胺。过硫酸铵/亚硫酸氢钠、过硫酸钾/亚硫酸氢钠、过氧化氢/酒石酸、过氧化氢/雕白块、过硫酸铵/硫酸亚铁、过氧化氢/硫酸亚铁、过氧化苯甲酰/N,N-二乙基苯胺、过氧化苯甲酰/焦磷酸亚铁、过硫酸钾/硝酸银、过硫酸盐/硫醇、异丙苯过氧化氢/氯化亚铁、过硫酸钾/氯化亚铁、过氧化氢/氯化亚铁、异丙苯过氧化氢/四乙烯亚胺等。其中叔丁基过氧化氢/焦亚硫酸钠反应速率最为适宜。

（3）乳化剂

乳化剂属于表面活性剂，从结构上看，表面活性剂其分子由亲水的极性基团和亲油的非极性基团两部分组成。乳化剂的分类有很多种，其中最常用的是按其离子的类型进行分类。乳化剂的分类详见表 4.25 所列。

丙烯酸乳液聚合常用的阴离子型乳化剂有：十二烷基硫酸钠、十二烷基苯磺酸钠、丁二酸二烷基酯磺酸钠、十二烷基二苯醚二磺酸钠（2A1）、丁二酸聚氧乙烯烷基酚醚半酯磺酸钠（MS-1）。常用的阳离子型乳化剂有三甲基十六烷基溴化铵。常用的非离子型乳化剂有：聚环氧乙烷-聚环氧丙烷嵌段共聚物、聚氧乙烯烷基酚醚（OP 类）。而两性乳化剂的主要品种是烷基氨基丙酸和烷基亚氨基丙酸。两性乳化剂因分子中同时含有碱性基团和酸性基团，故其在酸性介质中可离解成阳离子，而在碱性介质中又可离解成阳离子，而在碱性介质中又可离解成阴离子，根据这一特性，故该种乳化剂在任何 pH 值下都有效。

阴离子型乳化剂和阳离子型乳化剂均具有静电稳定性功能，由于乳胶粒常带同电性的电荷，相互之间具有静电斥力，可以阻止乳胶粒之间的聚集，非离子型乳化剂通过空间阻达到稳定的目的。为了提高乳液的机械稳定性，常常使用阴离子型乳化剂，而耐化学稳定性的提高则是需要依靠非离子型乳化剂，故在许多乳液合成中常常是阴离子型乳化剂和非离子型乳化剂配合使用。

乳化剂亲水亲油平衡值（HLB）是用来衡量乳化剂分子中亲水部分和亲油部

表 4.25　乳化剂的分类

根据离子类型分类	根据亲水基种类的分类
阴离子乳化剂	羧酸盐 RCOOM 硫酸盐 $ROSO_3M$ 硫磺盐 RSO_3M 磷酸盐 $ROPO(OM)_2$
阳离子乳化剂	伯胺盐　$RNH_2 \cdot HCl$ 仲胺盐　$R-\overset{CH_3}{\underset{}{NH}} \cdot HCl$ 叔胺盐　$R-\overset{CH_3}{\underset{CH_3}{N}} \cdot HCl$ 季铵盐　$R-\overset{CH_3}{\underset{CH_3}{N^+}}-CH_3Cl^-$
两性乳化剂	氨基酸型　$RNHCH_2CH_2COOH$ 丙胺盐型　$R-\overset{CH_3}{\underset{CH_3}{N^+}}-CH_2COO^-$
非离子乳化剂	聚乙二醇型　$R-O(CH_2CH_2O)_nH$ 多元醇型　$R-COOCH_2-\overset{CH_2OH}{\underset{CH_2OH}{C}}-CH_2OH$

分对其性质所作贡献大小的物理量。每种乳化剂都具有某一特定的 HLB 值,对于大多数乳化剂来说,其 HLB 值在 1~40。HLB 值越低,则表明其亲油性越大;HLB 值越高,则表明其亲水性越大。有关选择合适的乳化剂的方法很多,但最主要的还是靠实践和经验。不同的乳液所需要的不同的 HLB 值见表 4.26 所列。

乳化剂的浓度对乳液聚合的影响也很大,乳化剂浓度大时,乳胶粒子数也大,乳胶粒子数大,自由基在乳胶粒子中的平均寿命长,有充分的时间增长,聚合物的分子量就大;乳胶粒子数大,反应中心多,反应速率也高。

有时乳化剂的存在会使乳液在调漆时容易起泡,因此,在调漆时,一般要加入消泡剂,如处理不当,则会影响到调制涂料、输送、贮存和涂刷施工,甚至影响涂膜的质量。由于乳化剂是一类亲水物质,放乳胶涂料成膜之后,乳化剂仍旧残留在涂膜中,这会给涂膜的耐水性和吸水性带来不良影响,如采用聚合性乳化剂则能降低此影响。乳化剂大多数是低分子物质,对温度敏感,成膜后留在涂膜中,会影响涂膜的耐沾污性。

表 4.26　不同乳液聚合体系所要求乳化剂 HLB 值

乳液聚合体系	温度/℃	HLB 值
聚苯乙烯		13.0～16.0
聚醋酸乙烯		14.5～17.5
聚醋酸乙烯	70	15～18
聚甲基丙烯酸甲酯		12.1～13.7
聚丙烯酸乙酯		11.8～12.4
聚丙烯酸乙酯	40	13.7
聚丙烯酸乙酯	60	15.5
聚丙烯腈		13.3～13.7
聚甲基丙烯酸甲酯/丙烯酸乙酯(50/50)		12.0～13.1
聚丙烯酸丁酯	40	14.5
聚丙烯酸丁酯	60	15.5
聚丙烯酸-2-乙基己酯	30	12.2～13.7

4.2.6.2　聚合物水泥涂料的配置

聚合物水泥防水涂料的过程除了基料的制备，还包括液料配置和基料配置。

JS 防水涂料液料部分的配置过程就是将丙烯酸乳液 A、丙烯酸乳液 B、分散剂、消泡剂、色浆、其他助剂，经过搅拌混合反应，消泡，再经过过滤，最后液料成品包装。

JS 防水涂料粉料部分的配置过程就是将水泥、石英砂、固体消泡剂、固体分散剂、无机填料先进行脱水，再将其放入粉料搅拌机中进行充分搅拌混合，经过振动过筛，最后粉料成品包装。

在 JS 防水涂料生产中，不论是涂料是液料还是粉料，均需要经过滤去除颗粒和杂质，才能获得好的产品。液料和粉料在做好计量后，放入不同的容器内进行包装，成为最终产品。

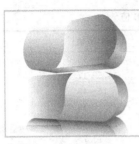

5 其他防水涂料

5.1 隔热防水涂料

建筑能耗占人类能源消耗的 $30\%\sim40\%$，而其中绝大部分用于取暖和空调，提高建筑物保温隔热性能是节约能源、提高建筑物使用功能的重要途径。由于日光的照射，会使建筑物内温度升高，如工业厂房、活动房或临时性建筑等多采用金属钢板屋顶，在阳光下室内温度会迅速升高。采用空调制冷降低室内温度能耗高且效果不佳，而通过采用隔热防水涂料层降低屋顶表面温度来降低室内温度，通常是最切实可行的办法。具有隔热保温作用的防水保温涂料必将成为功能性建筑涂料的一个发展方向。

5.1.1 隔热防水涂料隔热方法的选择

对涂料本身性能而言，防水和隔热总是一对矛盾，防水要求涂层致密，隔热却需要涂层疏松多孔，如何解决这对矛盾，是研究的关键所在。

目前隔热涂料根据隔热机理主要分为三类：阻隔型隔热涂料、辐射型隔热涂料和反射型隔热涂料。

（1）阻隔型隔热涂料

阻隔型隔热涂料的涂层热导率要低，防止室外热量以热传导方式进入室内，应用最广泛的是复合硅酸盐保温涂料。

复合硅酸盐保温涂料的涂层极易吸水，且吸水率高、水分挥发慢，一旦吸水就失去隔热作用。复合硅酸盐保温涂料用在屋顶时，涂层上的一个小孔或裂缝都会导致涂层的大量吸水，所以室外屋顶隔热不适宜采用复合硅酸盐保温涂料。复合硅酸盐保温涂料主要用于工业设备隔热，少量用于建筑物外墙内保温和室内顶棚的涂抹隔热层。

（2）辐射型隔热涂料

辐射型隔热涂料的隔热原理是在涂料中加入高热辐射率的填料，通过热辐射将建筑物中的热量辐射到空中，使建筑物温度降低。但要注意的是填料在某一波长范围内的热辐射发射率高，同时意味着在此波长范围内的辐射吸收率也高。

建筑物的外来热量主要来源于太阳辐射，由太阳光谱能量分布曲线可知，90%

以上的太阳能分布在 0.4～1.8m 波长范围，即可见光区和近红外区。又由红外气象学知，大气层对 8～13.5m 的红外辐射有很高的透过率，即"红外窗口"，通过这个"窗口"，地面上的辐射体可以直接辐射到外层空间。选择具有如下性能的填料，即在太阳光辐射波段（尤其是在 0.4～1.8m 波长）具有高反射率（低吸收率、低发射率），而在 8～13.5m 波长有高的发射率，就能保证建筑物不分日夜地将其热量向外辐射。但要找到（或制造）这种性质的填料并不容易。人工制造的高热辐射材料以 SiO_2、Al_2O_3 为基料，Fe_2O_3、MnO、CuO、CoO 等为添加剂，经高温烧结、研磨而成，不仅成本高，且与常用的 Fe_2O_3、MnO 等热辐射填料一样，在太阳辐射波段也有较高的吸收率，这反而会加大建筑物的吸热。

另外，辐射型涂料是基于建筑物表面（或涂层表面）温度升高以后将热量向外辐射，这样同时会有热量以热传导方式传入室内。另外，辐射型涂料对于冬季采暖的建筑也不利。

（3）反射型隔热涂料

既然建筑物的外来热量主要来源于太阳辐射，通过在涂料中加入一种粒径与太阳光波长一致的特殊反射粒子（在 0.4～1.8μm 波长具有高反射率的填料），能与太阳光波产生共振，使粒子的电子跃迁到高能位，从而产生反射和衍射作用，将太阳能直接反射到空中，而不是先吸收、后发射，对建筑物的降温应该更有效果。第一种为镜面、白度光反射隔热原理，如将锡纸、金属矿粉、云母片、超白度矿粉等材料混在涂料中，利用反射太阳光而获得隔热效果；第二种是采用一种反射率高、红外辐射率（放热）强而且粒径在大气窗口波长段上的材料，使涂层中吸收的热能很快释放到空气中，起放热制冷作用，如将氧化硼等空心陶瓷微珠混合于涂料中，利用空心微珠的圆形结构来反射、衍射太阳光，减少基层对太阳光的吸收率，利用空心微珠中的空气阻碍热传导。

目前研究最多、最有实用价值的是反射型隔热涂料。

5.1.2 各种隔热防水涂料的研究及应用

5.1.2.1 丙烯酸隔热防水涂料

丙烯酸隔热防水涂料是以丙烯酸树脂为主要成膜物质，加入具有隔热作用的填料和助剂而制成的单组分水乳型防水涂料。

丙烯酸隔热防水涂料涂层为白色或浅色，耐玷污性好，能产生热反射，并辐射热量，具有隔热和防水作用。

（1）丙烯酸隔热防水涂料的主要原材料

丙烯酸隔热防水涂料的主要原材料为丙烯酸乳液、隔热材料、助剂、颜填料等。

涂料按隔热材料分为松散型和反射型。

松散型涂料（厚质）表观密度小，热导率小，多加入疏松多孔的填料如硅藻土、膨胀珍珠岩等；反射型涂料（薄质）填料多为白色或浅色固体超细粉末，如金红石钛白粉、滑石粉、硫酸钡等。

助剂有增稠剂、分散剂、有机硅（表层滑爽）等。

(2) 丙烯酸隔热防水涂料的配方

丙烯酸隔热防水涂料的配方见表 5.1 所列。

表 5.1　丙烯酸隔热防水涂料的配方

成分	重量/%	成分	重量/%
丙烯酸乳液	15～20	碳酸钙	4～10
硫酸钡	15～20	二甲苯	3～8
滑石粉	15～20	酒精	3～8
钛白粉	4～10	水	适量

(3) 丙烯酸隔热防水涂料的生产流程

丙烯酸隔热防水涂料的生产流程如图 5.1 所示。

水＋助剂 → 隔热材料＋填料　　　水　乳液＋助剂

搅拌 → 搅拌 → 研磨 → 清洗 ── 混合 → 调黏度 → 过滤包装 → 成品检验

图 5.1　丙烯酸隔热防水涂料的生产流程

5.1.2.2　水性丙烯酸类防水隔热涂料

本发明（专利号：200910242172）是以弹性丙烯酸酯共聚物乳液、VAE 乳液、有机硅防水材料冷混的共聚物乳液为基料，低热导率的空玻璃微珠、中空陶瓷微珠等隔热材料，钛白粉、氧化锌、超细云母等反射材料和耐腐蚀的重晶石粉、硅灰石等为颜填料的水性丙烯酸类防水隔热涂料。

涂料太阳光反射率≥0.83，半球反射率≥0.85，耐候性老化时间 1000h 不退色、不粉化，不透水性、低温柔性、拉伸强度等防水性能达到 JC/T 864—2008《聚合物乳液建筑防水涂料》的Ⅱ类产品指标要求。该涂料属于装饰、防水和隔热多功能化涂料，可应用于建筑物屋面、金属板材、瓷砖、釉面砖、装饰瓦等材料表面。

5.1.2.3　弹性外墙保温反射隔热防水涂料

本发明（专利号：201010107842）公开了一种弹性外墙保温反射隔热防水涂料，该涂料具有良好的弹性，且具有隔热、保温、疏水、自洁的作用，能防止墙面龟裂纹的产生，其涂料配方见表 5.2 所列。

5.1.2.4　防水隔热涂料

本发明（专利号：A14242-0014-0005）的防水隔热涂料具有良好的耐光、耐候、耐化学性能，对太阳光的反射率达 72%～83%，辐射率 76%～88%，热导率低，防水性能好，在夏、秋高温季节能有效降低涂饰物表面的温度，阻止外界热量传入内部，防止水分渗入，从而起到防水隔热的作用。它可广泛用于建筑物屋面防

表5.2 弹性外墙保温反射隔热防水涂料配方

原料名称	质量份	原料名称	质量份
丙烯酸酯树脂	30～60	分散剂	0.1～0.5
空心玻璃微珠	5～20	防水剂	2～10
金红石钛白粉	5～20	pH 值调节剂	0.1～1
云母粉	1～8	消泡剂	0.5～10
堇青石粉	1～9	增稠剂	0.5～1
防沉剂	0.5～1.5	流平剂	0.3～1
成膜助剂	1.2～6	水	10～30

水隔热，外墙防水隔热、装饰，防止油罐、管道在夏、秋高温季节升温过高。

该防水隔热涂料以高岭土为主要填料，生产成本低，普及推广容易，其涂料配方见表5.3所列。

表5.3 防水隔热涂料配方

原料名称	质量份	原料名称	质量份
乳液	25～50	颜料	1～12
高岭土	25～40	助剂	2～7
辅助填料	2～15	水	25～35

5.1.2.5 具有装饰、隔热、防水三合一功效的丙烯酸乳液涂料及其制备方法

邓天宁等发明了一种具有装饰、隔热、防水三合一功效的丙烯酸乳液涂料及其制备方法。这种丙烯酸乳液涂料不但适用于建筑外墙、屋面或内墙，而且还能在金属、混凝土或砂浆、木材、塑料等建材表面使用。涂料配方见表5.4所列。

表5.4 装饰、隔热、防水三合一功效的丙烯酸乳液涂料配方

原料名称	质量份	原料名称	质量份
丙烯酸乳液	50～70	高岭土	3～10
纳米乳液	1.5～5	水性颜料	0.0001～0.01
钛白粉	5.5～15	水	25～35
活性碳酸钙	7～20		

该涂料的制备步骤如下。

① 乳化反应 将改性丙烯酸乳液、丙烯酸乳液中的任意一种或两种和纳米乳液放入搅拌机乳化搅拌 10～20min。

② 分散混配 将活性碳酸钙、钛白粉、高岭土研磨成细小的颗粒混合均匀备用。

③ 混合 在水作介质的搅拌机中，放入已分散混配好的活性碳酸钙、钛白粉、高岭土混合料，混合均匀。

④ 过滤纯化 将搅拌机中反应完全物料，经过滤机过滤。

⑤ 调色反应　注入调色釜中，滴加颜料，充分搅拌后，即可得到成品。

5.1.2.6　反光隔热防水涂料的研究

湖北襄樊学院土木工程系郭声波等研制了一种同时具备隔热、防水和装饰功能的反光隔热防水涂料。在本研究中，防水性能主要由涂料的基料决定，隔热性能主要由涂料的颜填料决定。

(1) 反光隔热防水涂料基料的选择

首先，为了使颜填料起到反光作用，基料本身应不含吸热基团外，成膜后还必须是无色透明的；同时，作为施工于屋顶和墙面的防水涂膜，必须有极好的耐水性、抗渗性、耐候性、柔韧性和与基层的粘接强度；其次，为了施工方便，希望是单组分的，为了适应环保的趋势，必须是水性的。综合上述条件，采用聚合物乳液为基料可同时满足上述要求。

为了满足防水涂料对低温柔性、断裂伸长率的要求，本研究采用较为廉价的苯丙乳液、丁苯胶乳复配的方法来制得乳液。丁苯胶乳的加入是为了满足防水涂料对断裂伸长率和低温柔性的要求。本研究采用的丁苯胶乳为羧基丁苯乳液，是用丙烯酸改性后的丁苯橡胶乳液，与苯丙乳液一样含有羧基（—COOH）。含有—COOH官能团的聚合物，与水泥水化产物发生作用后，能显著提高材料的强度、耐水性及与混凝土、水泥砂浆基层的粘接力。

特制的羧基丁苯乳液结合苯乙烯的量较小（小于45%），玻璃化温度较低，成膜后通常表面柔软，甚至发黏，易粘灰且不易自洁，对防水没有影响，但对反光却影响很大。为此采用复层结构，主涂层的基料采用羧基丁苯与苯丙共混乳液，加入较廉价的填料，厚度达 1~2mm；表面层采用玻璃化温度较高的丙苯乳液，涂层透明度高、光泽好、易自洁，填料为较昂贵的反光粉，涂层较薄。这种结构既满足了防水与隔热的不同要求，又节约了成本。

(2) 反光隔热防水涂料填料的选择

在反射性涂料中所用填料多为金属粉末，如铝银粉。铝银粉在油性涂料中可以稳定存在，但在水性涂料中会氧化变黑，失去反光性能。选用环保的水性乳液作基料，故不能采用铝银粉。通过反复研究与筛选，选用在微米级的云母粉表面镀上纳米厚度的高折射率金属氧化物作为填料，称为反光粉。反光粉在乳液中分散性、悬浮性极好，能稳定存在，在可见光和近红外区有极强的反射率，且在涂料中呈现柔和珠光，不会产生光污染。

在主涂层中加入的颜、填料分别为钛白粉和滑石粉、轻质碳酸钙，作为次要成膜物质可以提高膜层强度、耐老化性、耐磨性、遮盖力，增加膜层厚度和降低涂料成本。滑石粉的片状结构，还能增加涂膜的柔韧性，提高涂膜的抗渗透性。

在表面层涂料中仅加入不同粒径的反光粉（10~300μm），其在乳液中分散性、悬浮性极好，能稳定存在，在可见光和近红外区有极强的反射率。细粒径的反光粉遮盖力强，粗粒径的反射率高，通过实验选择合理的级配，可以得到最佳的反光隔热效果。

助剂主要有分散剂（三聚磷酸钠）、消泡剂（磷酸三丁酯）、增稠剂（PVA）和成膜助剂、防腐剂等。

（3）反光隔热防水涂料配方设计

反光隔热防水涂料配方见表 5.5 所列。

表 5.5　反光隔热防水涂料配方　　　　　　　　单位：％

原　　料	主涂层(防水层)	表面层(反光层)
丙苯乳液(含固量 50%)	13.5	70.5
羧基丁苯乳液(含固量 50%)	31.5	
钛白粉	9	
滑石粉	9	
轻质碳酸钙	18	
反光粉(10～300m)		8
三聚磷酸钠	0.18	0.1
磷酸三丁酯	0.36	0.4
PVA	0.54	0.8
其他助剂	0.5	0.7
水	17.5	19.3
颜料体积浓度(PVC)	33	<10
颜/基	1.6/1	0.2/1

（4）反光隔热防水涂料配制方法

常用的配制方法有色浆法和干着色法。色浆法是将颜填料、助剂和水预混后，研磨成颜料浆，然后与乳液一起加入搅浆机中混合均匀，经调整黏度、过滤后成为涂料。干着色法是将颜填料和助剂直接加入基料中，再研磨分散的制备方法。

乳液最好不要参与研磨过程，所以对主涂层采用色浆法配制。而表面层要求更高，反光粉不仅不能研磨，也不要高速搅拌，只需经水、分散剂浸透、润湿以后，加入乳液中搅匀即可。

（5）反光隔热防水涂料性能

对于表面反光层隔热性能的测试，目前还没有相应标准。一般采用两种方法：一是测定涂层的反射光谱，观察其在太阳辐射光谱区域是否有高的反射率；二是直接测定，比较阳光辐射下（或红外灯照射下）反光涂层和其他涂层下表面的温度。反光隔热防水涂料性能测试结果见表 5.6 所列。

研究结果表明：高折射率的白色颜填料具有较好的隔热效果，比通常作为反射隔热涂层的铝银粉涂料的隔热效果要好得多；采用在微米级的云母粉表面镀上纳米厚度的高折射率金属氧化物作为反光填料，制成的反光隔热防水涂料反光隔热效果最好；在红外灯下同样的照射时间（12～30min），反光隔热防水涂料试样下表面温度比铝银粉涂料低 9～12℃，比沥青基防水涂料低 33～40℃；在日光下，比铝银粉涂料温度低 5.5℃，比沥青基防水涂料低 12℃。

表 5.6　反光隔热防水涂料性能

项 目	指标要求（Ⅰ类）	实测结果
外 观	产品经搅拌后均匀、无结块	均匀、无结块
拉伸强度/MPa	≥1.0	1.25
断裂延伸率/%	≥300	430
低温柔性（10mm，-10℃）	无裂纹	无裂纹
不透水性（0.3MPa，0.5h）	不透水	不透水
固体含量/%	≥65	60（不合格）
干燥时间		
表干/h	≤4	合格
实干/h	≤8	合格
老化处理后拉伸强度保持率/%	≥80	合格
老化处理后断裂延伸率/%	≥200	合格
加热伸缩率/%	伸长≤1.0	合格
	缩短≤1.0	

5.1.2.7　防水保温装饰一体化防水涂料

　　一般建筑物立面按规范要做外墙保温隔热、防水和装饰三项工程，要花三笔工程费用，如能有一种材料集保温隔热、防水和装饰功能于一体，就能减少工序、节约成本。

　　目前市场上一些防水保温涂料大多是以珍珠岩、蛭石、泡沫玻璃、发泡聚苯乙烯、发泡聚氨酯等为主要隔热材料，由于这些材料机械强度小，使涂层断裂伸长率小，防水效果和耐磨性差，一般需要涂层厚度达到 20～50mm 才能起到较好的防水、保温隔热作用，并且装饰效果相对较差。

　　山东科技大学科技产业总公司王立华利用弹性乳液、空心玻璃微珠、硅藻土、红外线反射剂、石棉绒等原料制得一种新型防水保温装饰一体化防水涂料。该研究将空心玻璃微珠和红外线反射剂添加到涂料中代替传统隔热材料，克服了传统防水保温涂料需要厚涂的缺点，涂刷时能形成耐磨、均匀、致密的涂膜，涂层厚度可控制在 2mm 左右就能达到很好的防水保温效果。该涂料复合了防水和装饰功能，可使节能达到规范设计的要求。外墙、屋面使用该涂料可节约 30%～50% 的空调能耗，基本满足节能建筑的要求。还可使外墙和屋面建材日照或冬夏的温差减少 20℃，从而使不同材料接缝和裂缝的宽度减小 80%，裂缝减少 60% 以上。而且对于不可避免的裂缝和接缝，涂层具有优异的延伸率（达 480%）、较高的拉伸强度和良好的不透水性，抗基面开裂而不漏水、不见缝。

　　(1) 主要原料

　　空心玻璃微珠：济宁玻璃微珠有限公司生产。

　　弹性丙烯酸乳液：罗门哈斯生产的 PRIMAL～2438M 自交联弹性丙烯酸乳液。

　　TS-2 型红外线反射剂：山东科技大学建材研究所研制。

　　硅藻土：助剂，水。

（2）配方及生产工艺

将上述原料按一定顺序和比例混合，经砂磨机研磨均匀后，调漆过滤后制得防水保温涂料。

（3）防水保温涂料的涂膜性能

防水保温涂料的涂膜性能见表 5.7 所列。

表 5.7　防水保温涂膜性能

项　　目	指　　标
拉伸强度/MPa	1.2
断裂伸长率/%	200
低温柔韧性	−20℃，无裂纹
不透水性	0.3MPa,30min,不透水
涂层下表面温度/℃	45

注：涂层下表面温度是指涂层下表面在红外灯照射下达到同一温度，且 10min 内不变化时测得数值。

随着乳液含量的增加，涂膜的拉伸强度和断裂伸长率在增大，其防水性能增加，但其隔热性能降低。因为乳液是主要基料，增加乳液含量对涂膜的防水性能有好处，但是乳液微粒可以密实地填充涂膜孔隙，在宅心隔热材料之间形成"冷桥"，因此，乳液含量增加后，涂膜隔热性能就会降低。综合考虑涂料的防水和保温性能，控制乳液添加量为 42% 左右。

随着空心玻璃微珠用量的增加，涂膜的拉伸强度和断裂伸长率逐渐降低，但涂膜的隔热性能却在提高。说明空心玻璃微珠具有较好的绝热性能，但其用量太多，会影响涂膜的防水性能。空心玻璃微珠粒度在 $10 \sim 250 \mu m$，壁厚 $1 \sim 2 \mu m$，质量较轻，分散性好，具有较高的机械强度和良好的化学稳定性，其中空的特点使空心微珠热导率低，使涂料固化形成的涂膜具有保温隔热性能。空心玻璃微珠在涂膜中还能够形成一层薄壁空心珠构成的空心腔体群，产生良好的阻隔型隔热机理的隔热效果，而提高涂膜的隔热性能。

随着红外线反射剂用量的增加，涂膜拉伸强度和断裂伸长率不变。但是，随着反射剂用量的增加，涂膜的隔热性能却在迅速提高，这是因为太阳辐射热绝大部分处于 $400 \sim 1800nm$ 范围内，TS-2 型红外线反射剂能反射 80% 以上该波长范围内的光，将太阳的热辐射反射回外部空间，而使基层温度不至于升高。同时，还能降低涂膜的日光热老化作用，延长涂膜的使用寿命。

随着涂层厚度的增加，涂膜的隔热性能不断提高，当达到 2mm 时，各项指标已满足要求，如果涂层厚度继续增加，保温性能基本不变，且材料用量会大幅度增加，工程造价随之增加。

研究结果表明：由弹性丙烯酸乳液、空心玻璃微珠、红外线反射剂等原料配制的防水保温涂料，薄层涂敷即可达到良好的防水、隔热保温效果，厚度比用一般如珍珠岩、蛭石等材料配置的防水保温涂料薄，厚度可控制在 2mm 左右；防水保温涂料中乳液添加量一般控制在42％左右；TS-2型红外线反射剂对太阳光的反射率达到80％以上，将太阳的热辐射反射回外部空间，使基层温度不至于升高。

5.1.2.8 防水反辐射隔热涂料的应用

中央储备粮武汉直属库黄雄伟等采用新型防水反辐射隔热涂料对仓顶和仓墙进行处理，将仓温和粮温控制在相对较低的水平，以达到增强储粮稳定性、延缓品质陈化的目的。

仓库用新型反辐射防水隔热涂料处理屋面单位造价为42元/m²，用普通材料对屋面进行防水处理单位造价为35元/m²，但屋面经该涂料处理后，可连续使用10年以上，而不再需要对仓房进行防水处理维修，如屋面受到外界污染后仅需用清水冲洗即可；而用普通防水卷材需长期进行维修检查，费时费力，且给安全储粮带来隐患。

5.1.2.9 水性热反射隔热防水涂料

北京虹霞正升涂料有限责任公司刘成楼选用自交联弹性丙烯酸乳液为成膜物质，并用偶联剂、纳米耐沾污剂进行改性，制成基料；以白水泥、硅灰为无机胶凝材料，添加空心玻璃微珠、滑石粉、重钙混合成粉料；当基料：粉料为1∶1时制备的水性热反射隔热防水涂料，其涂膜不但具有优异的防水性能，还兼具隔热降温功能和耐污自洁功能。

(1) 水性热反射隔热防水涂料的原材料

自交联型苯丙弹性防水乳液，国产；分散剂，罗门哈斯；高效消泡剂，海川；偶联剂，南京曙光；纳米耐沾污剂，北京首创；空心玻璃微珠，进口；白水泥、滑石粉、重钙粉、市售；硅灰，贵州海天。

(2) 水性热反射隔热防水涂料的基本配方

水性热反射隔热防水涂料的基本配方见表5.8所列。

表5.8 水性热反射隔热防水涂料的基本配方

原材料	质量份	原材料	质量份
防水乳液	97～100	白水泥	40～50
分散剂	0.5～0.7	硅灰	3～5
消泡剂	0.3～0.5	空心玻璃微珠	30～40
偶联剂	0.8～1.0	滑石粉	3～5
耐沾污剂	1.0～2.0	重钙粉	10～15

(3) 水性热反射隔热防水涂料制备工艺

① 液料 在中速搅拌下的防水乳液中依次缓慢加入分散剂、消泡剂、偶联剂、耐沾污剂，搅拌混合20min，装桶。

② 粉料 将粉料依次加入混合机内，基本混合均匀后再加入空心玻璃微珠，混合均匀后装袋。

研究结果表明：制备的聚合物水泥涂料，其涂膜兼具热反射隔热降温功能、防水功能、耐污自洁功能，可单独或与其他材料复合应用于建筑物屋面及外墙的涂装；自交联型弹性丙烯酸乳液，通过偶联剂及纳米耐沾污剂改性后，明显提高了涂膜的交联密度和强度，使涂膜平整光滑、致密，各项物理性能均明显超过标准要求，耐沾污性由对照的 26％ 下降至 12％；空心玻璃微珠具有中空结构，表现出很强的反射能力，具有极佳的隔热性能，对提高涂膜的光热反射率有突出贡献；硅灰主要成分为 SiO_2，具有红外辐射功能，与滑石粉配合作为红外辐射材料，对提高涂膜的红外辐射率有一定作用。制备的涂料在试验条件下其涂膜反射率达 85％。隔热性（温差）：表面温差为 15℃，内部温差 4℃，具有显著的隔热降温功效，尤其适于我国夏热冬暖、夏热冬冷地区应用。

5.1.2.10　阻热防水涂料

这是一种来自美国的最新专利防水产品。该涂料含有一种获得专利权的微泡玻璃球，它有着无数闭合胶体，为这种微泡玻璃球提供载体的是具有高性能的特种树脂，是聚合物和共聚物的综合体。它既可以与柔性防水卷材和刚性防水材料复合使用，也可以直接施工于各种基层，独立发挥防水阻热的良好性能。该材料在金属物体上使用时，极具柔性和封闭性，能堵漏、隔热、防锈；用于沥青屋面时，可反射 90％ 的太阳能量，防止沥青降解，延长使用寿命；用于刚性防水屋面时，能阻止混凝土膨胀，封闭细裂纹和缝隙，防止水分渗透，有极佳的黏附性和延伸性。

5.1.2.11　环保型隔热防水涂料

中华人民共和国发明专利（20080802）介绍了一种建筑用环保型隔热防水涂料的制备方法。

环保隔热防水涂料的组成如下：10％六偏磷酸钠溶液 1kg、防污剂 0.02kg、增白剂 0.02kg、群青 0.01kg、聚乙烯醇合成胶黏剂 28、磷酸三丁酯 0.15kg、轻钙 10kg、2％羟乙基纤维素溶液 27kg、活性碳酸钙 20kg、苯丙乳液 10kg、水适量。

该涂料的制备工艺如下。

① 将聚乙烯醇合成胶黏剂加入到容器罐中搅拌，同时加入上述纤维素溶液，搅拌 15min。

② 再加入防污剂，搅拌 5min。

③ 加入活性碳酸钙，同时加入轻钙，搅拌 30min。

④ 加入群青增白剂，搅拌 15min。

⑤ 加入磷酸三丁酯，搅拌 10min。

⑥ 加入苯丙乳液，搅拌至均匀。

该防水涂料具有优良的隔热效果、较好的防水性能、无毒无味、无污染、具有仿瓷效果。

5.1.2.12　外墙反射隔热防水涂料

中国建筑材料科学研究院苏州防水研究院王晓莉等以水基丙烯酸乳液为基料，

同时选用钛白粉、空心微珠、硫酸钡和滑石粉等颜填料制备了外墙反射隔热防水涂料。涂膜固化后具有耐水、耐碱、耐老化、耐沾污、耐洗刷等优异的综合性能，并且太阳光反射比和半球发射率高，能有效地降低辐射传热及对流传热。

(1) 原材料

外墙反射隔热防水涂料基本配方见表5.9所列。

表5.9 外墙反射隔热防水涂料基本配方

原材料	质量分数/%	原材料	质量分数/%
基料（丙烯酸乳液）	50～60	助剂	适量
颜填料	30～40	水	补足余量

基料选择德国巴斯夫生产的丙烯酸乳液，颜填料有超细空心微珠、金红石型钛白粉、沉淀硫酸钡和滑石粉等，助剂主要有润湿分散剂、消泡剂、增塑剂和成膜助剂等。

根据室外气候多变、温差大的特点，成膜物质必须选择耐候性好、耐水性强又有较高黏结力和弹性的材料，并且与保温填料及反射填料的相容性要好。白色颜料耐候性优异，能吸收大量紫外线，减轻紫外线对基料的破坏，提高涂膜的耐候保色性。白色颜料中应用最广、效果最好的是金红石型钛白粉。

助剂的选择，主要应考虑对涂料及涂层相关性能的改善作用，如采用有机硅来提高涂层的耐水、耐污及耐温性能；用成膜助剂来改善涂层的流平性、施工性与降低成膜温度。其中，高耐污染性是外墙涂料十分重要的性能指标，对反射隔热涂料尤为重要，直接关系到反射性能的发挥。空心玻璃微珠也称涂料用多功能空心添加剂，其颗粒呈圆形或近圆形，表面光滑坚硬、结构致密，内部空心，密度低、热导率小，对各种液体介质几乎不吸收，能够很好地反射光、热等入射波，适合作为反射填料，与成膜基料一起构成绝热层，有效隔断热量的传递。

(2) 涂料制备

外墙反射隔热防水涂料制备工艺流程如图5.2所示。按配方表5.9称取各种物料，在低速搅拌下依次加入蒸馏水、润湿分散剂、适量消泡剂和成膜助剂等充分混合均匀，然后添加钛白粉等颜填料，高速搅拌30min，使粉体粒子在高剪切速率作

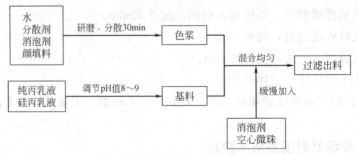

图5.2 外墙反射隔热防水涂料制备工艺流程

用下，分散成原级粒子，并达到分散稳定状态。接着将调制好的颜填料色浆缓慢加入到乳液中，再低速搅拌 30～40min。为避免过高的转速破坏微珠的空心结构，使其失去隔热反射能力，空心玻璃微珠最后在低速状态下加入到分散液中，搅拌过程中滴加剩余消泡剂，并调到合适的黏度，过滤、出料。

5.1.2.13 索士兰阻热防水涂料

一种来自美国的最新专利防水产品最近在国内市场出现。这种叫做索士兰的阻热防水涂料具有特别的功能。它在金属物上使用时，极具柔性和封闭性，能堵漏、隔热、防锈；用于沥青屋面时，可反射 90% 的太阳能量，防止沥青降解，延长防水寿命；用于刚性防水屋顶时，能阻止混凝土膨胀，封闭细裂纹和缝隙，防止水分渗透，有极佳的黏附性和延伸性。

索士兰阻热防水涂料的特别功能缘于其含有一种获得专利权的微泡玻璃球，它有着无数闭合腔体。为这种微泡玻璃提供载体的是具有高性能的特种树脂，是聚合物和共聚物的总和体。它既可以与柔性防水卷材和刚性防水材料复合作用，也可以直接施用各种基底，独立发挥防水阻热的良好性能。

5.2　既防水又通气的新型涂料

法国一家化学公司研制成功的一种含硅氧烷的新涂料（21102624），将它涂在建筑物的表面，不仅能完全防水，而且也不影响通气。这种涂料具有特殊的分子结构，在涂有该涂料的墙面上，雨水会形成小珠状，随即从墙上滑落下去，丝毫也不会渗透到墙面中去，同时它既不会阻碍墙面的通气，更不会自身呈鳞片状脱落。

5.3　荷叶素型防水材料

这是一类由有机硅、含氟非离子型表面活性剂等配成的液体防水材料，国外通常用在水泥路面、桥梁等野外冬季防水抗裂的短期防护。在水泥建筑的基面喷洒这类防水剂，当基面吸收了防水剂后，其表面和毛细孔张力变小，当水附着表面时，形成荷叶效应，不被基面直接吸收，从而起到防水效果，是一种使用极其方便的防水剂，所以也有人将其用到墙面的防水。这一类防水剂喷洒在基面后，附着在固体表面、毛细孔隙和裂隙中，与固体没有直接结合，随着时间的延长，它一方面向固体内部迁移，另一方面它被水溶解流失，渐渐失效，所以它是一种短期效果的防水剂。它抗渗压力较低，不适宜于有积水的地面防水。

5.4　聚甲基丙烯酸甲酯防水涂料

聚甲基丙烯酸甲酯防水涂料是以甲基丙烯酸甲酯（MMA）为基料，加入特殊弹性高分子中间体进行化学改性，并通过自由基聚合反应固化成高弹、高强的防水、防腐及耐磨涂层。根据施工工艺要求，该产品分为喷涂型（P）和刮涂型（G）。其中喷涂型（P）产品采用专用喷涂设备喷涂施工，适用于大面积或立面施工；刮涂型（G）产品采用人工刮涂施工，适用于修补或平面施工。

喷涂型聚甲基丙烯酸甲酯防水涂料是以甲基丙烯酸甲酯（MMA）为主要原料，采用合适的引发剂在常温下快速固化而成，是近年来继聚脲防水涂料推出之后迅速发展的一种高性能防水材料。喷涂型甲基丙烯酸甲酯防水涂料的主要特点如下。

① 100％固含量，不含任何挥发性有机物（VOC），无污染，对环境友好。

② 在常温条件下喷涂可快速固化，20min 表干，1h 后即可上人行走。

③ 对湿气、温度不敏感，−5℃～30℃及潮湿环境中均可施工，适合各地全年施工。

④ 优异的理化性能，如抗张强度、伸长率、柔韧性等。

⑤ 优越的耐化学、耐磨、耐老化和耐候性，效用持久。

⑥ 良好的热稳定性，可在120℃下长期使用，可承受短时高温热冲击，面层温度高达250℃无影响。

⑦ 涂层间黏附力强，与基层黏合度高，能在较宽温度范围内接合混凝土收缩裂缝。

⑧ 涂层连续、致密，无接缝、无针孔，美观实用，并可有效抵抗水分及氯离子渗入；耐石碴和回填料压好。

⑨ 使用成套设备，施工方便，效率极高。

喷涂型甲基丙烯酸甲酯防水涂料广泛适用于工民建、地铁、隧道、水利、公路、混凝土桥面板、钢桥面板、桥墩及结构、轻轨及高速铁路、涵洞及隧道等工程防水、防腐和耐磨衬里，特别适用于高速铁路混凝土桥梁的防水抗渗。

目前甲基丙烯酸甲酯防水涂料的主要功能是防护混凝土和钢材结构。如纽约华盛顿大桥、佛罗里达州阳光高架桥、香港特区的青马大桥、深圳湾公路大桥等都采用了喷涂甲基丙烯酸甲酯防水涂料，性能优越，受到了施工方的一直推崇。随着国家基础建设投资的加大，将会有越来越多的工程需要喷涂甲基丙烯酸甲酯的防护。

5.5 整体结晶型防水材料

整体结晶型防水材料是新生代的高科技防水涂料产品，相比老式防水材料它更具有无毒、无害、绿色环保、易保养等突出优点。整体结晶防水抗渗剂是利用国内外该领域高端技术融合而成的"混血儿"。它是在国外整体结晶防水及其混凝土防水系统的先进技术基础上，结合国外尖端防水技术而成功研制开发的建筑防水产品，其优秀的品质和优异防水效果为目前所有防水材料中耐久性最长，且环保无毒、无污染，成为该行业品质的标杆。

整体结晶防水抗渗剂的防水机理是渗透结晶、分散结晶原理，在混凝土结构、水泥砂浆层及涂料防水层之中，通过渗透、分散、迁移，在毛细管通道和裂隙中形成吸水膨胀的不溶于水的结晶，充盈密实毛细管通道和裂隙，其中的活性成分还能吸水膨胀生成一种弹性胶体，它在水泥水化、凝结、硬化过程中，能吸水保水，显著降低泌水率，减少泌水形成的毛细管通道，堵塞毛细管通道和裂隙，增加水泥凝结和硬化过程中的塑性，减少水泥收缩缝，增加水泥与砂石骨料之间的亲和力，提高拌和料的匀质性，流变性，减少分层、沉降缺陷，从而形成一个密实的防水整体。由于防水层与基体物性参数近似，所以它适宜于迎水面和背水面的防水，而不会引起张力剥离。它不含挥发性或可分解的有毒物质，所以无味、无毒、无公害，是绿色环保型产品。从理论上讲整体结晶型防水材料属于刚性防水范畴，但实际上它是一种刚柔相结合的防水材料。其基层、面层为刚，但在结点及变形部位采用了柔性处理，这种智能的防水机理彻底解决了混凝土砂浆渗、漏、裂的问题。

通常聚氨酯防水涂料及高分子改性沥青溶剂型的防水涂料，在含水率大于8%的潮湿基层、环境的相对湿度大于80%或墙体表面结露的条件下，不能正常进行防水涂料施工，解决这一技术难题的方法之一是使用潮湿基面隔离剂。所谓潮湿基面隔离剂就是在固化反应成膜过程中吸收基层表面的水分，同时也渗入基材内部的毛细孔中，封闭、堵塞基材内部的水分往外渗透，大约在2～8h内固化。采用这种处理方法，成功地解决了聚氨酯型及高分子改性沥青溶剂型防水涂料在相对湿度近100%、基材含水率大于15%的条件下进行防水施工的技术难题。固化后的隔离剂层与水泥基材黏强牢固，黏结强度大于2MPa，也与聚氨酯防水涂膜、高分子改性沥青防水涂膜等有较好的黏结强度，黏强力大于1.0MPa。可用于地下室、隧道、防空洞、屋面、墙体等部位的潮湿基面进行潮湿处理。

潮湿基面隔离剂是由双组分环氧树脂和固化剂组成，施工时按比例混搅拌均匀，然后刮涂在潮湿基材上，与水反应而固化成膜。潮湿基面隔离剂适用于潮湿基材含水率大于15%的隔湿处理；也适用于环境相对湿度大于80%或表面结露的墙体隔湿处理。如在新浇注1～2天后的混凝土潮湿基层上，或在抹完水泥砂浆未干的基层上，均可刮涂、刷涂或滚涂隔离剂，待表面干燥后可进行正常防水涂料施工。

5.6　高分子微晶防水涂料

高分子微晶防水涂料是把胶体大小的高分子微晶均匀的悬浮于液体中，加入助剂和填料制成的防水涂料。在国外作为水性涂料已得到应用。

高分子材料的结晶有晶体和微晶。微晶是晶态发育不完善、不完整、不规则的晶体。无定型材料中若含有微晶，其性能可得到极大改善。

高分子微晶防水涂料化学稳定性提高，其耐候性、耐老化性明显改善；物理稳定性提高，耐热性、机械强度、耐磨性明显提高。

5.7　纳米材料在防水涂料中的应用

纳米材料是指由颗粒尺寸小于100nm（0.1～100nm）的超细颗粒构成的具有小尺寸效应的零维、一维、二维、三维材料的总称。

纳米材料有特异的光、电、磁、热、力学等性能。在涂料中加入纳米材料可明显改善涂料的性能。如利用纳米 TiO_2、SiO_2 纳米粒子对紫外线的吸收，提高涂料耐候性；利用纳米 SiO_2 可防止涂料流挂，可改善涂料施工性；利用纳米粒子与树脂间强大的界面结合力，可提高涂层的强度、硬度、耐磨性及耐冲击性等。

5.7.1　纳米复合改性防水涂料

北京中材国建化工材料科学研究院成功研制出纳米复合改性防水涂料。纳米复合改性防水涂料耐老化性能优良，在紫外线、热、光、氧作用下性能稳定，使用寿命达30年以上，具有粘接力强、材料延伸性好、施工性好等特性。该产品的生产成本低，每平方米生产成本仅为8元左右，是同样性能的聚氨酯防水涂料工程造价的1/5，目前该产品已大量用于奥运工程。

5.7.2　纳米改性聚合物基屋面防水涂料

武汉理工大学的余剑英成功研制出一种纳米改性聚合物基屋面防水涂料，它包括作为基料的聚合物乳液，作为填料的碳酸钙、滑石粉或云母粉，其特征在于加入了作为改性剂的无机纳米粒子和作为改性剂的钠基蒙脱土。

纳米改性聚合物基屋面防水涂料的基本配方为：聚合物乳液38.9％～65％，无机纳米粒子0.1％～5％，钠基蒙脱土1％～6％，填料30％～60％。

涂料制造方法为：将无机纳米粒子改性剂加入基料中，在超声波作用下进行分散，然后加入钠基蒙脱土高速搅拌进行插层复合，最后加入填料再经搅拌、研磨、过滤而制得。

本发明采用无机纳米粒子和钠基蒙脱土插层复合改性相结合，使该涂料既具有优异的力学性能和防水性能，又具有优良的抗紫外线能力，能够显著延长屋面防水工程的使用寿命，可适合于各种建筑工程中屋面防水。

5.7.3　纳米涂料技术造出超级防水表面

美国威斯康星州麦迪逊大学的研究人员用物理方法，采用纳米技术，使物体的表面能够排斥液体。他们用硅微针组成超级防水表面，硅针的尺寸仅400nm。这种表面能排斥各式各样的液体，包括水、油、溶剂和清洁剂。他们的设计是：通上电流，将液体从长针之间的空隙中吸下来，让它在长针的根基部位散开，液体就"浸"到物体的表面了；而取消通电后，超级防水表面排斥液体的特性重又恢复。这种超级防水表面可以用在直升机的机翼部分，防止高空和严寒环境下凝结水和冰。研究人员甚至想利用它的特性做成"开关"。

5.8　PARATEX自闭型聚合物水泥防水涂料

　　日本大关化学有限公司发明的PARATEX自闭型防水涂料由原液、混合材组成，是一种刚柔相济的防水材料，通过改变原液和混合材的配比，可以改变防水层的刚柔性、黏结能力、延伸率。PARATEX防水涂料从1993年进入中国市场，其优良的防水性能深受客户好评，并得到行业内专家的特别认可。

5.8.1　自闭型聚合物水泥防水涂料的机理

　　20世纪50年代，日本的津田勇从"干燥的木制洗澡桶接缝易漏水，而盛水后，漏水会逐渐止住"这一现象得到启发，采用"以水止水"的原理，研制出以高模数乙烯-醋酸乙烯共聚树脂乳液（EVA）和高铝水泥为主要成分的自闭型聚合物水泥防水涂料PARATEX，并创立了大关化学有限公司，使这项发明实现了产业化。PARATEX产品和施工方法先后获得了3项专利，1990年津田勇获得了日本科学技术厅长官奖。

　　所谓"自封闭"，是指当混凝土基层以及防水涂膜出现裂缝时，涂膜在水的作用下，经物理和化学反应使裂隙自行封闭的性能。这个过程是逐渐发生的：首先，渗入的水被涂膜吸收，裂缝附近的防水涂膜产生体积膨胀，使进水通道变窄，抑制了水的侵入；接着，涂膜在树脂中的活性胶凝剂作用下形成碳酸钙的吸附、固化和堆积，堵塞进水通道，从而使裂隙自行封闭。

　　PARATEX的"自封闭"是可以检验和复现的，这一点已为大量研究试验和工程实践所证实。但PARATEX的"自封闭"也有一定的适用条件，即通常在埋深不超过50m（迎水面）的情况下，涂层裂缝宽度1mm以内，一般3～24h内可自行封闭。日本的德光寻夫曾报道过涂膜自封闭的工程实例：某贮水池采用PARATEX做防水层，使用3年后水池内壁因龟裂而漏水。漏水7天后观察，发现渗水基本止住，一个月后池壁渗水痕迹全部消失。

5.8.2　自闭型聚合物水泥防水涂料的性能

　　PARATEX的性能调节范围很宽，改变两组分的配比，可以得到适应不同类型防水工程及使用部位的产品和工法。其不同配比产品的主要性能见表5.10所列，不同工法的适用工程见表5.11所列。

表 5.10 　 PARATEX 产品的主要性能

涂膜试样		拉伸强度/MPa	伸长率/%	抗裂强度/(N/mm)	液料：粉料
A-1		0.70	290	7.20	1：0.67
B-1		1.35	45	9.60	1：1.67
C-1	纵向	4.97	40	16.4	1：0.67
	横向	1.23	150	16.0	（加网格布）
Q		1.10	120	9.30	1：1.1

表 5.11 　 PARATEX 工法的适用工程

施工方法分类		适用工程
A 工法	A-1	厨房、厕所、浴室、窗框周边、各种防水补强
	A-2	走廊、遮雨板、斜屋顶
	A-3	
B 工法	B-1	游泳池、种植、花台、地下内壁
	B-2	地下外壁、各种水槽
	B-3	各种耐蚀性水槽
	B-4	
C 工法	C-1	屋顶、斜屋顶、屋顶阳台
	C-2	
	C-3	
Q 工法		防静电地板、计算机房地坪

　　PARATEX 问世以来，已成功在日本许多大型、重要工程中得到应用。

　　成功案例：日本大阪市村野净水场 1977 年建成，采用地下二层、地上三层的楼房式结构，日处理水量 30 万吨，是当时世界最大的楼式民用供水处理设施。有各类水池、水槽 60 余个，防水面积总计约 8 万平方米。由于大量水池在各楼层上下重叠布置，因此，对水池的防水要求极高。

　　设计部门对防水材料的选择提出了以下原则：所用防水材料对水质无任何影响；在使用环境下具有良好的耐久性；为适应大规模施工，防水材料应有良好的施工性，易于品质管理和检查确认施工质量；由于施工现场封闭的水池、水道较多，防水材料应能确保施工时的安全性。

　　经反复试验、比较，最终选定大关公司生产的自闭型聚合物水泥防水涂料 PARATEX。大面积施工方法采用大关公司推荐的 A 工法。在管根、拐角等特殊部位，适当调整聚灰比。最后用掺有千分之五 PARATEX 乳液的 10mm 厚水泥砂浆作保护层。该工程建成投产后，防水效果良好。

　　自闭型聚合物水泥防水涂料于 20 世纪 90 年代通过合资生产的方式引入我国，

先后由上海凌大防水涂装技术工程公司和大关化学（上海）有限公司组织生产，经多年工程应用来看用户反映良好。

该涂料具有以下特性。

（1）自闭性

PARATEX 防水涂料具有自我修复功能，当基面开裂时，防水层随基面延伸，直至防水层断裂、发生漏水时，防水层会产生膨胀，同时发生化学反应，产生化合物结晶体，附着在漏水部位，自动修复漏水点。

（2）安全性

PARATEX 防水涂料由水性特殊乙烯醋酸共聚体树脂和高铝水泥构成的混合材组成；经卫生部认定涉及饮用水卫生安全产品检验机构（上海预防医学研究院）检验鉴定，PARATEX 防水涂料符合国家饮用标准，VOC 和甲醛含量几乎为零。

（3）黏结性

PARATEX 防水涂料具有良好的黏结性，可与多种不同建筑材料黏结，在处理地下桩头部位、穿墙管（PVC 管）、钢筋及窗框周边等防水难点时效果良好；根据黏结力和实际运用情况，该产品使用深度：迎水面 50m，被水面 30m。

（4）稳定性

PARATEX 防水涂料具有良好的稳定性，能耐酸碱、耐药品、耐海水、耐低温、耐机油等，长期浸泡在水中防水性能变化不大，在日本最早使用 PARATEX 防水涂料的建筑物已超过 30 年，防水层依然在起作用。

（5）施工性

在无渗漏、基面潮湿可以进行防水施工；不受建筑物几何图形限制；卫生间、外墙防水层上可以直接贴瓷砖或大理石；维修方便，发现漏水可及时修复，漏水点就是出水点，及时堵住漏点。

PARATEX 防水涂料适用于建筑物的地下室、车库顶板、外墙、窗框、卫生间、屋面、阳台、游泳池等部位防水。近几年在青岛、天津、大连、济南、保定等城市地区多个项目中使用，使用情况良好。

5.9 抗高低温建筑防水涂料

近年来，随着建筑业的迅速发展，人们对防水工程材料产生新的需求，传统的防水材料，如油毡、沥青、拒水粉的应用，存在很多技术不足，成本高，能耗大，吸热性高，保温性差，施工作业困难，不能保证防水效果，污染环境，尤其在易燃易爆车间的屋顶防水，为保证安全，严格禁止摊铺沥青施工。

此涂料的目的在于克服以上技术不足，而提供一种冷涂快干、施工方便的抗高低温建筑防水涂料。

抗高低温建筑防水涂料的制备方法如下：称取氧化镁 50 份，氯化镁 15 份，硅酸镁 5 份，添加剂 3 份，其中防水剂硫酸铜 0.6 份，氯化钙 0.6 份，五氧化二磷 1.8 份，高锰酸钾 1.2 份，α-纤维素 2 份，精木粉 15 份，玻璃纤维短纤维 5 份，混合后，加清水适量，搅拌均匀至糊状，摊铺，压实。

该防水涂料配方科学，耐酸碱、抗骤冷骤热；强度好，凝结时间短，抗冻融，不裂，施工方便。适用于水池、水塔、油库、地下室、地下建筑、引水渠道、屋顶及各种用途的建筑防水工程。

5.10　高渗透性防水涂料

5.10.1　特效高渗透性防水涂料

中国科学院生物物理研究所研制的特效高渗透性防水涂料，采用活化稀释剂技术，使其参与材料的反应，使该材料具有优良的力学性能和耐老化性能；又由于涂料的高渗透能力，使其能渗入混凝土中固结，并可在潮湿面施工，达到理想的永久性防水效果，是高效防水、耐久性好、施工方便、成本较低的高渗透型特效防水涂料。该涂料成膜后无毒，无环境污染，抗渗性能高，耐高温性能优良，耐酸碱腐蚀，除用于高档民用建筑天面、地下室的防水外，还可用于厨房、卫生间塑料管（或金属管、陶瓷管、玻璃、石材等）与楼板接缝处或污水处理池、化肥厂车间混凝土的防水（防腐）涂层。

特效高渗透性防水涂料可渗入宽度为 0.001mm、8mm 厚度的混凝土裂缝内。与同类材料比，常见的防水涂料，不管是卷材还是涂料，都只能在混凝土表面黏合，随着温度的反复变化必然出现应力集中，最终会造成"脱皮"现象，影响使用寿命。而本专利技术材料呈液态，能渗入混凝土中肉眼看不见的毛细孔或微细裂缝与缺陷中固化，不仅使混凝土强度提高，还克服了其他防水涂料与混凝土之间两个界面的应力集中问题，从而大大提高了防水效果和使用寿命。

与国外产品比，高渗透性防水涂料是国外研究的方向，近年来市场上出现的美国专利产品 AM-1500 也能渗入混凝土中，但从对比实验结果看，其渗透性能、力学性能均不如本发明技术材料，尤其在潮湿面施工效果更无法与本发明材料相比。

施工特点及用量：本发明技术材料是渗入固结型，施工时无需做成平层和保护层，只需喷涂即可，单耗为 0.8kg/m²，售价为 50 元/kg。

5.10.2　KH-2 高渗透性改性环氧防水涂料

广州科化防水防腐补强有限公司叶林宏等研制出一种新型防水涂料——高渗透改性环氧防水涂料（KH-2）。KH-2 高渗透改性环氧防水涂料是由特制的环氧树脂加入多种改性材料制成，具有优异的渗透性，能渗入混凝土内部 2～10mm，经固化反应形成不溶于水的固结体，足以填充混凝土内部的微裂缝、毛细孔隙等，以达到提高混凝土强度及其防水抗渗的功能。

环氧树脂防水涂料是目前建筑防水材料中发展较快的防水涂料之一，在工民建、地铁、隧道、水利、公路等基础设施工程中应用广泛，可用于屋面、厨卫间、地下室、游泳池、桥面部分的防水工程，特别适用于地铁、盾构管片的防水抗渗。

5.10.2.1 KH-2高渗透改性环氧防水涂料的渗透与固结防水机理

调整配方，提高在无压力状态下对多孔介质的混凝土或水泥砂浆层的自吸渗能力，使其能更有效地沿着混凝土基面的毛细管道、微孔隙和肉眼难于发现的细微裂缝，自外向内渗入、充填、固化，将其黏结成一个整体，形成一定厚度（2～10mm）的不透水且憎水的增强固结层，从而达到预防水的目的，这就是这种渗入固结型防水涂料的防水机理。它与水泥基渗透结晶型防水涂料以水为媒（载体）、涂刷在表面的水泥活性成分被水带入混凝土内部与原未熟化的水泥成分产生二次结晶堵塞渗漏水通道的机理是完全不同的。

另一个不同之处是KH-2防水涂料渗入的深度是可测可见的，而水泥基渗透结晶型防水涂料中的活性成分渗入的深度是难测而不可辨认的。

5.10.2.2 KH-2高渗透改性环氧防水涂料的性能

KH-2高渗透改性环氧防水涂料的主要性能指标见表5.12所列。

表5.12 KH-2高渗透改性环氧防水涂料主要性能指标

项 目	指标	项 目	指标
体积质量(室温)/(kg/m³)	1.03	黏结强度/MPa	≥5(干)
起始黏度(15℃)/mPa·s	2.6		≥4(湿)
表面张力(20℃)/(×10⁻⁵N/cm)	38.4	弹性模量/MPa	$3\times10^4\sim8\times10^4$
接触角(20℃)/(°)	25	抗渗系数/(cm/s)	$10^{-12}\sim10^{-13}$
初凝时间/h	8～24	透水压力比/%	≥300
胶砂体抗压强度/MPa	≥50	涂层耐酸、碱腐(1%盐酸溶液)	≤10
抗剪强度/MPa	≥18	蚀及耐水性能(氢氧化钙饱和溶液)	≤1.0
抗折强度/MPa	≥16	质量变化(蒸馏水)/%	≤1.0
		冻融循环前后的变化率/%	≤4.0

KH-2高渗透改性环氧防水涂料具有如下特点。

(1) 具有优异的渗透性和排水置换性

在浆液中添加增渗剂，可降低浆液的接触角，增大浆液与被灌介质的亲和力，从而提高浆液的渗透能力。实验测试结果表明，浆液的亲和力大于水的亲和力，这也是在常用的水平管法实验中，浆液能驱赶饱水砂柱中的水并取而代之的原因。在实际应用中，浆液渗透的介质是岩土或混凝土或水泥砂浆，在这些介质中有水存在的情况下依然能渗透进去，表明该涂料具有较好的自排水能力。所以，在施工时该材料对基面的含水量并无苛求。在潮湿基面同样可以施工。其渗透深度在使用量约为0.4～0.5kg/m²的情况下可达3～5mm，固结后与原来的渗入通道——微细裂缝和毛细管壁黏结成一个整体，形成不透水的憎水防水层，渗透系数 $K \leqslant (10^{-3} \sim 10^{-2})$ cm/s。

（2）具有良好的固结性和力学性能

配方设计中，由于摸清了使原来作为非活性稀释剂的丙酮分子活化产生自缩聚和与糠醛分子缩聚的条件与规律，筛选了合适的使丙酮活化的催化剂及其最佳用量范围，使丙酮分子参与了环氧树脂的固化反应，联结到网状固结体中。这一作用不仅增加了网状固结体的韧性，提高了材料的抗剪、抗冲性能和断裂伸长率（这是不同于一般刚性防水涂料的优点），而且避免了丙酮只是作为非活性稀释剂，被包裹在固结体中容易逸出而造成固结体收缩的弊病；同时也因为丙酮分子参加反应而提高了固结体的耐老化、耐介质性能，这是其他改性环氧材料难以做到的。另外，由于该涂料渗入混凝土内部固化后形成的渗入固结层的强度比原来这一层混凝土的强度提高 30％以上，抗戳穿能力增强，抗开裂能力提高，可不必再做保护层。

（3）固结体无毒，不产生污染

（4）具有优良的耐老化性和抗腐蚀性

人工大气暴晒老化实验证明，历经 10 年 KH-2 的力学性能未见下降，外表无明显变化。

（5）具有良好的施工性

KH-2 涂料施工时对被处理的建筑物表面的平整性、坡度及含水量无特殊要求，在无明水的潮湿基面也可以施工。适用于任何形状的表面，刚拆完模板即可施工。该材料配制后施工适用期相对较长，温度在 5℃以上就可以施工，进度可自由控制，人均每天可涂刷 150m² 以上。

（6）价格相对便宜

该材料在广州地区做预防水工程的造价为 30 元/m² 左右，但由于其力学性能好、耐戳穿能力强，无需在防水层上再做水泥砂浆保护层，也无需在涂刷前对混凝土浇筑面作找平层，从而可为建设方节省至少 8～10 元/m² 的费用。所以，实际上单位防水工程的综合造价相对便宜，其性价比较高。

最早的工程应用实例是 1991 年中科院广州化学所中试车间的厂房屋面。由于当时刚浇筑完屋面后下大雨，造成部分水泥浆流失，引起屋面多处渗漏，就尝试用 KH-2 防水涂料重新涂刷两遍做防水修复，取得了良好的效果，至今未再出现渗漏。另外，KH-2 防水涂料对污水池、水池和广州石化厂尿素车间混凝土的防腐处理也取得了令人满意的效果，尤其是广州抽水蓄能电站输水管道的防水兼防腐工程。作为桥面防水，现在用量最大的是广州地铁 4 号线从新造到黄阁露出地面的架空段，全长 30km，桥面防水设计采用 KH-2 防水涂料和改性沥青自粘卷材，即在桥面的浇筑结构面上用 KH-2 防水涂料涂刷两遍，第一遍约 0.3～0.35kg/m²，待凝 0.5h 后涂刷第二遍，用量 0.15～0.2kg/m²；在此防水层上作找平层，再在找平层上铺 SBS 改性沥青自粘卷材，卷材上面再做一层保护层。由于材料渗入后形成的渗入固结层能经受 200℃ 高温，所以，做其他桥面防水时，可直接在防水固结层上摊铺 180℃ 的沥青路面材料。

高渗透性改性环氧防水涂料是应工程需求从高渗透性化学灌浆材料改变配方设计演变而来，又因它具有诸多突出的性能特点、优良的性价比、优良的耐久性和用户对应用效果的好评，必将在未来带来更多的需求。

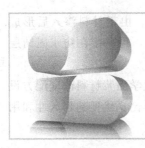

6 防水涂料性能检测

6.1 防水涂料性能检测适用标准及取样方法

6.1.1 防水涂料性能检测适用标准

防水涂料的性能，既表现在涂料的本身，也表现在涂料施工过程中和涂膜形成之后。这些性能的综合是评价一种涂料是否优越的科学依据。

我国的建筑防水涂料除了执行现有的工程技术规范和质量验收规范要求外，还应严格执行相关的国家和行业产品标准，两者均不可偏废。

我国的建筑防水涂料经过几十年的不断发展，无论质量还是品种都有了很大的提高和增加，为了保证其质量，国家相继制定了一系列建筑防水涂料的国家标准和行业标准，详见表6.1。有关防水涂料产品的国家标准和行业标准对各类防水涂料所提出的性能检测项目详见表6.2，其具体的技术指标详见各类防水涂料的具体介绍。

表 6.1　建筑防水涂料的国家标准和行业标准

序　号	标　准
1	GB/T 16777—2008《建筑防水涂料试验方法》
2	GB/T 19250—2003《聚氨酯防水涂料》
3	JC/T 408—2005《水乳型沥青防水涂料》
4	JC/T 864—2008《聚合物乳液防水涂料》
5	GB/T 23445—2009《聚合物水泥防水涂料》

表 6.2　国家和行业标准对防水涂料产品提出的性能试验项目

实验项目	GB/T 19250—2003	JC/T 408—2005	JC/T 864—2008	GB/T 23445—2009
固体含量(不挥发物含量)	√	√	√	√
耐热度		√		
黏结性		√		
拉伸性	√	√	√	√
加热伸缩率	√		√	√
低温柔性				
不透水性				

6.1.2 水性沥青基改性沥青类防水涂料

（1）溶剂型橡胶沥青防水涂料的物理力学性能

符合建材行业规范 JC/T 852—1999《溶剂型橡胶沥青防水涂料》技术要求，见表 6.3 所列。该标准适用于橡胶改性沥青为基料，经溶剂溶解配制而成的溶剂型橡胶沥青防水涂料。

表 6.3 溶剂型橡胶沥青防水涂料的技术性能要求

项　目		技术指标	
		一等品	合格品
固体含量/%	≥	48	48
抗裂性	基层裂缝/mm	0.3	0.3
	涂膜状态	无裂纹	无裂纹
低温柔性(φ10mm,2h)		−15℃,无裂纹	−10℃,无裂纹
耐热性(80℃,5h)		无流淌,鼓泡和滑动	无流淌,鼓泡和滑动
黏结性/MPa	≥	0.20	0.20
不透水性(0.2MPa,30min)		不渗水	不渗水

（2）水乳型橡胶沥青防水涂料的技术性能

符合建材行业规范 JC/T 408—2005《水乳型沥青防水涂料》技术要求，见表 6.4 所列。水乳型橡胶沥青防水涂料是指采用化学乳化剂和矿物乳化剂制得的沥青基防水涂料，该类涂料按照性能分为 H 型和 L 型两类。

表 6.4 水乳型橡胶沥青防水涂料的技术要求

项　目		技术指标	
		H 型	L 型
固体含量/%	≥	45	45
耐热度/℃		80±2 无流淌,滑动,滴落	110±2 无流淌,滑动,滴落
不透水性		0.10MPa,30min 不透水	0.10MPa,30min 不透水
黏结强度/MPa	≥	0.30	0.30
表干时间/h	≤	8	8
实干时间/h	≤	24	24
低温柔度/℃	标准条件	−15	0
	碱处理	−10	5
	热处理		
	紫外线处理		

项　目	技术指标		
		H 型	L 型
断裂伸长率/% ≥	标准条件	600	600
	碱处理		
	热处理		
	紫外线处理		

6.1.3　聚氨酯防水涂料

聚氨酯防水涂料的性能应符合国家标准 GB/T 19250—2003《聚氨酯防水涂料》的技术要求，见表 6.5 和表 6.6 所列。在 GB/T 19250—2003 标准中，按拉伸性能把产品分为Ⅰ型和Ⅱ型两种。产品按名称、组分、类别和标准号的顺序标记。产品按组分分为单组分（S）、多组分（M）两种。

表 6.5　单组分聚氨酯防水涂料物理力学性能

序号	项　目		Ⅰ 型	Ⅱ 型
1	拉伸强度/MPa	≥	1.9	2.45
2	断裂伸长率/%	≥	550	450
3	撕拉强度/(N/mm)	≥	12	14
4	低温弯折性/℃	≤	−40	
5	不透水性(0.3MPa,30min)		不透水	
6	固体含量/%	≥	80	
7	表干时间/h	≤	12	
8	实干时间/h	≤	24	
9	加热伸缩/%	≤	1.0	
		≥	−4.0	
10	潮湿基面黏结强度①	≥	0.50	
11	定伸时老化	加热老化	无裂纹及变形	
		人工气候老化②	无裂纹及变形	
12	热处理	拉伸强度保持率/%	80～150	
		断裂伸长率/% ≥	500	400
		低温弯折性/℃ ≤	−35	
13	碱处理	拉伸强度保持率/%	60～150	
		断裂伸长率/% ≥	500	400
		低温弯折性/℃ ≤	−35	

序号	项 目		Ⅰ型	Ⅱ型
12	酸处理	拉伸强度保持率/%	80～150	
		断裂伸长率/% ≥	500	400
		低温弯折性/℃ ≤	－35	
13	人工气候老化②	拉伸强度保持率/%	80～150	
		断裂伸长率/% ≥	500	400
		低温弯折性/℃ ≤	－35	

① 仅用于地下工程潮湿基面时要求。

② 仅用于外露使用的产品。

表 6.6 多组分聚氨酯防水涂料物理力学性能

序号	项目		Ⅰ型	Ⅱ型
1	拉伸强度/MPa	≥	1.9	2.45
2	断裂伸长率/%	≥	450	450
3	撕拉强度/(N/mm)	≥	12	14
4	低温弯折性/℃	≤	－40	
5	不透水性(0.3MPa,30min)		不透水	
6	固体含量/%	≥	92	
7	表干时间/h	≤	8	
8	实干时间/h	≤	24	
9	加热伸缩/%	≤	1.0	
		≥	－4.0	
10	潮湿基面黏结强度①	≥	0.50	
11	定伸时老化	加热老化	无裂纹及变形	
		人工气候老化②	无裂纹及变形	
12	热处理	拉伸强度保持率/%	80～150	
		断裂伸长率/% ≥	400	
		低温弯折性/℃ ≤	－30	
13	碱处理	拉伸强度保持率/%	60～150	
		断裂伸长率/% ≥	400	
		低温弯折性/℃ ≤	－30	
14	酸处理	拉伸强度保持率/%	80～150	
		断裂伸长率/% ≥	400	
		低温弯折性/℃ ≤	－30	
15	人工气候老化②	拉伸强度保持率/%	80～150	
		断裂伸长率/% ≥	400	
		低温弯折性/℃ ≤	－30	

① 仅用于地下工程潮湿基面时要求。

② 仅用于外露使用的产品。

(1) 试验方法

标准试验条件为：温度（23±2）℃，相对湿度60％±15％。

(2) 试验设备

① 拉力试验机　测量值在量程的15％～85％，示值精度不低于1％，伸长范围大于500mm。

② 低温冰柜　能达到－40℃，精度±2℃。

③ 电热鼓风干燥箱　不小于200℃，精度±2℃。

④ 冲片机及符合GB/T 528要求的哑铃工型、符合GB/T 529—1999中5.1.2要求的直角撕裂裁刀。

⑤ 不透水仪　压力0～0.4MPa，三个精度2.5级透水盘，内径92mm。

⑥ 厚度计　接触面直径6mm，单位面积压力0.02MPa，分度值0.01mm。

⑦ 半导体温度计　量程－40～30℃，精度±0.5℃。

⑧ 定伸保持器　能使试件标线间距离拉伸100％以上。

⑨ 氙弧灯老化试验箱　符合GB/T 18244—200。要求的氙弧灯老化试验箱。

⑩ 游标卡尺　精度±0.02mm。

(3) 试件制备

① 在试件制备前，试验样品及所用试验器具在标准试验条件下放置24h。

② 在标准试验条件下称取所需的试验样品量，保证最终涂膜厚度（1.5±0.2）mm。

将静置后的样品搅匀，不得加入稀释剂，若样品为多组分涂料，则按产品生产厂要求的配合比混合后充分搅拌5min，在不混入气泡的情况下倒入模框中，模框不得翘曲且表面平滑，为便于脱模，涂覆前可用脱模剂处理。样品按生产厂的要求一次或多次涂覆（最多三次，每次间隔不超过24h），最后一次将表面刮平，在标准试验条件下养护96h，然后脱膜，涂膜翻过来继续在标准试验条件下养护72h。

③ 试件形状及数量见表6.7所列。

表6.7　试件形状及数量

项　目		试件形状	数量/个
拉伸性能		符合GB/T 528规定的哑铃Ⅰ型	5
撕裂强度		符合GB/T 529—1999中5.1.2规定的无割口直角形	5
低温弯折性		100mm×25mm	3
不透水性		150mm×150mm	3
加热伸缩率		300mm×30mm	3
潮湿基面黏结强度		8字形砂浆试件	5
定伸时老化	热处理	符合GB/T 528规定的哑铃Ⅰ型	3
	人工气候老化		3

项　目		试件形状	数量/个
热处理	拉伸性能	符合 GB/T 528 规定的哑铃Ⅰ型	5
	低温弯折性	100mm×25mm	3
碱处理	拉伸性能	符合 GB/T 528 规定的哑铃Ⅰ型	5
	低温弯折性	100mm×25mm	3
酸处理	拉伸性能	符合 GB/T 528 规定的哑铃Ⅰ型	5
	低温弯折性	100mm×25mm	3
人工气候老化	拉伸性能	符合 GB/T 528 规定的哑铃Ⅰ型	5
	低温弯折性	100mm×25mm	3

（4）外观

涂料搅拌后目测检查。

（5）拉伸性能

按 GB/T 16777—1997 中 8.2.2 进行试验，拉伸速度为（500±50）mm/min。

（6）撕裂强度

按 GB/T 529—1999 中 5.1.2 直角形试件进行试验，无割口，拉伸速度为（500±50）mm/min。

（7）低温弯折性

按 GB/T 16777—1997 中 10.2.2 进行试验。

（8）不透水性

按 GB/T 16777—1997 中 11.2.2 进行试验，金属网孔径（0.5±0.1）mm。

（9）固体含量

① 试验步骤　将样品搅匀后，取（6±1）g 的样品倒入已干燥测量的直径（65±5）mm 的培养皿（m_0）中刮平，立即称量（m_1），然后在标准试验条件下放置 24h。再放入（120±2）℃烘箱中，恒温 3h，取出放入干燥器中，在标准试验条件下冷却 2h，然后称量（m_2）。

② 固体含量结果计算。

（10）表干时间

按 GB/T 16777—1997 中 12.2.1 进行试验，采用 B 法。涂膜用量 0.5kg/m²。对于表面有组分渗出的样品，以实干时间作为表干时间的试验结果。

（11）实干时间

按 GB/T 16777—1997 中 12.2.2 进行试验，采用 B 法。涂膜用量为 0.5kg/m²。

（12）加热伸缩率

按 GB/T 16777—1997 中第 9 章进行试验。

(13) 潮湿基面黏结强度

① 试验步骤　按 GB/T 16777—1997 中第 6 章制备 8 字砂浆块。取 5 对养护好的水泥砂浆块，用 2 号（粒径 60 目）砂纸清除表面浮浆，将砂浆块浸入（23±2）℃的水中浸泡 24h。将在标准试验条件下已放置 24h 的样品按生产厂要求的比例混合后搅拌 5min（单组分防水涂料样品直接使用）。从水中取出砂浆块用湿毛巾揩去水渍，晾置 5min 后，在砂浆块的断面上涂抹准备好的涂料，将两个砂浆块断面对接，压紧，在标准试验条件下放置 4h。然后将制得的试件进行养护，温度（20±1）℃，相对湿度不小于 90％，养护 168h 制备 5 个试件。

将养护好的试件在标准试验条件下放置 2h，用游标卡尺测且黏结面的长度、宽度，精确到 0.02mm。将试件装在试验机上，以 50mm/min 的速度拉伸至试件破坏，记录试件的最大拉力。

② 结果处理　潮湿基面黏结强度按下式计算：

$$\sigma = F/(a/b)$$

式中　σ——试件的潮湿基面黏结强度，MPa；

　　　F——试件的最大拉力，N；

　　　a——试件黏结面的长度，mm；

　　　b——试件黏结面的宽度，mm。

潮湿基面黏结强度以 5 个试件的算术平均值表示，精确到 0.01MPa。

(14) 定伸时老化

试验步骤如下。

① 加热老化　将试件夹在定伸保持器上，并使试件的标线间距离从 25mm 拉伸至 50mm，在标准试验条件下放置 24h。然后将夹有试件的定伸保持器放入烘箱，加热温度为（80±2）℃，水平放置 168h 后取出。再在标准试验条件下放置 4h，观测定伸保持器上的试件有无变形，并用 8 倍放大镜检查试件有无裂纹。

② 人工气候老化　将试件夹在定伸保持器上，并使试件的标线间距离从 25mm 拉伸至 37.5mm，在标准试验条件下放置 24h。然后将夹有试件的定伸保持器放入符合 GB/T 18244—2000 中第 6 章要求的氙弧灯老化试验箱中，试验 250h 后取出。再在标准试验条件下放置 4h，观测定伸保持器上的试件有无变形，并用 8 倍放大镜检查试件有无裂纹。

结果处理：分别记录每个试件有无变形、裂纹。

(15) 热处理

按 GB/T 16777—1997 中 8.2.4 进行试验。结果处理按 GB/T 16777—1997 中 8.3，8.4 进行。

(16) 碱处理

按 GB/T 16777—1997 中 8.2.5 进行试验。结果处理按 GB/T 16777—1997 中 8.3，8.4 进行。

（17）酸处理

按 GB/T 16777—1997 中 8.2.6 进行试验。结果处理按 GB/T 16777—1997 中 8.3,8.4 进行。

（18）人工气候老化

将试件放入符合 GB/T 18244—2000 中第 6 章要求的氙弧灯老化试验箱中,试验累计辐照能量为 1500MJ/m^2（约 720h）后取出。再在标准试验条件下放置 4h,然后按 5.4 进行试验。结果处理按 GB/T 16777—1997 中 8.3、8.4 进行。

6.1.4 聚合物乳液防水涂料

应符合建材行业标准 JC/T 864—2008《聚合物乳液防水涂料》的技术要求,见表 6.8 所列。在 JC/T 864—2008 标准中,按物理力学性能把产品分为 I 型和 II 型两种。产品按产品代号、类型和标准号的顺序标记。

表 6.8 聚合物乳液防水涂料的技术要求

技术指标项目			指标要求	
			I 型	II 型
固体含量/%		≥	65	
干燥时间/h	表干时间	≤	4	
	实干时间	≤	8	
拉伸强度/MPa		≥	1.0	1.5
断裂延伸率/%		≥	300	
处理后的拉伸强度保持率/%	加热处理		80	
	碱处理		60	
	酸处理		40	
	人工气候老化处理		—	80~150
处理后的断裂伸长率/%	加热处理		200	
	碱处理		200	
	酸处理		200	
	人工气候老化处理		—	200
不透水性(0.3MPa,30min)			不透水	
低温柔性/(绕 φ10mm 棒)			−10℃,无裂痕	−20℃,无裂痕
加热伸缩率/%	伸长	≤	1.0	
	缩短	≤	1.0	
仅用于外露使用产品				

实验方法如下。

(1) 标准试验条件

试验室标准试验条件为：温度（23±2）℃，相对湿度40％～60％。

(2) 试验准备

试验前，所取样品及所用器具应在标准条件下至少放置24h。

(3) 外观检查

打开容器用搅拌用轻轻搅拌，允许在容器底部有沉淀，经搅拌应易于混合均匀，搅拌后观察有无结块，呈均匀状态。

(4) 物理力学性能

① 试验器具

拉伸试验机：测量值在15％～18％，示值精度不低于1％，伸长范围大于500mm。

切片机：符合GB/T 528规定的哑铃状Ⅰ型裁刀。

厚度计：硬度重（100±10）g，测量面直径（10±0.1）mm，最小分度值0.01mm。

电热鼓风干燥箱：温度控制精度±2℃。

氙弧灯老化箱：符合GB/T 18244—2000第6章要求。

天平：感量0.001g。

直尺：精度0.5mm。

涂膜模具：符合GB/T 16777—1997中8.1.4要求。

不透水仪：测试范围为0.1～0.3MPa。

低温箱：温度控制−30～0℃，温度控制精度±2℃。

玻璃干燥器：内放干燥剂。

铜丝网布：孔径为0.2mm。

线棒涂布器：250μm。

② 试样制备　将静置后的样品搅拌均匀，在不混入气泡的情况下倒入规定的模具中涂覆。为方便脱膜，在涂覆前模具表面可用硅油或液体蜡进行试样制备时至少分三次涂覆，后道涂覆应在前道涂层成膜后进行，在72h以内使涂膜厚度达到（1.2±1.5）mm。制备好的试样在标准重要条件下养护96h，脱膜后，再经（40±2）℃干燥箱中烘48h，取出后在标准条件下放置4h以上。

③ 拉伸性能

a. 无处理拉伸性能　按GB/T 16777—1997中8.2.2进行，拉伸速度为200mm/min。

将试件在标准条件下至少2～4h，然后用直尺在试件上划好两条间距25mm的平行标线，并用厚度计测出试件标线中间和两端三点的厚度，取其算术平均值作为试样厚度，装在拉伸试验机夹具之间，夹具间标距为70mm，以500mm/min（聚氨酯类）或200mm/min（聚丙烯酸酯类）拉伸速度拉伸试件至断裂，记录试件断裂时的最大荷载，并量取此时试件标线间距离（L_1），精确至 0.1mm，测试五个试件，若有试件断裂在标线外其结果无效，应用备用件补做。

b. 热处理拉伸性能　按 GB/T 16777—1997 中 8.2.3 进行处理。

将划好标线的试件平入在釉面砖上，放入电热鼓风干燥箱内，试件与箱壁间距不得少于 50mm，试件的中心应与温度计水银球在同一水平位置上，于（80±2）℃下恒温 168h 后取出，然后按前述规定进行试验。

c. 人工气候老化处理拉伸性能　将试件放入符合 GB/T 18244—2000 中第 6 章要求的氙弧灯老化试验箱中，累计辐照能力为 1500MJ/m² （约 720h）后取出。再在标准试验条件 4h，用该标准 5.4.1 规定的切片机对计划试件裁切后，按规定进行试验。

d. 碱处理拉伸性能　按 GB/T 16777—1997 中 8.2.5 中进行。

温度为（23±2）℃时，在按 GB/T 629 规定的化学纯氢氧化钠试剂配制成氢氧化钠溶液（1g/L）中，加入氢氧化钙试剂，使之达到饱和状态。在 600mL 溶液中放入六个试件，液面应高出试件表面 10mm 以上。连续浸泡 168h 后取出，用水充分冲洗，用干布擦，并在（60±2）℃干燥箱中烘 6h 后，取出后在标准试验条件下养护（18±2）h，用 GB/T 528 规定的哑铃形 I 型形状切片机对试件切片后，拉伸性能按规定进行试验。

e. 酸处理拉伸性能　按 GB/T 16777—1997 中 8.2.6 中进行。

温度为（23±2）℃时，按 GB/T 625 规定的化学纯硫酸试剂配制成硫酸溶液（0.2mol/L）。在 600mL 溶液中放入六个试件，液面应高出试件表面 10mm 以上。连续浸泡 168h 后取出，用水充分冲洗，用干布擦干，并在（60±2）℃干燥箱中烘 6h 后，取出后在标准试验条件下养护（18±2）h，用 GB/T 528 规定的哑铃形 I 型形状切片机对试件切片后，拉伸性能按规定进行试验。

④ 低温柔性　将试件和 ϕ10mm 的圆棒在规定温度的低温箱中放置 2h，打开低温箱，迅速捏住试件的两端，在 2～3s 内绕圆棒弯曲 1800，记录试件表面弯曲处有无裂纹或断裂现象。

⑤ 不透水性　按 GB/T 16777—1997 第 11 章进行。

脱膜后切取 150mm×150mm 的三块试件。试件在标准条件下 1h，并在标准条件下将洁净的自来水注入不透水试验仪中至溢满，开启进水阀，接着加水压，使贮水罐的水冲出，清除空气。将试件涂层面迎水置于不透水仪的圆盘上，再在试件上加一块相同尺寸，孔径为 0.2mm 的铜丝网布启动压紧，开启进水阀，关闭总水阀，施加压力至规定值，保持该压力 30min。卸压，取下试件，观察有无渗水现象。

⑥ 固体含量　按 GB/T 16777—1997 第 4 章 B 法进行。

⑦ 干燥时间　表干时间（按 GB/T 16777—1997 中 12.2.2B 法进行），试件制

备时，用规格为 $250\mu m$ 的线棒涂布器进行制膜。

实干时间（按 GB/T 16777—1997 中 12.2.2B 法进行），试件制备时，用规格为 $250\mu m$ 的线棒涂布器进行制膜。

⑧ 加热伸缩率　按 GB/T 16777—1997 第 9 章进行。

脱膜后切取三块 30mm×300mm 的试件，将试件在标准条件下放置 24h 以上，并用直尺量出试件长度，然后将试件平放在撒有滑石粉的平板下班上一起水平放入电热鼓风干燥箱中，于（80±2）℃下恒温 168h 取出，在标准条件下放置 4h 以上，然后再测定试件的长度，精确至 0.5mm。

$$\Delta S = (S_1 - S_0)/S_0 \times 100$$

式中　ΔS——加热伸缩率，%；

　　　S_0——加热处理前的试件长度，mm；

　　　S_1——加热处理后的试件长度，mm。

试验结果取 2 位有效数字，并以三个试件的算术均匀值表示。

6.1.5　聚合物水泥防水涂料

聚合物水泥防水涂料技术性能应符合建材行业标准 GB/T 23445—2009《聚合物水泥防水涂料》的技术要求，如表 6.9 所示。在 GB/T 23445—2009 标准中，把产品按力学性能分为Ⅰ型、Ⅱ型、Ⅲ型。Ⅰ型适用于活动量较大的基层，Ⅱ型、Ⅲ型适用于活动较小的基层。

表 6.9　聚合物水泥防水涂料技术性能

试验项目			技术指标		
			Ⅰ型	Ⅱ型	Ⅲ型
固体含量/%		≥	70	70	70
拉伸强度	无处理/MPa	≥	1.2	1.8	1.8
	加热处理后保持率/%	≥	80	80	80
	碱处理后保持率/%	≥	60	70	70
	浸水处理后保持率/%	≥	60	70	70
	紫外线处理后保持率/%	≥	80	—	—
断裂伸长率	无处理/%	≥	200	80	30
	加热处理/%	≥	150	65	20
	碱处理/%	≥	150	65	20
	浸水处理/%	≥	150	65	20
	紫外线处理/%	≥	150	—	—
低温柔性（ϕ10min 棒）			−10℃无裂纹	—	—

试验项目			技术指标		
			Ⅰ型	Ⅱ型	Ⅲ型
黏结强度	无处理 MPa	≥	0.5	0.7	1.0
	加热处理/%	≥	0.5	0.7	1.0
	碱处理/%	≥	0.5	0.7	1.0
	浸水处理/%	≥	0.5	0.7	1.0
不透水性(0.3MPa,30min)			不透水	不透水	不透水
抗渗性(砂浆背水面)/MPa		≥		0.6	0.8

6.1.6 取样方法

（1）目的和适用标准

取样的目的是能够得到有代表性的样品。

适用标准 GB 3186—1989《涂料产品的取样》。

（2）盛样容器和取样器械

① 盛样容器　应采用下列适当大小的洁净的广口容器：内部不涂漆的金属灌；棕色或透明的可密封玻璃瓶；纸袋或塑料袋。

② 取样器械　取样器械应分别具有能使产品混合均匀和取出确有代表性的样品两种功效。取样器械的材质和设计应使用不和样品发生化学反应的材料制成，并应便于使用和清洗。

取样时使用的搅拌器应为不锈钢或木制搅棒和机械搅拌器。

（3）取样数目

应以批产品的桶数，按随机取样方法，对同一批生产的相同包装的产品进行取样，取样数应不低于 $\sqrt{n/2}$（n 是批产品的桶数）。

（4）待取样品的初检程序

① 桶的外观检查　记录桶的外观缺陷或可见的损漏，如损漏严重，应予舍弃。

② 桶的开启　除去桶外包装及污物，小心地打开桶盖，不要搅动桶内产品。

a. 流体状产品进行如下项目的目测检查。

结皮：记录表面是否结皮或结皮的程度，如软、硬、厚、薄等，如有结皮，则沿容器内壁分离除去，记录除去结皮的难易。

稠度：记录产品是否有触变或凝胶现象。

分层、杂质及沉淀物：检查样品的分层情况，有无可见杂质和沉淀物，并予以记录。

目测检查后充分搅拌，使产品达到均匀一致。

b. 黏稠产品进行如下项目的目测检查。

结皮：记录表面是否结皮或结皮的程度，如软、硬、厚、薄等，如有结皮，则沿容器内壁分离除去，记录除去结皮的难易。

稠度：记录产品是否有假稠、触变或凝胶现象。

分层、杂质及沉淀物：检查样品有无分层、外来异物和沉淀，并予以记录。沉淀程度分为软、硬、干硬。用调漆刀切割结块时，内部容易碎裂。

（5）混合均匀

胶凝或干硬沉淀不能均匀混合产品，不能用来试验。为减少溶剂损失，混合操作应尽快进行。

除去结皮，如结皮已分散不能除尽，应过筛除去结皮。

有沉淀的产品，可以采用搅拌器械使样品充分混合均匀。有硬沉淀的产品也可以使用搅拌器。在无搅拌器或沉淀无法搅起的情况下，可将桶内流动介质倒入一个干净的容器里。用刮铲从容器底部铲起沉淀，研碎后，再把流动介质分几次倒回原先的桶中，充分混合。如按此法操作仍然不能混合均匀时，则说明沉淀已干硬，不能用来试验。

（6）初检报告

初检报告应包括如下内容：标志所列的各项内容；外观；结皮及除去结皮方式；沉淀情况和混合或再混合程序；其他。

（7）生产线取样

应以适当的时间间隔，从放料口取相同数量的样品进行再混合。搅拌均匀后，取两份各为 0.2~0.4L 的样品分别装入样品容器中，样品容器应留有约 5% 的间隙，盖严，并将样品容器外部擦洗干净，立即做好标志。

（8）在桶（灌）内取样

按标准规定的取样数，选择适当的取样器，从已初检过的桶内不同部位取相同数量的样品，搅拌均匀后，取两份样品，各为 0.2~0.4L，分别装入样品容器中，样品容器应留有约 5% 的间隙，盖严，并将样品容器外部擦洗干净，立即做好标志。

（9）样品的标志

样品的标志应贴在样品容器的颈部或本体上，应贴牢并能耐潮湿及耐样品中的溶剂。标志应包括如下内容：制造厂名；样品的名称、品种和型号；批号、储槽号、桶号等；生产日期和取样日期；交货产品的总数；取样地点和取样者。

（10）样品的密封

样品容器应密封。

（11）样品的储存和使用

样品应按生产厂规定的条件储存和使用。试样取出后应尽快检查。

（12）安全注意事项

取样者应熟悉被取样品的特性和安全操作的有关知识及处理方法。取样者必须遵守安全操作规定，必要时应采用防护装置。

6.2 防水涂料检测指标

建筑防水涂料的试验方法 GB/T 16777—2008 建筑防水涂料试验方法。

6.2.1 实验室试验条件

温度（23±2）℃。

相对湿度 45%～70%。

6.2.2 固体含量的测定

6.2.2.1 使用仪器、溶剂、材料

① 天平　感量 0.001g。

② 电热鼓风烘箱　控温精度±2℃。

③ 干燥器　内放变色硅胶或无水氯化钙。

④ 培养皿　直径 60～75mm。

6.2.2.2 试验方法

① 将样品（对于固体含量试验不能添加稀释剂）及搅匀后，取（6±1）g 的样品倒入已干燥称量的培养皿（m_0）中并铺平底部，立即称量（m_1），再放入到加热到表 6.10 规定温度的烘箱中，恒温 3h，取出放入干燥器中，在标准试验条件下冷却 2h，然后称量（m_2）。对于反应型涂料，应在称量（m_1）后在标准试验条件下放置 24h，再放入烘箱。

表 6.10　涂料加热温度　　　　　　　　　　单位:℃

涂料种类	水性	溶剂型、反应型
加热温度	105±2	120±2

② 试验结果计算　固体含量按下式计算：

$$X = \frac{m_2 - m_0}{m_1 - m_0} \times 100$$

式中　X——固体含量（质量分数），%；

　　　m_0——培养皿质量，g；

　　　m_1——干燥前试样和培养皿质量，g；

　　　m_2——干燥后试样和培养皿质量，g。

试验结果取两次平行试验的平均值，结果计算精确到 1%。

6.2.3　耐热性的测定

6.2.3.1　试验器具

① 电热鼓风烘箱　控温精度±2℃。

② 铝板　厚度不小于 2mm，面积大于 100mm×50mm，中间上部有一小孔，便于悬挂。

6.2.3.2　试验方法

① 将样品搅匀后，将样品按生产厂的要求分 2～3 次涂覆（每次间隔不超过24h）在已清洁干净的铝板上，涂料面积为 100mm×50mm，总厚度 1.5mm，最后一次将表面刮平，按一定的条件进行养护，不需要脱模。然后将铝板垂直悬挂在已调节到规定温度的电热鼓风干燥箱内，试件与干燥箱壁间的距离不小于 50mm，试件的中心宜与温度计的探头在同一位置，规定温度下放置 5h 后取出，观察表面现象。共试验 3 个试件。

② 结果评定　试验后所有试件都不应产生流淌、滑动、滴流，试件表面无密集气泡。

6.2.4　黏结性的测定

6.2.4.1　A 法

(1) 使用仪器、溶剂、材料

① 拉伸试验机　测量值在量程的 15%～85%，示值精度不低于 1%拉伸速度（5±1）mm/min。

② 电热鼓风烘箱　控温精度±2℃。

③ 拉伸专用金属夹具　上夹具、下夹具、垫板。

④ 水泥砂浆块　尺寸 70mm×70mm×20mm。采用强度等级 42.5 的普通硅酸盐水泥，将水泥、中砂按照质量比 1:1 加入砂浆搅拌机中搅拌，加水量以砂浆稠度 70～90mm 为准，倒入模框中振实抹平，然后移入养护室，1d 后脱模，水中养护 10d 再在（50±2）℃的烘箱中干燥（24±0.5）h，取出在标准条件下放置备用，去除砂浆试块成型面的浮浆、浮砂、灰尘等，同样制备五块砂浆试块。

⑤ 高强度胶黏剂　难以渗透涂膜的高强度胶黏剂，推荐无溶剂环氧树脂。

(2) 试验方法

试验前制备好的砂浆块、工具、涂料应在标准试验条件下放置 24h 以上。

取五块砂浆块用 2 号砂纸清除表面浮浆，必要时按生产厂要求在砂浆块的成型面（70mm×70mm）上涂刷底涂料，干燥后按生产厂要求的比例将样品混合后搅拌 5min（单组分防水涂料样品直接使用）涂抹在成型面上，涂料的厚度 0.5～1.0mm（可分两次涂覆，间隔不超过 24h）。然后将制得的试件按要求养护，不需要脱模，制备五个试件。

将养护后的试件用高强度胶黏剂将拉伸用上夹具与涂料面粘贴在一起，如图6.1所示，小心地除去周围溢出的胶黏剂，在标准试验条件下水平放置养护24h。然后沿上夹具边缘一圈用刀切割涂膜至基层，使试验面积为40mm×40mm。

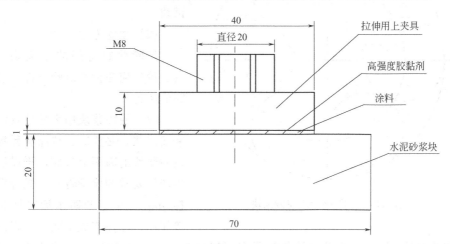

图6.1　试件与上夹具黏结图（单位：mm）

将粘有拉伸用上夹具的试件如图6.1所示安装在试验机上，保持试件表面垂直方向的中线与试验机夹具中心在一条线上，以（5±1）mm/min的速度拉伸至试件破坏，记录试件的最大拉力。试验温度为（23±2）℃。

6.2.4.2　B法

（1）试验器具

① 拉伸试验机　测量值在量程的15%～85%，示值精度不低于1%拉伸速度（5±1）mm/min。

② 电热鼓风烘箱　控温精度±2℃。

③ "8"字形金属模具　如图6.2所示，中间用插片分成两半。

④ 黏结基材　"8"字形水泥砂浆块，如图6.3所示。采用强度等级42.5的普通硅酸盐水泥，将水泥、中砂按照质量比1：1加入砂浆搅拌机中搅拌，加水量以砂浆稠度70～90mm为准，倒入模框中振实抹平，然后

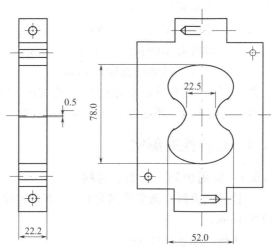

图6.2　"8"字形金属模具

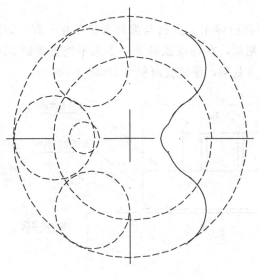

图 6.3 "8"字形水泥砂浆块

移入养护室，1d 后脱模，水中养护 10d，再在（50±2）℃的烘箱中干燥（24±0.5）h，取出在标准条件下放置备用，同样制备五块砂浆试块。

（2）试验方法

试验前制备好的砂浆块、工具、涂料应在标准试验条件下放置 24h 以上。

取五块砂浆块用 2 号砂纸清除表面浮浆，必要时先将涂料稀释后在砂浆块的断面上打底，干燥后按生产厂要求的比例将样品混合后搅拌 5min（单组分防水涂料样品直接使用）涂抹在成型面上，将两个砂浆块对接，压紧，砂浆块涂料的厚度不超过 0.5mm。然后将制得的试件按要求养护，不需要脱模，制备五个试件。

将试件安装在试验机上，保持试件表面垂直方向的中线与试验机夹具中心在一条线上，以（5±1）mm/min 的速度拉伸至试件破坏，记录试件的最大拉力。试验温度（23±2）℃。

（3）结果计算

黏结强度按下式计算：

$$\sigma = F/(a/b)$$

式中　σ——黏结强度，MPa；

　　　F——试件的最大拉力，N；

　　　a——试件黏结的长度，mm；

　　　b——试件黏结面的宽度，mm。

去除表面未被粘住面积超过 20% 的试件，黏结强度以剩下的不少于 3 个试件的算术平均值表示，不足三个试件应重新试验，结果精确到 0.01MPa。

6.2.5　延伸性的测定

6.2.5.1　使用仪器、溶剂、材料

① 拉伸试验机　测量范围为 0～500N，拉伸速度 0～500mm/min，标尺最小分度值为 1mm。

② 不锈钢槽板　12 块。

③ 铝板　24 块，规格为 80mm×35mm×2mm。

④ 石棉水泥板　24 块，规格为 80mm×35×4mm。

⑤ 不锈钢隔条　48 条，规格为 45mm×8mm×1.5mm。

⑥ 电热鼓风干燥箱　控温精度±2℃

⑦ 紫外线老化箱　500W 直行高压汞灯，灯管与箱底平行，箱体尺寸 600mm×500mm×800mm。

⑧ 釉面砖。

6.2.5.2　试验方法

(1) 试件的制备

将不锈钢槽板和隔条用隔离剂刷一遍，然后取两块规定的铝板（厚质涂料）或规定的石棉水泥板（薄质涂料）放入槽内，在槽板两侧的小槽中插入不锈钢隔条，使铝板或石棉水泥板对接固定在槽板中段，两块板之间的缝隙不得大于 0.05mm。然后取已搅匀的厚质涂料（26±0.1）g 或薄质涂料（8±0.1）g，分次涂抹在试板上，每次涂抹后放在干燥箱中于（40±2）℃下干燥 4～8h，最后一道涂抹后应在干燥箱中干燥 24h，趁热用锋利的小刀割试件四周，使试件与槽板和隔条脱离，每一样品准备 12 片割试件。

(2) 无处理的延伸性测定

将试件在标准条件下放置 2h，然后将试件安装在拉力机夹具中，记录拉力机标尺所示数值（L_0），以一定的拉伸速度拉伸试件至出现裂口或剥离等现象为止，记录此时标尺数值（L_1）读数精确到 0.5mm。

(3) 热处理后的延伸性测定

将试件置于釉面砖上，然后一起放在（70±2）℃的干燥箱内，试件与干燥箱壁间距不小于 50mm，试件中心与温度计的水银球应在同一水平位置上，恒温 168h 后取出，立即观察试件有无流淌、起泡等不良变化，若有变化则应中止试验，若变化则按"2. 无处理的延伸性测定"的规定进行试验。

(4) 紫外线处理后的延伸测定

将试件置于釉面砖上，然后一起放入 500W 直管高压汞灯紫外线照射箱内，灯管与箱底平行，与试件的距离为 47～50mm，使距试件表面 50mm 左右的空间温度为（45±2）℃，恒温照射 240h 后，按"(2) 无处理的延伸性测定"的规定进行试验。

(5) 碱处理后延伸性测定

将试件用石蜡松香液（石蜡中加 10% 松香）封边和涂抹试样的面，在标准温度下，把试件浸泡在饱和氢氧化钙溶液中，液面高出试件表面 10mm 以上，连续浸泡 168h 后取出，充分用水冲洗，并用布擦干，观察试件表面有无鼓泡、溶胀、剥落等异常变化，若有变化则应中止试验，若变化则按"(2) 无处理的延伸性测定"的规定进行试验。

(6) 试验结果计算

每个试件的延伸值按下式计算：

$$L = L_1 - L_0$$

式中 L——试件延伸值，mm；

L_0——试件拉伸前得标尺读数，mm；

L_1——试件拉伸后得标尺读数，mm。

6.2.6 拉伸性能的测定

6.2.6.1 试验器具

① 拉伸试验机　测量值在量程的 $15\%\sim85\%$，示值精度不低于 1%，伸长范围大于 500mm。

② 电热鼓风干燥箱　控温精度 $\pm2℃$。

③ 冲片机及符合 GB/T 528 要求的哑铃 I 型裁刀。

④ 紫外线箱　500W 直管汞灯，灯管与箱底平行，与试件表面的距离 $47\sim50$cm。

⑤ 厚度计　接触面直径 6mm，单位面积压力 0.02MPa，分度值 0.01mm。

⑥ 氙弧灯老化试验箱　符合 GB/T 18244 要求的氙弧灯老化试验箱。

6.2.6.2 试验方法

(1) 无处理拉伸性能

涂膜按要求，裁取符合 GB/T 528 要求的哑铃 I 型试件，并划好间距 25mm 的平行标线，用厚度计测量试件标线中间和两端三点的厚度，取其算术平均值作为试件厚度。调整拉伸试验机夹具间距约 70mm，将试件夹在试验机上，保持试件长度方向的中线与试验机夹具中心在一条线上，按表 6.11 的拉伸速度进行拉伸至断裂，记录试件断裂时的最大荷载（P），断裂时标线间距离（L_2），精确到 0.1mm，测试五个试件，若有试件断裂在标线外，应舍弃用备用件补测。

表 6.11　拉伸速度

产品类型	拉伸速度/(mm/min)
高延伸率涂料	500
低延伸率涂料	200

(2) 热处理拉伸性能

将涂膜按要求裁取六个 120mm×25mm 矩形试件平放在隔离材料上，水平放入已达到规定温度的电热鼓风烘箱中，加热温度沥青类涂料为（70 ± 2）℃，其他涂料为（80 ± 2）℃。试件与箱壁间距不得少于 50mm，试件宜与温度计的探头在同一水平位置，在规定温度的电热鼓风烘箱中恒温（168 ± 1）h 取出，然后在标准试验条件下放置 4h，裁取符合 GB/T 528 要求的哑铃 I 型试件，按无处理拉伸性能进行拉伸试验。

228　防水涂料

(3) 碱处理拉伸性能

在（23±2）℃时，在0.1％化学纯氢氧化钠（NaOH）溶液中，加入 $Ca(OH)_2$ 试剂，并达到过饱和状态。

在600mL该溶液中放入裁取的六个（120mm×25mm）矩形试件，液面应高出试件表面10mm以上，连续浸泡（168±1）h取出，充分用水冲洗，擦干，在标准试验条件下放置4h，裁取符合GB/T 528要求的哑铃Ⅰ型试件，按无处理拉伸性能进行拉伸试验。

对于水性涂料，浸泡取出擦干后，再在（60±2）℃的电热鼓风烘箱中放置6h±15min，取出在标准试验条件下放置（18±2）h，裁取符合GB/T 528要求的哑铃Ⅰ型试件，按无处理拉伸性能进行拉伸试验。

(4) 酸处理拉伸性能

在（23±2）℃时，在600mL的2％化学纯硫酸 H_2SO_4 溶液中，放入裁取的六个120mm×25mm矩形试件，液面应高出试件表面10mm以上，连续浸泡（168±1）h取出，充分用水冲洗，擦干，在标准试验条件下放置4h，裁取符合GB/T 528要求的哑铃Ⅰ型试件，按无处理拉伸性能进行拉伸试验。

对于水性涂料，浸泡取出擦干后，再在（60±2）℃的电热鼓风烘箱中放置6h±15min，取出在标准试验条件下放置（18±2）h，裁取符合GB/T 528要求的哑铃Ⅰ型试件，按无处理拉伸性能进行拉伸试验。

(5) 紫外线处理拉伸性能

裁取的六个120mm×25mm矩形试件，将试件平放在釉面砖上，为了防粘，可在釉面砖表面撒滑石粉。将试件放入紫外线箱中，距试件表面50mm左右的空间温度为（45±2）℃，恒温照射240h。取出在标准试验条件下放置4h裁取符合GB/T 528要求的哑铃Ⅰ型试件，按无处理拉伸性能进行拉伸试验。

(6) 人工气候老化材料拉伸性能

裁取六个120mm×25mm矩形试件放入符合GB/T 18244要求的氙弧灯老化试验箱中，试验累计辐照能量为1500MJ²/m²（约720h）后取出，擦干，在标准试验条件下放置4h，裁取符合GB/T 528要求的哑铃Ⅰ型试件，按无处理拉伸性能进行拉伸试验。

对于水性涂料，浸泡取出擦干后，再在（60±2）℃的电热鼓风烘箱中放置6h±15min，取出在标准试验条件下放置（18±2）h，裁取符合GB/T 528要求的哑铃Ⅰ型试件，按无处理拉伸性能进行拉伸试验。

6.2.6.3 计算结果

(1) 拉伸强度

试件的拉伸强度按下式计算：

$$T_L = P/(B \times D)$$

式中　T_L——拉伸强度，MPa；

　　　　P——最大拉力，N；

　　　　B——试件中间部位宽度，mm；

　　　　D——试件厚度，mm。

(2) 断裂伸长率

按下式计算：

$$E = (L_1 - L_0)/L_0 \times 100$$

式中　E——断裂伸长率，%；

　　　　L_0——试件起始标线间距离 25mm；

　　　　L_1——试件断裂时标线间距离，mm。

取五个试件的算术平均值作为实验结果，结果精确到 1%。

(3) 保持率

拉伸性能保持率按下式计算：

$$R_t = (T_1/T) \times 100$$

式中　R_t——样品处理后拉伸性能保持率，%；

　　　　T——样品处理前平均拉伸强度；

　　　　T_1——样品处理后平均拉伸强度。

结果精确到 1%。

7 涂膜防水施工

7.1 涂膜防水层施工

7.1.1 涂膜防水施工的概念及相关层次

涂膜防水层是指将防水涂料用刷子、刮板、滚筒、喷枪等工具涂刮或喷涂于基面，其中经溶剂挥发或各种成分反应固化后的形成具有防水抗渗功能的膜层，使建筑物表面与水隔绝，对建筑物起到防水与密封作用，同时还有保护楼板钢筋、增加建筑物寿命的功能。作为对基层适应能力比卷材防水层有更加明显的优势，涂膜防水层有不可替代的作用。

涂膜防水施工主要有基层处理剂、防水涂料、增强材料、隔离材料、保护材料等材料的施工。为了除去基层表面灰尘，增加基层和防水涂膜层的黏结，必须在清扫干净的基层基础上，涂刷一层基层处理剂。常见的基层处理剂有合成树脂类、合成橡胶类以及改性沥青类。

但是，涂膜防水层不足的地方是强度比较低，基层的微小变形都可能引起防水层的失效，为此，一般在涂膜防水薄弱部位增设胎体增强材料，或者采取一定的措施处理。如在涂膜防水层上直接做刚性防水层，为了防止混凝土的收缩破坏；为防水层提供一定宽松的自由的空间，充分发挥防水涂层延伸率的优势，必须在涂膜防水层上空铺一层隔离材料。防水层做好后，为了保护已做好的防水层不受破坏，一般必须在其上再增加一层保护层，这样不及防水寿命大大提高，而且，还可装饰美化建筑物。

7.1.2 涂膜防水施工的特点

大部分防水涂料在常温下呈黏稠状液体，分数遍涂刷在基面上溶剂挥发或反应固化后，能形成无接缝的防水涂膜，特别适合在阴阳角、落水口、管道根部等节点部位、狭窄场所等表面复杂形状的基面，操作比卷材方便，效果较好；涂膜防水受基面平整度的影响，涂刷时基层凹坑处涂料会堆积，凸起处涂料向四周流淌；如由人工涂布，其厚度很难控制到均匀一致，可以采取少量多遍施工，每遍按单位面积用料量保证上料量来解决；大面积施工时，应划格分片控制用量，确保涂膜厚度的

均匀程度。涂膜防水施工时受环境温度和湿度影响较大,特别是水乳型涂料,贮存、运输、堆放和施工作业都对环境温度有较高要求,一般,反应固化型的产品,温度高、湿度小,则反应速度快,成膜质量好;水乳型或溶剂型涂料,温度高、湿度小时,水分或溶剂挥发快,成膜快,湿度大时成膜速度慢,水乳型材料甚至不能成膜;但如果夏季温度太高,刚涂刷完毕的膜层表面失水太快,会产生起皱现象,影响成膜质量。

7.1.3 涂膜防水施工的条件

7.1.3.1 气候条件

一般情况下,防水层在雨天、雪天均不能施工,下雨使基层潮湿,可能将潮气密封在底层,温度上升使黏结剂与基层黏结不牢造成基层脱离;而且雨水会冲走未固化的涂料,或使涂料不能固化,如果是水乳型、溶剂型、反应型涂料,严禁下雨施工。

五级以上的大风,易将尘土刮起污染基层,影响防水层的质量而终止施工,另外大风还会带来一些破坏:会吹散涂料或污染涂料造成质量事故。

不同类型的防水涂料,对外界气温条件的要求略有差异。热熔型涂料,是加热后刮涂施工,冷却固化成膜,因此可以在−10℃环境条件下作业。反应型涂料在低温时反应过慢,成膜差,所以必须在0℃以上条件下作业;水乳型、溶剂型涂料要求挥发材料中的溶剂或水而固化,在气温较低时不易挥发,而且水乳型涂料在0℃以下时易受冻破乳,所以,水乳型涂料只能在5℃以上环境条件下施工,而溶剂型涂料只能在−5℃以上环境条件下施工。

同样,环境气温过高时,不仅影响到工人的身体健康,对涂膜防水施工也会带来不利的影响,施工之前必须进行预测并采取一定的措施。温度过高,水或溶剂挥发太快,对于水性防水涂料或溶剂性防水涂料施工时,在施工过程中变稠速度加快,可能造成涂刷困难而影响质量;在成膜过程中,温度过高还会造成涂层表面溶剂挥发或反应过快,而底部涂料中水分或溶剂得不到充分挥发,而易被误以为涂膜已干的假象,最终因水分或涂膜埋在涂层下,发生起泡、收缩裂缝等现象。

7.1.3.2 技术条件

技术条件包括图纸会审、施工方案编制、技术措施和质量要求的制订、技术培训等。

① 防水工程图纸会审,通常是施工、监理等单位在熟悉图纸,通过图纸自审的基础上,由建设单位组织,监理、主体施工和防水施工各方参与。主要审查内容有审查图纸设计是否通过专业审查部门的审批,是否符合国家相关的技术、规范和强制性条文的规定,审查设计图纸是否全面,建筑、结构、防水、装修等是否有矛盾之处,审查防水层设计选材是否合理,防水材料能否得到供应,施工能否达到设

计要求；通过审查使得各方取得一致意见，同时也是互相学习、互相取长补短，从而为保证防水施工质量打下基础。

② 施工前防水工程公司应根据设计图纸制订完整的施工方案，方案内容包括：防水施工程序和工艺流程，施工方法和施工机械选择；质量、工期和其相应的经济目标的制定，然后将质量、工期等目标的进一步的分解为具体目标以及为达到目标而建立的目标保证体系、保证措施、施工进度计划等；劳动力组织、技工培训和技术交底，防水施工保护及安全注意事项等内容；防水施工关键及解决方法、措施，特别是涂膜防水薄弱部位处理的技术以及质量保证措施。

7.1.3.3　物质条件

(1) 人力资源

现场管理人员必须具备专业知识和丰富的管理经验，技术工人必须持证上岗，非常熟悉涂膜防水材料的特性，防水施工方法和施工程序，并接受定期培训。

(2) 材料准备

根据施工方案，结合现场实际情况、施工面积和施工进度安排计算不同施工期内各时期材料需要量，经施工单位检查合格，监理工程师同意后，按部就班的提前运至现场。施工前核准材料出厂质量证明文件，检验品种、规格和物理性能是否符合设计要求，如有必要，严格按照国家相关规定复检，复检合格后方可施工。

(3) 施工机具准备

根据防水涂料的品种，准备计量器具、搅拌机具、运输工具、涂刷工具等，确定机具、工具的型号、数量，到现场后要进行试运转，保持良好工作状态。防水涂料施工常用的机具有棕扫帚、钢丝刷、电动搅拌器、铁桶或塑料桶、开罐刀、熔化釜、棕毛刷、喷涂机械、刮板、剪刀等。

7.1.3.4　现场条件

准备现场材料、工具储存堆放场地应通风；材料应按品种、规格分类堆放，避免日晒雨淋，对易燃及对人体有毒的材料应挂牌标明，并严格按照国家规定准备消防设备；涂膜防水施工对基层要求比较高，基层不仅包括与防水层直接接触的找平层，也包括有将结构层随捣随抹，抹平后直接在其上作防水层的结构层。结构层的基层除要求满足结构受力要求外，还有较高的刚度、整体性、平整度和准确坡度，并不得有蜂窝、麻面、气孔、起砂、起皮和开裂现象，而且要干净、干燥。不同防水涂料对基层要求略有差别，聚合物水泥砂浆对基层要求较宽，只要基层表面无严重起皮现象即可；渗透型防水剂要求基层不开裂，无蜂窝、麻面和气孔；细石混凝土对基层要求是只要基本平整即可。

7.1.4　涂膜防水施工一般程序和施工要点

(1) 涂膜防水施工一般程序

正确的施工程序是保证施工正常进行和工程质量的首要条件，施工顺序颠倒或安排不当，必然会造成施工混乱，势必影响到施工的质量、工期、安全和效益。涂膜防水施工一般程序如下：基层处理→涂刷基层处理剂→细部增强处理→涂刷防水层→保护层施工→蓄水试验。

（2）一般涂膜防水施工要点

涂膜防水施工主要施工工艺流程取决于防水涂料的性质，常见的挥发型涂料往往和反应型涂料因为控制其涂膜层的厚薄均匀要求有所差别。

挥发型涂料由于挥发性涂料的成膜特性要求每遍均要薄涂，因此必须采用多遍涂刷才能达到设计要求的成膜厚度；反应型涂料可一次成膜达到设计要求的成膜厚度，但考虑到防水层厚薄均匀程度要求，一道防水层基本上采用两到三涂成膜的工艺。

7.1.5　涂膜防水施工的一般要求

（1）涂膜防水层施工顺序

涂膜防水层的施工也应按"先远后近，先高后低"的原则进行。无论是屋面防水，还是外墙防水和地下防水，先进行防水薄弱部位和节点处理，然后再进行大面积的施工。

（2）防水薄弱部位处理

涂膜防水层施工前，应先对容易渗漏水的防水薄弱部位如施工缝、阴阳角，变形缝、管道结合处、施工不便处进行增强处理，一般涂刷加铺胎体增强材料的涂料进行增强处理。需铺设胎体增强材料时，应考虑涂膜防水材料和胎体增强材料不同材料之间的相容性，如不相容会造成相互结合困难或互相侵蚀引起防水层失效。

7.1.6　涂膜防水施工方法

（1）涂料冷涂布施工

涂料冷涂布施工是指采用棕刷、长柄刷、圆滚刷等进行的涂刷施工和采用铁抹子或胶皮板的刮涂施工。刮涂施工适用于固体含量较高双组分涂料，而涂刷施工主要用于固体含量较低的单组分涂料。

（2）涂料热熔刮涂施工

涂料热熔刮涂是将涂料加入熔化釜中，逐渐加热至190℃左右，保温待用，为使涂料加热均匀，熔化釜应采用带导热油的加热炉，待基层处理符合要求好后，将熔化的涂料倒在基面上，迅速用带齿的刮板刮涂，该法适用于热熔型高聚物改性沥青防水涂料的施工。

（3）涂料冷喷涂施工

涂料冷喷涂施工是将黏度较小的防水涂料放置于密闭的容器中，通过泵将涂料从容器中压出，通过输送管送至喷枪处，将涂料均匀喷涂于基面，形成一层均匀致密的防水膜。该法施工速度快、功效高，但是对操作工人要求较高，必须熟练掌握喷涂机械的操作，通过调整喷嘴的大小和涂料喷出的速度，使涂料成雾状均匀喷涂于基层上，施工结束后还要采用合适的溶剂对输送管和容器、喷嘴进行清洗干净。

（4）涂料热喷涂施工

将涂料加入加热容器中，加热至190℃，待全部熔化成流态后，操作工穿戴好劳动保护用具，启动泵开始输送涂料并喷涂。喷涂时注意枪头与基面夹角成45°，枪头与基面距离约600mm。开始喷涂时，喷出量不宜太大，应在操作的过程中逐步将喷涂量调整至正常的喷涂量。一遍涂层厚度宜控制在2.0mm以内，如一次涂层太厚容易出现厚薄不均匀现象。喷涂结束时应将泵倒转抽空枪体和输油管道内积存的涂料。该法具有施工速度快、涂层没有溶剂挥发等优点，但应注意安全，防止烫伤。

7.2 屋面涂膜防水施工

根据排水坡度划分，建筑物的屋面有平屋面和坡屋面，屋面防水也常常采用涂膜防水施工。涂膜防水屋面是将涂膜防水材料，涂抹在经找平处理的钢筋混凝土结构层或找平层上，形成具有防水功能的膜层。一般涂膜防水屋面主要用于防水等级为Ⅲ、Ⅳ级防水中。

7.2.1 常见高等级上人屋面涂膜防水屋面构造做法

随着国民经济的发展，国内大中型城市的城市建设步伐越来越快。城市中的标志性高层建筑不断增加，高层建筑屋面防水必将成为一项重要的工作。下面介绍常用屋面涂膜防水屋面的施工方法：防水等级设计为Ⅱ级，防水寿命为15年，主要防水材料是1.5mm厚彩色聚氨酯，屋面构造做法如图7.1所示。

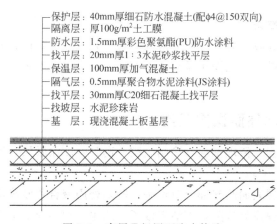

保护层：40mm厚细石防水混凝土(配φ4@150双向)
隔离层：厚100g/m²土工膜
防水层：1.5mm厚彩色聚氨酯(PU)防水涂料
找平层：20mm厚1∶3水泥砂浆找平层
保温层：100mm厚加气混凝土
隔气层：0.5mm厚聚合物水泥涂料(JS涂料)
找平层：30mm厚C20细石混凝土找平层
找坡层：水泥珍珠岩
基 层：现浇混凝土板基层

图7.1 高层Ⅱ级屋面防水构造

7.2.2 常见高等级上人屋面涂膜防水屋面的施工准备工作

（1）技术准备

熟悉图纸，参与图纸会审，了解和掌握设计意图，重点了解房屋建筑的结构形式，了解房屋的基础的型式、楼层高度、屋面的结构形式、相关的层次，分析防水施工的重点和难点；搜集类似屋面涂膜防水的有关资料，特别注意常见的聚合物水泥防水涂料，聚氨酯防水涂料；编制屋面防水工程施工方案，并进行不同方案比较；注意防水的质量、价格和防水效果能否达到设计要求；向操作人员进行技术交底或培训，严格遵守建设部《关于加强防水材料生产与应用管理工作的意见》，各地建设行政主管部门要组织对设计与施工人员的培训通过培训，使从事防水设计的人员掌握屋面工程技术规范和各类防水材料产品标准，针对产品性能与施工要求选用相应的防水材料，操作人员正确理解和掌握防水材料施工的操作要领；确定质量目标和检验要求，规范施工工艺管理，掌握天气预报资料，根据具体天气情况作出施工方案微调。

(2) 材料准备

包装、运输和贮存准备。产品的液体组分应用密闭的容器包装，固体组分包装应密封防潮；聚合物水泥防水涂料为非易燃易爆材料，可按一般货物运输，运输时应防止雨淋、暴晒、受冻，避免挤压、碰撞，保持包装完好无损；液体组分贮存温度不应低于5℃，产品自生产之日起，在正常运输、贮存条件下贮存期不少于6个月。进场的涂料经抽样复验，技术性能符合质量标准；防水涂料的进场数量能满足屋面防水工程的使用；各种屋面防水的配套材料准备齐全。

(3) 机具准备

棕扫帚、钢丝刷、搅拌器、容器、开罐刀、棕毛刷、圆辊刷、刮板、喷涂机械、剪刀、卷尺。

(4) 现场条件准备

找平层已检查验收，质量合格，含水率符合要求；消防设施齐全，安全设施可靠，劳保用品已能满足施工操作需要；屋面上安设的一些设施已安装就位，天气条件符合施工要求。

7.2.3 涂膜防水屋面操作工艺

常见的工艺流程：清理基层→涂刷底胶→刮第一度涂膜层→刮第二度涂膜层→闭水试验。

清理基层：基层表面凸起部分应铲平，凹陷处用聚合物砂浆填平，并不得有空鼓、开裂及起砂、脱皮等缺陷，如沾有砂子、灰尘、油污应清除干净。

涂刷底胶（基层处理剂）：底胶配制好后，即可进行涂布施工，在涂第一遍涂膜之前，应先立面、阴阳角、排水管、立管周围、混凝土接口、裂纹处等各种接合部位，增补涂抹及铺贴增强材料，然后大面积平面涂刷。

涂刷防水涂膜：严格根据产品使用说明要求配料，配料完成后进行第一遍涂膜的施工，待其干燥后，用塑料刮板均匀涂刷一层涂料，涂刮时用力均匀；在第一层涂膜固化 24h 后进行第二遍涂抹，涂刷的方向必须与第一层的涂刷方向垂直。涂刷总厚度按设计要求，一般应控制在 2mm 左右。

特殊部位处理：突出地面的管子根部、地漏、排水口、阴阳角、变形缝等薄弱环节，应在大面积涂刷前，先做防水附加层，待底胶表面干后将纤维布裁成与管根、地漏等尺寸、形状相同并将周围加宽 200mm 的布，套铺在管道根部等细部，如图 7.2 所示。同时涂刷涂膜防水涂料，待其表干后，再刷第二道涂膜防水涂料。经 24h 干燥后，即可进行大面积涂膜防水层施工。

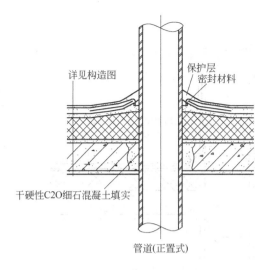

图 7.2 高层Ⅱ级屋面防水管道细部增强处理构造

对易发生漏水的部位，应进行密封或加强处理：天沟、檐沟与屋面交界处的附加层宜空铺如图 7.3 所示，空铺的宽度宜在 200～300mm。屋面设有保温层时，天沟、檐沟处宜铺设保温层；檐口处涂膜防水层的收头，应用防水涂料多遍涂刷或用密封材料封严；泛水处的涂膜防水层宜直接涂刷在女儿墙的压顶下（图 7.4），收头处理应用防水涂料多遍涂刷封严。压顶应做防水处理，处理方法可参考图 7.5；变形缝内应填充泡沫塑料或沥青麻丝，其上放衬垫材料，并用卷材封盖，如图 7.6 所示。

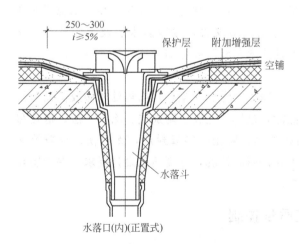

图 7.3 高层Ⅱ级屋面水落口细部增强处理构造（一）

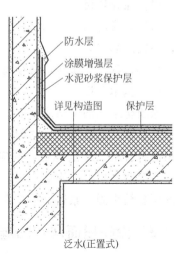

图 7.4 高层Ⅱ级屋面泛水细部增强处理构造

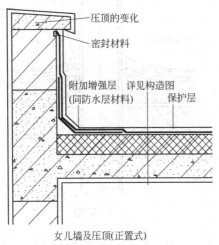

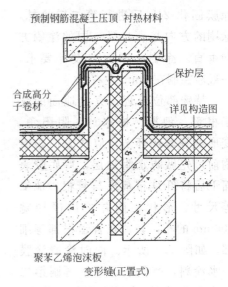

女儿墙及压顶(正置式)

图 7.5 高层Ⅱ级屋面水落口细部
增强处理构造（二）

图 7.6 高层Ⅱ级屋面变形缝细部
增强处理构造

顶部应加扣混凝土盖板或金属盖板；水落口埋设标高应考虑水落口设防时增加的附加层的厚度及排水坡度加大的尺寸。水落口周围直径 500mm 范围内坡度不应小于 5％，并用防水涂料涂封，其厚度不应小于 2mm。水落口杯与基层接触处应留宽 20mm、深 20mm 凹槽，嵌填建筑密封膏。

7.2.4　涂膜屋面防水质量标准

(1) 保证项目

所用涂膜防水材料的品种、规格及配合比，必须符合设计要求和施工规范的规定；每批产品应有产品合格证及附使用说明等文件；涂膜防水层及其变形缝、泛水、水落口等节点做法，必须符合设计要求和施工规范的规定。

(2) 基本项目

涂膜防水层的基层应牢固，表面洁净、干燥、平整，阴阳角处才做成圆弧形或钝角，聚氨酯底胶应涂刷均匀、无漏涂，过厚；底胶、附加层、涂刷方法、搭接和收头应符合施工规范规定，并应黏结牢固、紧密、接缝封严，无损伤、空鼓等缺陷；涂膜防水层、应涂刷均匀，且不允许露底情况，厚度达到设计要求。保护层和防水层黏结牢固、紧密，不得有破损。

7.2.5　涂膜屋面防水的施工质量控制

(1) 材料质量检查

进场的防水涂料和胎体增强材料抽样复验应符合下列规定：同一规格、品种的防水涂料，每 10t 为一批，不足 10t 者按一批进行抽检，防水涂料抽查指标必须符合下表的规定表 7.1；胎体增强材料，每 3000m^2 为一批，不足 3000m^2 者按一批进行抽检；防水涂料应检查延伸或断裂延伸率、固体含量、柔性、不透水性和耐热度；胎体增强材料应检查拉力和延伸率。

表 7.1　物理力学性能

序号	试验项目			技术指标	
				Ⅰ型	Ⅱ型
1	固体含量/%		≥	65	
2	干燥时间	表干时间/h	≤	4	
		实干时间/h	≤	8	
3	拉伸强度	无处理/MPa	≥	1.2	1.8
		加热处理后保持率/%	≥	80	80
		碱处理后保持率/%	≥	70	80
		紫外线处理后保持率/%	≥	80	80
4	断裂伸长率	无处理/%	≥	200	80
		加热处理/%	≥	150	65
		碱处理/%	≥	140	65
		紫外线处理/%	≥	150	65[1)]
5	低温柔性(ϕ10mm)			−10℃无裂纹	—
6	不透水性(0.3MPa,30min)			不透水	不透水
7	潮湿基面黏结强度/MPa		≥	0.5	1.0
8	抗渗性(背水面)/MPa		≥	—	0.6

（2）施工质量检查

涂膜防水屋面的质量要求：屋面不得有渗漏和积水现象；为保证屋面涂膜防水层的使用年限，所用防水涂料应符合质量标准和涂膜防水的设计要求；屋面坡度应准确，排水系统应通畅；找平层表面平整度应符合要求，用 2m 靠尺和楔形塞尺检查找平层的表面平整度的允许偏差为 5mm，并不得有酥松、起砂、起皮等现象；细部节点做法应符合设计要求，封固应严密，不得开缝、翘边。水落口及突出屋面设施与屋面连接处，应固定牢靠、密封严实；涂膜防水层不应有裂纹、脱皮、皱皮、流淌、鼓泡、胎体外露等现象，与基层应黏结牢固，厚度应符合规范要求；胎体材料的铺设方法和搭接方法应符合要求，上下层胎体不得互相垂直铺设，搭接缝应错开，间距不应小于幅宽的 1/3；松散材料保护层、涂料保护层应覆盖均匀严密、黏结牢固。

涂膜防水屋面的质量检查：屋面工程施工中应对结构层、找平层、细部节点构造，施工中的每遍涂膜防水层、附加防水层、节点收头、保护层等做分项工程的交接检查，未经检查验收或验收不合格，不得进行后续施工；检验涂膜防水层有无渗漏和积水、排水系统是否通畅，应在雨后或持续淋水 24h 以后进行，有可能作蓄水检验的屋面宜作蓄水检验，其蓄水时间不宜少于 24h；涂膜防水屋面的涂膜厚度，可用针刺或测厚仪控测等方法进行检验，每 100m² 的屋面不应少于 1 处，每一屋面不应少于 3 处，取其平均值评定。

7.2.6 涂膜防水屋面施工注意事项

使用合成高分子反应型涂料施工，应严格按照设计配料计量，搅拌应均匀；使用溶剂稀释时，应加强通风排气和采取对人身保护等安全措施；调制好的材料不得超时使用，也不得掺入新料中使用；施工时应制定保证涂膜厚度切实可行的办法；基层有孔洞、砂眼、裂缝、起砂、起皮、酥松时应及时处理、修补。

对于屋面防水混凝土施工，要求配合比准确、搅拌均匀，并不得离析；混凝土应振捣密实，表面用铁抹子抹平，并保证其厚度；施工用钢筋尽可能居中，不得露筋；找平层应每隔 4～6m 设分隔缝，在分隔缝位置配筋要断开，对分隔缝要用密封材料密封；防水混凝土说用水泥必须确保应在贮存期内使用，如超期，则需经检验合格方能使用。

7.2.7 涂膜防水屋面易出现的质量问题

涂膜防水材料一般有良好的材性，防水性好，黏结力、延伸性大，在常温下可以施工且能适应于各种复杂形状的结构基层，特别有利于阴阳角、雨水口等防水薄弱部位的封闭，故施工现场使用比较普遍，但是，屋面涂膜防水工程的质量问题也容易发生，最常见的质量问题有以下几种。

(1) 空鼓

基层表面不干燥，不干净。找平层未干、含水率过大容易造成涂料与施工面层不能完全密贴而出现空鼓现象，因此在涂膜防水涂刷之前，必须进行严格的清扫，并确保基层的含水率降到 9％以下。

(2) 涂膜厚薄不均

涂膜防水能否有效，很大程度上取决于涂刷是否均匀，取决于基层是否平整光滑。由于混凝土、水泥砂浆在施工过程中允许有一定的误差，加上工人个体的差异可能造成了涂膜厚度的不均，对涂膜防水层的质量影响较大。

(3) 结构开裂

混凝土的因养护不当造成干燥开裂，或者地基不均匀沉降或地震等因素造成结构开裂，使涂膜破损，一旦破损，雨水就会浸入整条裂缝内。一般情况下混凝土结构开裂，主要发生在混凝土结构受拉区域，因此在施工时，除了对这些区域采取一定的结构处理措施外，还要对其防水采取一定的设计和施工措施，尽量减小结构开裂对防水层的影响。

（4）受施工基层质量的影响

屋面涂膜防水通常是涂膜防水层在结构上面的砂浆找平层上，如果水泥砂浆发生开裂，鼓胀，或者其他方面的影响而发生一定的变形，必然导致涂膜防水层失去其防水功能。各种高分子防水涂料，大多以延伸率高与耐裂性好为其主要特性，但是其延伸率与一定厚度、一定温度相关。由于施工时涂刷厚度与温度的变化，均会直接影响其延伸率，而且，成型后的干膜，还经常受荷载，气温等变化的影响，使涂膜材料内部结构组织发生变化，从而影响到防水质量。

（5）施工时间先后的影响

先施工的干膜与后施工的涂膜之间可能黏结力不一致，可能导致防水层的整体性失效，因此在施工过程要尽可能抓紧时间施工，确保防水层的整体性。

7.3 卫生间、厨房防水涂膜防水施工

卫生间平面形状较复杂且面积较小，穿过楼地面或墙体的管道较多，长期处于潮湿状态，因而对卫生间的防水质量要求很高。卫生间的墙面和地面由于随时受到水的侵蚀，因此卫生间的防水部位重点是墙地面，墙面一般采用铺贴瓷砖方法并注意勾缝即可达到防水要求，而楼地面的防水处理比较复杂。如果采用防水卷材施工，因其接缝较多，很难黏结牢固、封闭严密，难以形成一个有弹性的整体防水层，比较容易发生渗漏水的质量事故，所以卫生间防水一般常用涂膜防水。

7.3.1 施工准备

（1）常用材料

聚合物水泥防水涂料，以聚合物乳液和水泥为主要原料，加入其他添加剂制成的，为乳剂与粉剂双组分涂料，按规定比例混合拌匀使用。

（2）主要工具

锤子、凿子、铲子、钢丝刷、扫帚等基面清理工具；台秤、搅拌器、材料筒等取料配料工具；辊刷、刮刷、刷子等涂料涂刷工具。

（3）作业条件

可在潮湿或干燥的基面上施工；基层（找平层）可用水泥砂浆抹平压光，要求坚实平整不起砂，并保持基本干燥，若基层过于潮湿可用抗渗堵漏材料做潮湿基层处理，待表面干燥后再做防水层；泛水坡度应在2%以上；基层遇转角处等部位，用水泥砂浆抹成小圆角；基层与相连接的管件、地漏、排水口等应在防水层施工前先将预留管道安装牢固，预留管道未安装完不得进行防水层施工；转角处水泥砂浆收头圆滑，管根处按设计要求用密封膏嵌填密实。

7.3.2 主要施工工艺

（1）工艺流程

清理基面→细部处理→附加层增强→防水层施工→防水层试水→保护层→工程

质量验收。

（2）主要操作要点

基面清理：基面必须彻底清理干净，不得有浮尘、杂物、明水等。

涂刷防水层：由专人负责称取材料配制，先按配合比分别称出配料所用的乳剂、粉剂，用搅拌器搅拌均匀，严格遵守厂家有关规定；涂料涂刷前应对基面进行湿润至饱和；用力均匀地涂刷多遍，直到达到规定的涂膜厚度要求，并不得漏底，每层涂层干固后，才能进行下一道工序。

成品保护：卫生涂膜防水层做好后，要求操作人员应严格保护已做好的涂膜防水层：涂膜防水层未干时，严禁在上面踩踏；在做好保护层以前，严禁其他人员进入卫生间防水施工现场；一旦试水合格后应及时做好保护层；地漏或排水口要防止杂物堵塞，确保排水畅通；防水层上应设保护层，可采用浅色涂料、铝箔、粒砂、块体材料、水泥砂浆、细石混凝土等材料。

7.3.3 易出现的质量问题、原因及处理方法

涂膜防水层空鼓、有气泡。主要是基层清理不干净，涂刷不匀或者找平层潮湿，含水率过高造成的，因此在涂刷防水层之前，必须将基层清理干净，并保证基层干燥。

地面面层施工完成后，出现渗漏现象。由于穿过地面和墙面的管道、地漏等松动，撕裂防水层；其他部位由于管根松动或黏结不牢、接触面清理不干净产生空隙、接槎、封口处搭接长度不够，粘贴不紧密；做防水保护层时可能损坏防水层，因此要求在施工过程中，加强管理，严格按工艺标准和施工规范进行操作。涂膜防水层施工后，进行第一次蓄水试验，蓄水深度必须高于标准地面20mm，24h不渗漏为止，如出现渗漏，可根据渗漏具体部位进行修补，甚至全部返工。地面面层施工后，再进行第二遍蓄水试验，24h无渗漏为最终合格。

地面排水不畅。主要原因是地面层及找平层施工时未按设计要求找坡，或者局部找坡不当造成积水。因此在涂膜防水层施工之前，先检查基层坡度是否符合要求，一般要求达到2%以上，地漏附近要增加排水坡度，可达到5%左右。

7.3.4 高层住宅卫生间聚氨酯涂膜防水施工案例

（1）工程概况

某高层住宅，其结构体系为全现浇钢筋混凝土剪力墙结构，地下一层，地上二十层。高层住宅中各户的卫生间的内墙面均采用白色瓷砖一贴到顶，顶棚采用水泥砂浆顶棚刷白，楼地面采用防滑地砖楼地面。

（2）卫生间防水方案

在高层住宅中，为了提高卫生间的防水工程质量，经现场的分析论证后，决定

选用高弹性的聚氨酯涂膜防水（图7.7），比较容易使卫生间的地面和墙面形成一个没有接缝、封闭严密的整体防水层，易于保证卫生间的防水质量。

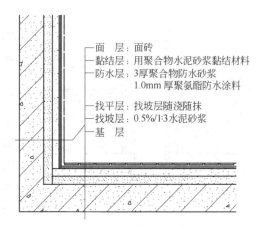

- 面 层：面砖
- 黏结层：用聚合物水泥砂浆黏结材料
- 防水层：3厚聚合物防水砂浆
  1.0mm 厚聚氨酯防水涂料
- 找平层：找坡层随浇随抹
- 找坡层：0.5%/1:3水泥砂浆
- 基 层

图 7.7　某高层卫生间防水构造层次

聚氨酯涂膜防水材料是双组分化学反应固化型的高弹性防水涂料。其技术特征如下：该材料在施工固化前为无定形的黏稠状液态物质，对于形状复杂的如管道较多部位都容易施工，特别是对阴阳角、管道根、地漏以及端部收头都便于黏结牢固、封闭严密，防水涂膜没有接缝，能形成一个连续、整体、弹性的涂膜防水层，便于提高建筑工程的防水抗渗能力；聚氨酯涂膜防水层具有很好的弹性和很大的延伸能力，对防水基层伸缩或开裂变形的适应性强。

（3）主要材料

选用聚氨酯防水涂料，它具有附着力强、材料性能好、整体防水效果好、使用方便等特点。其主要性能指标见表 7.2 所示。

表 7.2　聚氨酯防水涂性能指标

指标项目	单位	指标值
拉伸强度	MPa	2.43
断裂伸长率	%	600
低温性能	℃	−35℃不断裂
高温性能	℃	150℃不流淌
固体含量	%	>94
耐久性能	年	>10

（4）施工要求

找平层要求相对平整、干净、干燥，无浮土、油污；A、B 二组分一定要严格按比例配制，搅拌必须达到 35min。A 组分必须密封，防水层一般要求 1.5～2mm 厚，特殊部位可加厚处理；分次刮涂每次 0.6～0.8mm 厚，施工后，24h 内做成品保护。

（5）细部处理

为确保管根处的防水质量，必须做好管根预留洞口的预埋套管和管道之间的塞口处理，处理方法如图 7.8 所示。塞口处理一般应严格按下列操作工艺施工：安设模板→铺水泥砂浆一层→灌细石混凝土→捣实→干硬性水泥砂浆塞口，必要的情况下使用微膨胀剂。防水层完成后进行蓄水试验，蓄水 24h 后检查，直至无

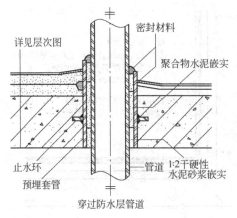

图 7.8 卫生间穿墙管道防水构造

（图中标注）
详见层次图
密封材料
聚合物水泥嵌实
止水环
预埋套管
穿过防水层管道
管道
1:2干硬性水泥砂浆嵌实

明显渗漏为止；在抹找平层时，凡遇到管根周围，要使其略高于地面，在地漏周围，应做成略低于地面的洼坑，卫生间楼地面找平层的坡度以 1%～2%。凡遇到阴阳角处，要抹成半径不小于 10mm 的小圆弧；穿过楼地面或墙壁的管件以及卫生洁具等，必须安装牢固，收头圆滑，下水管转角墙的坡度及其与立墙之间的距离应适当；基层必须基本干燥，等到基层表面均匀泛白无明显水印时，方可进行涂膜防水层施工。

（6）主要施工工艺

将聚氨酯 A、B 组分和二甲苯按厂家规定的比例配合搅拌均匀，再用小辊刷或油漆刷均匀涂布在基层表面上。干燥固化 4h 以上，才能进行下道工序施工；在地漏、管道根、阴阳角等容易漏水的薄弱部位，应先用聚氨酯涂膜防水材料按说明书规定的比例混合，均匀涂刮一次，作附加增强处理；将聚氨酯 A、B 组分和二甲苯按规定的比例配合，用搅拌器强力搅拌均匀备用。用小辊刷或油漆刷将已配好的防水涂料均匀涂布在底胶已干固的基层表面上。涂布时要求厚薄均匀一致，平刷 3～4 度为宜，防水涂膜的总厚度以不小于 1.5mm 为合格。涂布完第一度涂膜后，在基本不粘手时，再按上述方法涂布第二、三、四度涂膜，并使后一度与前一度的涂布方向相垂直，对管根和地漏周围以及下水管转角墙等重点部位认真涂刷。

当聚氨酯涂膜防水层完全固化后，蓄水试验合格后，即可铺设一层厚度为15～25mm 的水泥砂浆保护层，然后可按设计要求铺设防滑地砖，铺设地砖要严格按照排水坡度施工，确保水流及时排走，另外如果在勾缝时采用水泥勾缝，并保证勾缝质量也能起到一定防水作用。

7.4 外墙面涂膜防水施工

7.4.1 外墙涂膜防水

随着各地外墙材料、各地气候条件的不同，外墙防水的差别很大。同一地区，不同时期，不同建筑，设计标准不同。外墙防水施工受到结构形式，设计要求，内装修等级和要求、外墙的材料和构造层次及施工等影响，考虑到外墙防水层和其他相关层次的影响一般采用涂膜防水。

7.4.2　外墙涂膜防水的基本原则

(1) 尽量减少主体变形

减少结构主体变形的影响是外墙防水的先决条件。除了结构专业须控制荷载变形及整体温度变形外，还必须的高度重视屋盖温度变形对顶层墙体的影响。不同结构形式的建筑减少主体变形的措施不一样：框架结构可采用拉结墙筋，增加墙体和结构的连接；从顶层向下，逐层填砌，使框架结构充分受力变形后再施工围护墙；各层砌至框架梁底，暂留空不作，待外墙全部填砌后，再完成斜砖顶砌，减少上部框架梁带来的额外荷载对围护墙的影响；粉刷前进行梁底检查，有空漏处勾填砂浆，必要时采用压力注浆都是比较好的措施。非框架砌体建筑，主要靠圈梁、构造柱或芯柱减少或控制主体变形的影响。

(2) 提供外墙的综合性能

选择热工性能好的墙体材料；考虑饰面的呼吸性、自洁性、耐候性；采用合理的外墙防水绝热构造系统等有利保证外墙防水质量。

(3) 保证砌筑质量

保证砌筑质量，除按有关规定浇筑芯柱或设置拉结钢筋、拉结网片之外，还应积极采用水泥砂浆砌筑并保证其质量。

(4) 控制温变裂缝

解决温度变形引起的外墙裂缝，较好的方法是采用外墙外保温系统。确保外墙设计一次到位，包括所有外挂设备及预留预埋条件，避免修修改改影响到防水质量；正确选择主要保温材料、配套材料、构造、节点及其施工工法，也必然有利于防水质量。

7.4.3　外墙涂膜防水施工关键

对于混凝土外墙进行外饰面施工前，必须对模板螺栓孔进行认真的防水处理。常规处理方法是先将残留的管壁清理干净，用微膨胀水泥砂浆分层填实，在并在100mm直径范围内涂JS涂膜防水。对于维护墙，如采用合格的砌块，严格规范的施工，保证抹灰的质量；施工时必须确保砌块砌筑时要保持充分干燥；对于框架结构，和梁连接处斜砖砌至少要隔日进行；砌后要等待一段时间在进行粉刷；粉刷前对砌体质量进行验收，对有问题的灰缝用掺有膨胀剂的1:3水泥砂浆作勾缝处理，将有利于墙面防水。

外墙之外饰面及内装修设计，应考虑透气性：优先使用内外粉刷都采用透气式。

外墙涂膜防水层主要采用黏结力及耐水性都比较好的乙烯-聚醋酸乙烯与丙烯

酸的复合乳液。外墙可选用聚合物水泥低延伸率防水涂膜作主防水层，以增加外装修面砖的黏结力。

当外墙粉刷过厚，为了增加粉刷层和基层的粘接力，通常在外墙满挂金属网。大面积挂网，如金属网不易平展，粉刷层虽然不掉，可以减少裂纹，但却更易空鼓，这显然对防水更不利。所以，通过外墙满挂金属网防止砂浆裂缝的方法对防水是有影响的，在施工过程中可对加大对金属网施工监督来补救。

外墙窗四周安装空隙要根据外墙饰面厚度预留充分，特别是要确保窗下槛雨水能顺畅排出。窗樘与墙体之间的空隙，必须用发泡聚氨酯封填密实，不得留空隙，但也要避免过量已引起变形。

7.4.4 常见外墙面涂膜防水施工主要程序

(1) 外墙面涂膜防水构造做法

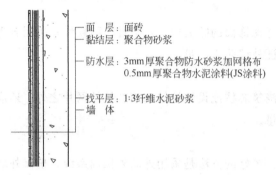

面　层：面砖
黏结层：聚合物砂浆
防水层：3mm厚聚合物防水砂浆加网格布 0.5mm厚聚合物水泥涂料(JS涂料)
找平层：1:3纤维水泥砂浆
墙　体

图 7.9　常见外墙面涂膜防水层次构造

找平层：1:3纤维防水砂浆12mm厚；底层：聚合物防水砂浆8mm厚；防水涂层：0.5mm厚聚合物防水涂膜，3mm厚聚合物防水砂浆，如图7.9所示；外墙涂料混凝土柱面清洗干净后，用1:1:1水泥基聚合物砂浆，机械喷浆作为结合层。在不同材料交接处内外两侧加钉200mm宽钢丝网一道，用射钉钉紧，一定要确保平整。在找平层施工前，将墙面清扫干净，可适当刷些素水泥浆，待其干燥后再进行找平层面施工，可以防止空鼓。找平层及底层应做到接合平整、紧密。在底层砂浆有6～7成干时，上聚合物防水砂浆8mm厚，将表面收光，找平层完工并验收合格后即可做防水涂层，涂膜施工要求涂刷均匀，光泽一致。外墙防水施工完成后，采用高压喷淋方式进行试验，检查无渗漏，合格。

(2) 外墙面涂膜防水施工要求

外墙找平层宜采用掺防水剂、抗裂剂或减水剂等材料的水泥砂浆，严禁使用混合砂浆，找平层水泥砂浆的强度等级必须大于等于M7.5；防水层应设分格缝，缝的纵横间距不宜大于3m，并嵌填5～8mm密封材料；外墙饰面砖宜用聚合物水泥砂浆或聚合物水泥浆作为胶结材料，并勾满缝封严；预留门窗洞口尺寸要准确，与四周的间隙每边不宜大于10mm，内外窗台必须保证一定的高差，且应向外有≥20%排水坡度；推拉窗应设限位装置；铝合金下框必须有泄水孔；外墙找平层、防水层施工时，基层应充分润湿，并分层抹压。

7.5 地下涂膜防水施工

7.5.1 房屋建筑地下防水涂膜施工

7.5.1.1 外防外涂法

(1) 外防外涂法

外防外涂法是待结构钢筋混凝土结构外墙施工完成后，直接把涂膜防水层涂在边墙上的迎水面，最后作防水层的保护层。其主要的施工程序是先浇筑混凝土垫层，在混凝土垫层上，钢筋混凝土结构墙外侧砌一定高度的永久性保护墙，墙高距混凝土底板400mm左右。墙下干铺一层油毡隔离层；在混凝土垫层上和永久保护墙部位抹1：3水泥砂浆找平层，在转角部位抹成圆角；找平层干燥后，涂刷基层处理剂，在正式涂膜防水层之前，先在立墙与平面交接处做附加层处理，附加层宽度一般为300～500mm；在永久性保护墙找平层和基层上涂刷涂膜防水层，具体方法是从上到下，先刷阴阳角等施工不方便位置，然后再大面积涂刷；浇筑底板和墙体钢筋混凝土，待底板钢筋混凝土结构及立墙结构施工完毕，在墙体结构上抹1：3水泥砂浆找平层；在找平层干燥后，在其上涂刷涂膜防水层；涂膜防水层施工完毕，经过验收合格，及时用5mm厚聚乙烯泡沫塑料片材粘贴在防水层上保护；最后砌筑剩下永久性保护墙。

(2) 施工要点

① 砌筑永久性保护墙 根据结构墙体的位置，在其外侧的垫层上，用M5水泥砂浆砌筑240永久保护墙；在永久性保护墙体和垫层表而抹1：2.5水泥砂浆找平层，水泥砂浆中应掺入微膨胀剂，找平层的厚度、阴阳角部位的弧度和平整度均应符合要求。

② 涂刷基层处理剂和附加层处理 涂刷基层处理剂时，应用刷子用力薄涂，使基层处理剂尽量渗入基层表面的毛细孔中。基层处理剂表干后，在阴阳角、管根、施工缝等处做附加层处理。对于高聚物改性沥青防水涂料和合成高分子防水涂料等一般先涂刷一遍涂料，随即铺贴裁剪好的胎体增强材料，干燥后再涂刷一遍涂料，自然固化。

③ 涂膜施工 一般可按施工部位及建筑防水等级划分为平面部位涂膜防水层和立面部位涂膜防水层两种；立面部位涂膜防水层施工应薄涂多遍，涂布4～8遍，总厚度应略大于平面涂膜。防水涂料的涂布方法按涂料种类不同选择涂刷法、涂刮法、抹压法和机械喷涂法，现场常用的是涂刮法和抹压法。涂膜防水层的收头处应多遍涂布防水涂料或用密封材料封严，收头处的胎体增强材料应裁剪整齐，粘接牢固。

7.5.1.2 外防内涂法

外防内涂法是地下室防水施工的一种常规方法，土方开挖达到设计标高后，浇筑基础垫层，在钢筋混凝土结构外墙施工前先砌永久式保护墙，然后将涂膜防水层涂在保护墙上，最后浇注结构混凝土的方法。在施工条件受到限制、外防外涂法施工不能实施时，才能采用外防内涂防水施工法。主要施工过程如下。

① 在已浇筑的混凝土垫层和砌筑的永久性保护墙上，以1∶3的水泥砂浆抹找平层，要求抹平压光，无空鼓、起皮、掉灰现象。

② 找平层干燥后，即可涂刷基层处理剂并涂刷涂膜防水层，施工时应先铺涂立面后铺涂平面，其具体铺贴方法与外防外涂法基本相同。

③ 涂膜防水层涂刷完毕，经检查验收合格后，对墙体防水层的内侧可按外涂法所述粘贴5~6mm厚聚乙烯泡沫塑料片材作保护层，平面可在虚铺油毡保护隔离层后，浇筑细石混凝土做保护层。

④ 按照墙体结构施工及验收规范或设计要求，绑扎钢筋和浇筑的混凝土主体结构，及时对地下室四周基坑回填土，分层夯实。

7.5.2 地下室薄弱部位的防水处理

(1) 细部构造处理

结构变形缝（包括伸缩缝、沉降缝）。

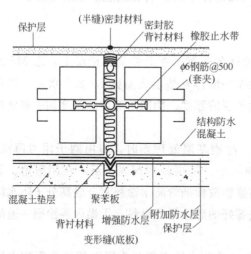

图7.10 常见变形缝防水处理构造（一）

按设计要求处理。一般可采用膨胀橡胶止水带密封，止水带的位置要固定准确，如图7.10、图7.11所示，此处的混凝土浇灌与振捣要保证密实，止水带不得偏移。变形缝内填沥青木丝板或聚乙烯泡塑料，缝内20mm处嵌填密封膏，在迎水面上虚铺一层或满铺一层宽1m的防水层，并铺抹20mm厚防水砂浆保护。

(2) 施工缝

严格根据规范和设计要求留设和处理施工缝。一般底板严禁留设施工缝，墙体不允许留设垂直施工缝，水平施工缝应留设在底板以上200~300mm。施工缝采用钢板止水板，加遇水膨胀止水条，迎水面再做增强处理，防水效果较好，如图7.12所示。施工缝在继续灌混凝土前，应将原混凝土表面进行处理如清除浮砂杂物，用高压水冲洗表面灰尘，上面再浇1~2mm厚的水泥净浆，随后可浇灌UEA补偿收缩混凝土。

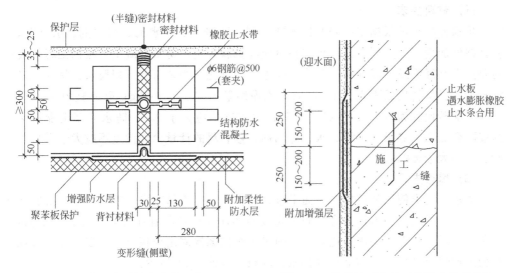

图 7.11　常见变形缝防水处理构造（二）　　　图 7.12　常见地下室施工缝防水处理构造

（3）后浇缝

地下室现浇混凝土的长度超过 40m 应设置贯通的混凝土后浇缝，缝宽不得小于 800mm，缝处的钢筋不能截断，防水处理方法可采用下部加大截面和增设防水层，内贴遇水膨胀橡胶止水条处理（图 7.13）或待混凝土浇灌 6 周后，以原设计混凝土标号提高一级的 UEA 补偿收缩混凝土浇灌，养护时间不小于 28d。

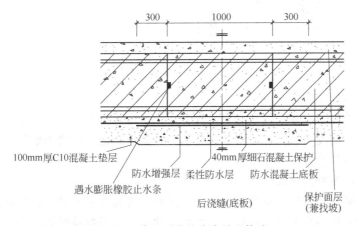

图 7.13　常见后浇缝防水处理构造

7.5.3　地下室防水混凝土施工

地下室涂膜防水层一般主要依附于防水混凝土结构层上，防水混凝土具有承重和防水的双重作用，并具有节约材料、施工方便、成本低及耐久性好等特点，因此广泛应用于地下防水工程。

（1）材料要求

防水混凝土可根据工程需要掺入减水剂、膨胀剂、防水剂、密实剂、引气剂、复合型外加剂等外加剂，其品种和掺量应经试验确定。防水混凝土可根据工程抗裂需要掺入钢纤维或合成纤维。防水混凝土的配合比，必须符合下列要求：每立方米混凝土胶凝材料用量不宜大于 420kg，水泥用量不宜小于 260kg；砂率宜为 35%～40%；灰砂比宜为（1：2）～（1：2.5）；水胶比不应大于 0.5，防水混凝土配料必须按配合比准确称量。水泥、水、外加剂、掺和料的计量允许偏差不应大于±1%；砂、石不大于±2%。

（2）模板支设

防水混凝土使用的模板应表面平整、支撑坚固、不易变形、吸水性小、拼缝严密不漏浆，以钢模、木模为宜。固定模板的螺栓或铁丝不宜穿过防水混凝土结构，以免在混凝土内造成渗水通道。如必须采用对拉螺栓固定模板时，应在预埋套管或螺栓上加焊止水环或者贴上遇水膨胀止水条，如图 7.14 所示。

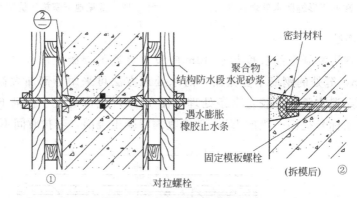

图 7.14　对拉螺栓的防水处理

（3）钢筋绑扎

钢筋绑扎时，应按设计规定留足保护层，不得有负误差。留设保护层应以相同配合比的细石混凝土或水泥砂浆制成垫块，将钢筋垫起，严禁用钢筋支垫，或将钢筋用铁钉、铅丝直接固定在模板上。

（4）防水混凝土施工

混凝土制备时应严格按照施工配合比进行，准确称量各种材料用量。外加剂应按比例先加入拌和水中搅匀后投入搅拌机，并适当延长搅拌时间。防水混凝土应用机械搅拌，适宜的搅拌时间，可通过现场实测选定，一般不少于 2min。运输过程中，应防止混凝土产生离析现象，尽量减少坍落度损失；运输道路应平整，运输工具应严密不漏浆；运输距离较远或气温较高时，可采取掺入缓凝型、减水剂等措施，当混凝土坍落度低于施工规定的坍落度 70% 时，可采用在拌和物中加入同样水灰比的水泥砂浆进行重新搅拌，使其重新获得施工必要的和易性后，方可浇筑。搅拌好的混凝土应及时浇筑，必须在混凝土初凝前浇筑完毕。混凝土浇筑前，应做好降排水工作，严防地下水及地面水流入基坑而造成积水现象，影响混凝土的强度及抗渗性，并在浇混凝土之前清除模板内杂物。混凝土下落的自由落差不得超过3m，否则应使用串筒、溜槽等工具进行浇筑，防止混凝土发生分层离析。在结构中若钢筋过密之处混凝土难以下落时，可改用相同抗渗等级的细石混凝土进行浇筑，或者通过增大塌落度的形式浇筑。混凝土应分层浇筑，采用振动器振捣密实，在振捣的过程中防治漏振或过振。防水混凝土的养护对其抗渗性能影响极大，混凝土早期脱水或养护过程中缺少必要的水分和温度，混凝土的抗渗性能会大幅度降低。因此当混凝土一般浇筑后12h左右即应开始浇水养护，养护时间必须大于14d，特殊情况下要增加养护时间。养护方法，最好采用覆盖浇水养护，覆盖物可用草袋、塑料袋等材料，但不宜用蒸汽养护。防水混凝土施工最好要避开冬季施工和夏季施工，如果确实必须在冬季施工和夏季施工时，施工前必须做好季节性施工准备，并提交相应的施工方案。如遇冬季施工时，可采用保温措施，使混凝土表面温度控制在30℃左右；夏季施工施工要注意加强洒水，搭棚降温，防止出现温度裂缝。

（5）拆模

由于对防水混凝土的养护要求较严，因此严禁过早拆模，拆模时混凝土的强度必须超过规定的设计强度，混凝土表面温度与环境温度之差不得超过15℃，以防混凝土表面产生裂缝。拆模时应注意不要损坏防水混凝土结构。

（6）防水混凝土结构的保护

浇筑完毕的防水混凝土严禁打洞、凿眼，所有预埋件、预留孔均应在浇筑前埋设完毕。对混凝土表面的小孔洞、蜂窝应及时修补，先剔除松动、酥松的混凝土，将孔洞冲洗干净，涂刷一道水泥净浆，再用1∶2.5水泥砂浆填实抹平。防水混凝土工程的地下结构部分拆模后，应及时回填土，以避免因干缩和温差引起开裂，并有利于混凝土后期强度的增长和抗渗性的提高，同时回填土也可起一定的防水作用，如果在回填土里增加些水泥和石灰，效果更好。

7.6 道路桥梁涂膜防水施工

7.6.1 道路涂膜防水施工

（1）道路相关层次

道路是供各种车辆、行人等通行的工程设施，是公路、城市街道、农村道路工矿企业专用道路等各种道路的统称。道路工程的主体结构是由路基和路面所组成的。路基是地表按道路的线型（位置）和断面（几何尺寸）的要求开挖或堆积而成的层状结构物。路基的构造按其填挖情况可分为路堤、路堑和半填半挖三种类型。

路基和路面是构成道路线形主体结构的两个主要组成部分。路基是路面的基础，路面横断面是由行车道、硬路肩或土路肩组成的。路面结构按一般包括面层、基层、垫层 3 个结构层次，但广义上的路面结构应该包括结构层次、土基、路面排水、路肩等。

面层直接承受行车荷载的垂直力、水平力和震动冲击力的作用，并直接受到大气降水、温度变化等自然因素的影响，因此面层必须具备足够的结构强度、刚度和稳定性，同时还应具备一定的耐磨性和抗渗水性。

基层主要起承重的作用，承受由面层传递的行车荷载，并将它扩散和分布到垫层和土基上，因此，它应具有足够的强度和刚度，并具有良好的扩散应力。

垫层是将基层传下的车辆荷载应力进一步加以扩散，从而减小土基顶面压应力和竖向变形的作用，并起到排水、隔水、防冻等作用。

(2) 道路防水特点

随着时间的增长，道路面层逐渐出现开裂，雨水渗入的情况，在车辆等荷载的反复碾压下出现松散现象，最终导致路面破坏，因此，为了防止路面的早期破坏，除了要求路基、路面必须具备足够的稳定性和强度外，还要求路面必须具有较好的防水，排水功能。道路排水按道路结构可分为路面排水、路基排水、路基地面排水和路基地下排水四部分。路面表面排水的主要任务是迅速把降落在路面和路肩表面的降水排走，确保行车安全，其他各层排水主要是保证路基的稳定。

7.6.2 桥梁工程涂膜防水施工

桥面防水层的好坏直接影响到桥梁结构的耐久性和安全，防水层一旦起不到防水作用，就会引发桥梁钢结构构件腐蚀并影响到桥梁的使用寿命，甚至会出现恶性事故。因此，桥面防水是保证桥梁正常使用的关键因素之一。

(1) 桥梁防水概述

桥面的组成一般包括水泥混凝土桥面板、防水层、桥面铺装层三部分。其中桥面板的作用是承受车辆荷载，并通过支座传给墩台；防水层的作用是保护桥面板、主梁的混凝土避免受到水的侵蚀并防止钢筋腐蚀；桥面铺装的作用是避免车轮直接与防水层接触、分布车轮压力的集中荷载、提高行车的舒适度，增加桥梁美观。其中，桥梁铺设防水层的最终目的是防止梁体腐蚀，延长桥梁的使用寿命，保证桥梁的行车安全。

桥梁的防水等级根据桥梁的种类决定：特大桥、大桥多为一级防水；中桥以下多为二级防水；小桥、涵洞为三级防水。

城市桥梁钢筋混凝土桥桥面是否另设防水层，视桥梁结构的型式而定：桥面若产生负弯矩，或桥面顶面产生拉应力，则全桥面均须设置柔性防水层；若上部构造为双向预应力混凝土结构，主梁上缘及桥面板上缘不产生拉应力，则可只设铺装，不另设防水层；具有钢筋混凝土桥面的钢梁，桥面应设置柔性防水层。

(2) 桥梁防水一般规定

一般来讲桥梁防水柔性铺装主要采用卷材、涂料；刚性铺装采用涂料和防水砂浆，一般情况下大多使用涂膜防水。钢筋混凝土桥面板防水顶层，可采用水泥混凝土或沥青混凝土桥面铺装层。桥面板与铺装层之间应设置有效的防水和防溶解盐的不透水层，以避免发生水侵害锈蚀钢筋。

桥面防水材料应坚固、耐久、弹韧性强，能适应在高温、严寒环境下工作；水泥混凝土铺装时防水层厚度为 1.5mm，沥青混凝土铺装时为厚度 2mm。当桥梁纵向坡大于 1.8％时，防水层厚度可适当减薄。为防止绑扎混凝土铺装钢筋扎破或碾压沥青混凝土铺装破损，应在防水层顶设置保护层。

（3）桥面防水对策

桥梁结构防水采用防排相结合的方针。城市桥梁桥面排水系统由桥面边沟排水和桥面泄水孔组成。桥面车行道排水是按不同类型桥面设置 1％～2.5％，横向坡，形成边侧排水；如有人行道，则还应设置向行车道倾斜的 1％横向坡；若桥梁较长，则桥面排水还应设置纵向坡。桥面边侧泄水孔设置的间距，与桥梁的长度和纵向坡的大小有关：桥梁纵向坡小于 1％时，桥梁泄水孔间距一般以 5m 为宜。桥面铺装顶层为沥青混凝土时，可采用 3 层直径 4cm 的土工布包裹直径 0.5cm 的小豆石，排除伸缩缝较低端积水，排水槽由侧向排至桥外。

（4）桥梁涂膜防水材料施工

桥梁防水层和面层具有良好的黏结性，不起皮，不脱落；防水层必须具有较高的抗拉强度，不透水、抗刺破，有一定适应变形能力和较高的耐久性。为提高混凝土桥面板与防水层之间、防水层和桥梁结构层之间的抗剪切强度，混凝土面板要进行拉毛或铣刨处理。桥梁涂膜防水施工工程程量大、工期紧，因此桥梁防水涂料施工应尽量采用机械喷涂施工。基层清理要求严格，涂膜前应先对阴阳角、伸缩缝、施工缝等重点节点部位进行处理，节点处理完毕后，应先将涂料稀释喷涂一遍，喷涂应均匀并覆盖完全，使涂料充分渗入混凝土基层。待底涂干燥后再进行第二遍涂料的喷涂，总喷涂遍数应根据工程等级、防水层厚度和材料特性确定。防水层做完后，在铺装层施工前和施工过程中要严加保护，在规定的时间内禁止车辆通行。

参 考 文 献

[1] 蓝仁华, 陈立军, 陈焕钦. 建筑防水涂料现状和发展趋势. 国外建材科技, 2004, 25 (4): 4-7.
[2] 翟广玉. 聚合物乳液防水涂料性能比较研究. 新型建筑材料, 2006 (5): 16-18.
[3] 郭声波等. 反光隔热防水涂料的研究. 新建筑材料, 2005 (10): 46.
[4] 王立华. 防水保温装饰一体化防水涂料. 涂料工业, 2007 (4).
[5] 杨杨. 防水工程施工. 第2版. 北京: 中国建筑工业出版社, 2010.
[6] 王天. 防水工程设计. 第2版. 北京: 中国建筑工业出版社, 2010.